BIOCHIMIE ALIMENTAIRE

Charles Alais

Guy Linden
Professeur honoraire de biochimie
à l'université Henri Poincaré - Nancy 1

Laurent Miclo
Maître de conférences
à l'université Henri Poincaré - Nancy 1

6e édition de l'abrégé

DUNOD

Illustration de couverture : Photographie de Microscopie Électronique à Balayage (MEB) d'un échantillon de Gouda. Ce produit fermenté est composé d'une matrice de caséines (protéines du lait) associée à des globules gras dans laquelle se sont développées des bactéries lactiques. Ces bactéries qui apparaissent en orange et en bleu sont des streptocoques ou des lactocoques. © BSIP SCIMAT. Collection Photo researchers.

ISBN 978-2-10-051930-9

Table des matières

PARTIE 2
BIOCHIMIE DES PRINCIPAUX ALIMENTS

Avant-propos

... Ce que j'ai dit prouvera que la véritable science est celle qui apprend à augmenter nos jouissances en tirant le meilleur parti des productions de la nature.

M. Henri BRACONNOT, Nancy, le 4 avril 1830. Extrait du Mémoire sur le Caséum et sur le Lait, *Annales de Chimie et de Physique*, 1830, **43**, 351.

Le but principal de cet ouvrage est de fournir aux étudiants une approche biochimique dans le domaine des sciences et technologies des aliments. Il peut aussi être utile aux biologistes en général et aux biochimistes en particulier, pour leur apporter des rappels leur permettant de résoudre certains de leurs problèmes. Enfin, les professionnels des industries alimentaires y trouveront des précisions sur des points se rapportant à la biotechnologie.

Le besoin d'un « abrégé » sur la biochimie alimentaire devenait pressant, compte tenu du développement constant de ce type d'enseignement au sein des instituts universitaires de technologie, des universités et des grandes écoles. Les étudiants doivent se reporter à des ouvrages spécialisés qui forment un ensemble volumineux et coûteux, ou trop ancien.

Les auteurs ont eu à résoudre le problème du choix des matières et du mode de présentation, de façon à en réduire le volume à une taille correspondant à la fin à l'esprit d'un manuel de référence et à celui d'un abrégé pratique à consulter.

Ce livre est centré sur la biochimie proprement dite ; la microbiologie n'a pas été prise en compte. Les notions générales concernant les mécanismes de la vie ne seront pas reprises ici ; elles sont censées être connues du lecteur ; mais il nous faut signaler que des aspects métaboliques seront abordés dans notre exposé.

Les matières ont été disposées en deux parties pour faciliter leur assimilation : dans la première sont passées en revue les notions sur la constitution des substances alimentaires et dans la seconde, sont présentées les particularités de la biochimie des principaux aliments de l'homme dans nos contrées.

PARTIE 1

LES CONSTITUANTS DES ALIMENTS

Chapitre 1

Généralités sur la composition des aliments

1.1 DONNÉES ANALYTIQUES

La plupart des aliments de l'homme sont des substances complexes issues des animaux et des végétaux. Leur composition grossière moyenne est résumée dans les tableaux 1.1.a et 1.1.b (pages suivantes), qui ne tiennent pas compte des vitamines. Ces substances sont souvent dénommées « nutriments ».

À cela il faut ajouter deux cas particuliers :

- Substances produites par des micro-organismes, encore peu répandues dans le monde occidental, mais dont l'importance va en croissant.
- Produits purs, à près de 100 %, obtenus par l'industrie agroalimentaire ou chimique. Le « sucre » ordinaire, ou saccharose, en est le représentant très prédominant. L'eau libre ne peut pas être considérée comme un aliment pour les raisons que nous exposerons plus loin (chapitre 7).

La lecture des tableaux 1.1.a et 1.1.b amène les commentaires suivants :

- La teneur en eau des produits frais, graines de céréales exceptées, varie de 55 à 93 %. Elle est plus basse dans les viandes (55 à 75 %) que dans les poissons (60 à 80 %) et surtout dans la plupart des produits végétaux (74 à 94 %).
- Les substances des colonnes B à F sont complexes et plus inégalement réparties :
  - les protides sont assez abondants et parfois dominants dans les produits animaux, alors que les glucides y sont peu abondants ;
  - les glucides prédominent dans les produits végétaux, sauf dans les « protéagineux », comme le soja, ou les oléagineux ;

Tableau 1.1 COMPOSITION MOYENNE DES PRINCIPAUX ALIMENTS (G POUR 100 G DE PARTIE COMESTIBLE).
A) ALIMENTS D'ORIGINE ANIMALE

	Eau (A)	Protides (B)	Lipides (C)	Glucides (D)	Minéraux (F)	Énergie (G)(1)
Viandes mi-grasses						
bœuf	66	20	13	traces	1,3	200
agneau (gigot)	65	18	16	traces	1,3	220
porc (rôti)	68	17	15	traces	1,2	200
Viandes maigres						
cheval	73	21	5	traces	1,0	130
filet de bœuf	66	28	4	traces	1,3	150
poulet	73	22	4	traces	1,4	130
Œuf de poule(2)	76	13	11	0,3	0,9	150
Poisson de rivière (carpe)	76	18	5	traces	1,4	120
Poisson de mer maigre (colin)	80	17	1,2	traces	1,6	80
Poisson de mer gras (thon)	69	23	6	traces	1,6	150
Huîtres	84	9	1,6	4,7	(3)	70
Abats						
foie de génisse	70	21	4	3,5	1,7	140
cervelle d'agneau	78	10	11	traces	1,5	140
Charcuterie						
boudin noir	55	11	30	2,4	(3)	320
jambon cuit dégraissé	72	18	4	1,1	(3)	115
saucisson sec	33	26	35	1,6	(3)	420
Lait de vache	87,8	3,2	3,5	4,8	0,8	63
Fromage						
camembert	54	21	22	traces	0,9	280
gruyère	38	29	29	traces	2,6(4)	380

(1) Valeur en kcal. Pour la valeur en kilojoules multiplier par 4,18.
(2) Masse unitaire 58 g.
(3) Contiennent de 1 à 10 % de sel (NaCl).
(4) Calcium : 1,2 g pour 100 g.
NB. Les viandes perdent en moyenne 25 % d'eau à la cuisson (même bouillies). Les pertes des autres constituants dans le bouillon sont variées.

  – les lipides sont au niveau des protides dans les viandes, les œufs et le lait. Ils sont en faible quantité dans les végétaux (sauf les oléagineux) ;
  – les minéraux sont peu abondants dans la plupart des aliments.

- Le pouvoir calorifique, ou valeur énergétique, varie d'une manière considérable. Il est, en gros, inversement proportionnel à la teneur en eau et proportionnel à la

Tableau 1.1 COMPOSITION MOYENNE DES PRINCIPAUX ALIMENTS (G POUR 100 G DE PARTIE COMESTIBLE).
B) ALIMENTS D'ORIGINE VÉGÉTALE

	Eau (A)	Protides (B)	Lipides (C)	Glucides (solubles) (D)	Fibres (E)	Minéraux (F)	Énergie (G)(1)
Légumes frais							
laitue	95	1,2	0,3	1,3	1,5	0,75	12
tomate	94	0,8	0,3	3,5	1,2	0,60	19
haricot vert	90	2,1	0,2	3,7	3,1	0,50	24
petit pois	75	6,0	0,7	13	6,0	0,50	80
Légumes secs							
haricot blanc	11	21,0	1,2	41	18	3,0	270
soja (farine)	8	37,0	20,0	13	17	4,9(5)	380
Produits céréaliers							
blé tendre	14	11,5	2,0	67	10	1,75(5)	320
farine blanche	13	10,0	1,3	79	3,5	0,60(5)	350
riz poli	13	6,6	0,6	86	1,4		355
pâtes (semoules)	9,5	12,5	1,4	78	5,0		350
pâtes cuites	70	4,0	1,2	24	2,0		120
pain blanc	29	8,0	1,0	61	3,5	2,3(6)	270
Fruits frais							
cerise	81	1,3	0,5	15	1,7		67
orange	87	1,0	0,2	9	1,8		42
banane	74	1,1	0,3	22	2,0		90
châtaigne	52	3,0	2,7	37	6,0		175
Fruits secs							
figue	25	3,2	1,2	57	11		240
noix	3	14,5	64,0	11	6,0		670
Confiture de fruits	30	0,5	0,1	70(7)	1,0	0,2	260
Miel	20	0,4	0,0	76(7)	0,0	0,3	290

(5) Magnésium : 0,25 g/100 g (soja) – 0,14 g/100 g (blé) – 0,02 g/100 g (farine blanche).

(6) Sodium : 0,65 g/100 g.

(7) Confiture : quantités égales de fructose, glucose et saccharose – Miel : fructose et glucose (peu de saccharose).

NB. La cuisson à l'eau affecte peu la teneur en eau des légumes, mais elle réduit beaucoup leur teneur en glucides et en minéraux.

teneur en lipides des aliments. La valeur minimale se trouve autour de 20 calories pour des légumes très hydratés ; le maximum s'élève vers 900 pour des corps gras.

- Les fibres forment une large catégorie de substances peu solubles ou insolubles dans l'eau : les sons de céréales sont la source traditionnelle des fibres ; mais d'autres sources de nature végétale sont étudiées (fibres de pomme, de betterave, de chicorée, de pois, de tomate, de graine de cacao…).

Les fibres, naguère encore, étaient consommées surtout par des personnes souffrant de troubles intestinaux. Aujourd'hui elles sont considérées comme une entité physiologique indispensable de la ration alimentaire (chapitre 10, § 10.2.2).

Les substances constituant les fibres sont essentiellement de longs polymères de glucides à l'état de microfibrilles. Elles sont localisées principalement dans les parties externes des graines, chez les graminées.

Dans cette première partie, nous exposerons les propriétés biochimiques des constituants des aliments. Dans la seconde partie, nous étudierons les principaux aliments et l'effet des principaux traitements.

1.2 APPORTS NUTRITIONNELS

L'alimentation quotidienne de chaque individu doit lui apporter une quantité suffisante des différents macronutriments (protéines, lipides, glucides) et micronutriments (vitamines, minéraux et oligo-éléments) pour assurer la couverture de l'ensemble de ses besoins physiologiques. Ces besoins individuels sont influencés par de nombreux facteurs, notamment le sexe, l'âge, l'état physiologique (croissance, grossesse, allaitement), l'activité physique et aussi par des caractéristiques spécifiques à chaque individu dont certaines sont encore mal connues.

Des valeurs d'apports alimentaires permettant de couvrir les besoins de groupes d'individus, valeurs établies par combinaison de résultats d'études sur des individus avec ceux d'études sur des populations, sont proposées dans chaque pays.

En France, l'Agence française de sécurité sanitaire des aliments (AFSSA) a proposé des valeurs correspondant aux Apports nutritionnels conseillés pour la population (ANC) définis pour chaque nutriment comme étant l'apport permettant de couvrir les besoins physiologiques de la quasi-totalité (97,5 % des sujets) de la population ; ces ANC correspondent en général à 130 % du besoin moyen.

L'aliment idéal, source de tous les macro- et micronutriments, n'existe pas d'où la nécessité d'un apport quotidien et varié de toutes les catégories d'aliments, dans les proportions définies pour la couverture des besoins physiologiques de l'organisme.

Selon leur composition biochimique, les aliments sont classés en cinq grands groupes : (viandes, poissons, œufs), (produits laitiers), (céréales, pomme de terre, légumineuses), (matières grasses) et (légumes et fruits). La valeur de l'indice de diversité alimentaire correspond au nombre de groupes d'aliments consommés par jour. Lorsque cette valeur est supérieure ou égale à 3, on parle de forte diversité alimentaire.

Dans les dernières recommandations d'ANC de l'AFSSA (2001), la représentation du régime global est schématisée sous la forme d'un bateau, les surfaces des différentes parties de ce bateau alimentaire de référence sont proportionnelles aux quantités journalières conseillées pour chacune de ces catégories d'aliments, à savoir 11 à 15 % de protéines, 30 à 35 % de lipides, 55 % de glucides dont au maximum 10 % de glucides simples (tableau 1.2).

Tableau 1.2 Contribution des macronutriments à l'apport énergétique total.

	Énergie apportée par 1 gramme		Ration équilibrée % de l'apport énergétique total
	kcalories	kjoules	
Glucides	4	16,7	50 à 55 (dont au plus 10 de glucides simples)
Lipides	9	37,7	30 à 35 (maximum)
Protides	4	16,7	11 à 15 (la moitié en protéines animales)

Les apports conseillés en énergie sont calculés à partir de ces dépenses énergétiques de base auxquelles s'ajoutent les dépenses énergétiques liées à des situations physiologiques particulières : stockage de protéines et de lipides au cours de la période de croissance, développement du fœtus et du placenta au cours de la grossesse ou production de lait au cours de l'allaitement.

L'équilibre entre les dépenses et les apports énergétiques permet d'assurer une stabilité de poids corporel indispensable pour le maintien d'un bon état de santé.

Tableau 1.3 Apports conseillés en énergie et apport de sécurité en protéines.

1. Énergie

	HOMMES		FEMMES	
	kcalories	kjoules	kcalories	kjoules
Activité physique :				
– réduite	2 100	8 800	1 800	7 500
– habituelle	2 700	11 300	2 200	9 200
– importante	3 000	12 500	2 400	10 000
– gros travaux	3 500	14 600		
Adolescents 10 à 12 ans	2 200 - 2 500	9 200 - 10 500	2 100 - 2 400	8 800 - 10 000
Adolescents 13 à 15 ans	2 500 - 2 800	10 500 - 11 700	2 400 - 2 600	10 000 - 10 900
Adolescents 16 à 18 ans	3 100 - 3 400	13 000 - 14 200	2 600 - 2 700	10 900 - 11 300
Enfants 1 à 3 ans	1 120	4 700	1 030	4 300
Enfants 4 à 5 ans	1 320 - 1 410	5 500 - 5 900	1 220 - 1 320	5 100 - 5 500
Enfants 6 à 9 ans	1 700 - 2 030	7 100 - 8 500	1 560 - 1 910	6 500 - 8 000

Données issues de l'AFSSA (Agence française de sécurité sanitaire des aliments).

Tableau 1.3 APPORTS CONSEILLÉS EN ÉNERGIE ET APPORT DE SÉCURITÉ EN PROTÉINES. *(Suite)*

2. Protéines

	Hommes	Femmes
Activité physique :		
– réduite	63 g	54 g
– habituelle	81 g	60 g
– importante	90 g	66 g
– gros travaux	105 g	
Adolescents 11 à 12 ans	30 à 34 g	33 à 36 g
Adolescents 13 à 15 ans	40 à 49 g	40 à 43 g
Adolescents 16 à 18 ans	52 g	43 g
Enfants 1 à 3 ans	10 à 13 g	10 à 13 g
Enfants 4 à 6 ans	15 à 18 g	15 à 18 g
Enfants 7 à 10 ans	20 à 29 g	20 à 29 g

Données issues de l'AFSSA.

1.3 ALIMENTS FONCTIONNELS

Au cours des 30 dernières années sont arrivés sur le marché dans des pays comme le Japon, les États-Unis, le Canada, l'Union européenne... des aliments associés à la notion de bénéfices pour la santé.

Souvent désignés par les néologismes alicaments, nutraceutiques mais c'est l'appellation « aliment fonctionnel » qui a la préférence de la grande majorité des scientifiques en charge des questions alimentaires et nutritionnelles.

Avant qu'un consensus de terminologie ne s'impose sur le plan international, on peut dire qu'un aliment fonctionnel fait partie de l'alimentation normale mais il procure des bienfaits physiologiques démontrés et/ou réduit le risque de maladie chronique au-delà des fonctions nutritionnelles de base. Autrement dit, en plus des nutriments essentiels, il contient des composés physiologiquement actifs.

Un produit nutraceutique est isolé ou purifié à partir d'aliments, mais présenté en général sous des formes médicinales qui ne sont pas d'habitude associées aux aliments. L'effet physiologique bénéfique ou la capacité de protéger contre les maladies chroniques des produits nutraceutiques doit être prouvé.

Pour résumer, les allégations fonctionnelles décrivent les conséquences positives des interactions entre un composant alimentaire et les fonctions génomiques, biochimiques, cellulaires ou physiologiques de l'individu consommateur de l'aliment. Elles indiquent que la consommation d'un composant alimentaire ou d'un ingrédient spécifique est un moyen de prévention contre une pathologie ou une maladie.

Les aliments fonctionnels comprennent plusieurs catégories :

– les aliments de base, comme les carottes contenant naturellement du β-carotène, antioxydant et pro-vitamine A,

– les aliments enrichis avec des ingrédients ajoutés comme les jus de fruits à teneur augmentée en micronutriments (calcium, vitamines...),
– les aliments améliorés présentant au moins un composé bioactif par sélection traditionnelle (tomates à teneur élevée en un caroténoïde antioxydant comme le lycopène), ou par alimentation adaptée des animaux (œufs contenant des acides gras oméga-3 par alimentation des poules avec des graines de lin),
– les aliments fonctionnalisés par ajout d'un ingrédient n'existant pas naturellement dans l'aliment traditionnel (sucre avec fibres bifidogènes).

Le règlement européen n° 1924/2006 édicte les définitions et les champs d'application des allégations nutritionnelles et de santé portant sur les denrées alimentaires.

Les acquis scientifiques dans le domaine des principales fonctions physiologiques de l'être humain ainsi que des marqueurs des cibles de ces fonctions laissent augurer un important développement de cette catégorie d'aliments dans la « médecine » des bien-portants !

Chapitre 2

Glucides simples et produits dérivés

2.1 STRUCTURE ET ISOMÉRIE

Dans la figure 2.1, sont rassemblées les différentes formes de substances glucidiques rencontrées dans la nature. Les « sucres » les plus répandus se trouvent dans la catégorie des oses et dans celle des diholosides. La plupart des substances des autres catégories ont un pouvoir édulcorant (goût sucré) faible ou nul.

La figure 2.2 résume la dérivation des aldoses et cétoses de 3 à 6 atomes de carbone, dans la série D, qui est de beaucoup la plus importante. Elle est définie par la position du groupe OH sur l'avant-dernier carbone de la chaîne que l'on écrit à droite (dans la formule de Fischer). Les oses L sont rares dans la nature, sauf pour l'arabinose ; ils ne sont pas fermentés par les levures ordinaires.

Il est à noter qu'il n'existe pas de rapport entre les formes D ou L et le sens de rotation de la lumière polarisée, dans les oses à plus de 4 carbones. Il y a, par exemple, des hexoses D (+), qui sont dextrogyres, et des hexoses D (–) qui sont lévogyres.

Le tableau 2.1 présente les différentes isoméries par ordre de complexité croissante. Les types 4 et 5 n'apparaissent pas dans la figure 2.2, car ils sont très liés à la structure spatiale. Le type 4 recouvre une tautomérie. Le cycle « furanique » (à 5 côtés) est le plus commun pour les pentoses. Le cycle « pyranique » (à 6 côtés) est habituel chez les hexoses. Pour certains oses, on connaît les deux formes, avec possibilité d'évolution d'une forme à l'autre. Par exemple, le fructofuranose existe dans les produits de condensation, alors qu'à l'état libre et en solution c'est le fructopyranose qui est le plus stable ; il se forme progressivement après une hydrolyse.

Définition

Substances carbonylées formées d'une ou plusieurs unités de polyhydroxy-aldéhyde ou cétone. L'appellation « Hydrate de carbone » est à proscrire, $C_n(H_2O)_n$ n'est pas valable pour tous les glucides. Nombre de ces substances ne sont pas des « sucres ». Le terme « saccharide » devrait disparaître.

Classification

1. Oses

Glucides simples, non hydrolysables et réducteurs, en général de 3 à 7 atomes de carbone.

1.1 ***Aldoses*** : le carbonyle (CO) est en position 1.

1.2 ***Cétoses*** : le carbonyle est en position 2.

2. Osides

Glucides complexes, hydrolysables; la fonction carbonyle est engagée dans une liaison avec un autre composé : X.

2.1 ***Holosides*** : X est un autre ose.

2.1.1 Oligoholosides : petit nombre de résidus de monoses, de 2 à 6 en général.

2.1.2 Polyholosides : nombre élevé de résidus de monoses.

2.1.2.1 *Homoglycannes* : un seul monose x fois (glycogène, cellulose...).

2.1.2.1 *Hétéroglycannes* : plusieurs monoses liés entre eux selon un certain rythme (gommes...).

2.2 ***Hétérosides*** : X n'est pas un ose (aglycone).

2.2.1 O-hétérosides (alcool, phénol).

2.2.2 N-hétérosides (bases de nucléosides).

2.2.3 S-hétérosides (thiol).

3. Oses dérivés

Souvent combinés en hétérosides ou en polyholosides.

3.1 ***Désoxyoses*** : CH_2 remplace CHOH, CH_3 remplace CH_2OH.

3.2 ***Osamines*** : NH_2 remplace un OH, en général en position C_2 des aldoses.

3.3 ***Acides uroniques*** : COOH remplace le CH_2OH porté par le dernier carbone.

3.4 ***Oses acides complexes*** : acides sialiques, acide muramique.

3.5 ***Glycannes*** : unité simple (chitine) ou mixte (mucopolysaccharides).

4. Esters d'oses

4.1 ***Phosphoriques simples*** : formes actives dans le métabolisme.

4.2 ***Nucléosides-diphosphate*** : UDP, formes actives dans les condensations.

4.3 ***Sulfuriques*** : substances d'algues et de lichens.

4.4 ***Acides uroniques*** : pectines.

Figure 2.1 Présentation générale des glucides simples et produits dérivés.

Il existe un état d'équilibre en milieu aqueux entre les anomères α et β, comme il existe un semblable équilibre entre les conformères. Les changements d'équilibre sont importants en pratique :

- La forme α a le pouvoir rotatoire le plus élevé dans les hexoses de la série D ; quand on la dissout dans l'eau, on observe un abaissement lent jusqu'à la valeur correspondant aux concentrations de l'équilibre $\alpha \rightarrow \beta$; c'est la mutarotation ; elle est rendue plus rapide en milieu alcalin.

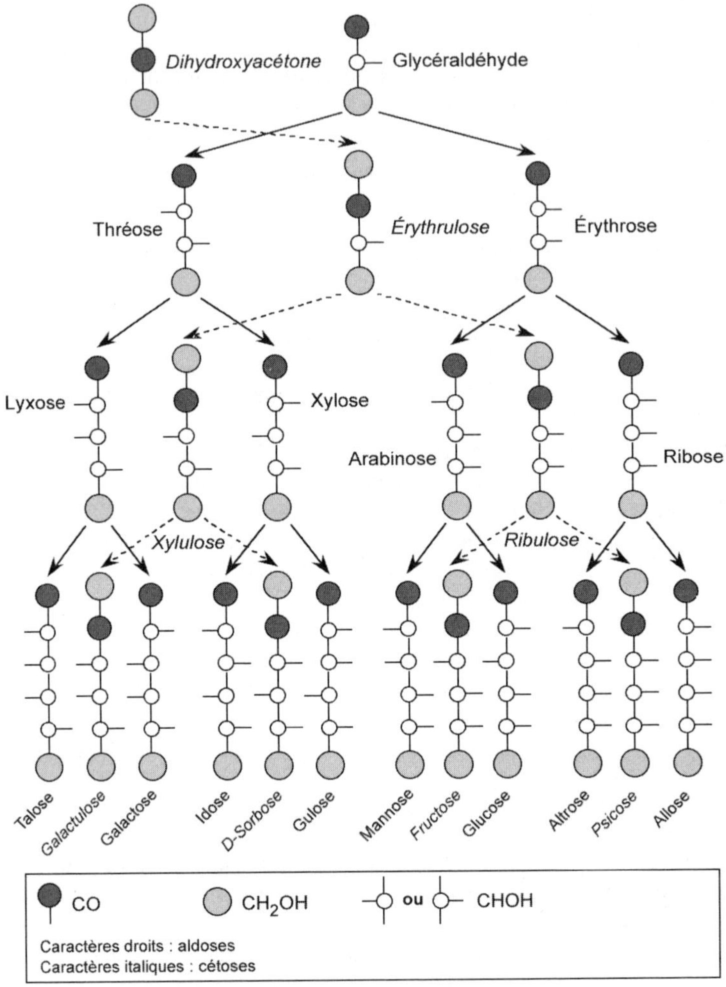

Figure 2.2 Filiations des oses de la série D.

- Le conformère C-1, en forme de chaise, est le plus stable, car il est énergétiquement favorisé ; mais il ne permet pas la formation de faisceaux de chaînes polyosidiques consolidées par des liaisons hydrogène. Le conformère 1-C, favorisé par une déshydratation (tableau 2.1, n° 5), la permet, au contraire.

NB. Des sigles de 3 à 6 lettres ont été proposés pour une commodité d'écriture :

Glc : glucose	Rha : rhamnose
Gal : galactose	GlcNac : N-acétylglucosamine
Man : mannose	NeuNac : acide N-acétylneuraminique
Ara : arabinose	MurNac : acide N-acétylmuramique
Fuc : fucose	GlcUA : acide glucuronique

2.2 LES PENTOSES

Deux aldoses jouent un rôle important en biochimie alimentaire : arabinose et xylose. Le ribose est un composant des acides nucléiques et de certains coenzymes qui sont présents dans toutes les cellules, mais en très faibles proportions. Le lyxose n'est pas un ose naturel. Les deux cétoses, ribulose et xylulose n'apparaissent, sous forme phosphorylée, que dans les biosynthèses.

Tableau 2.1 Isomérie des glucides.

Type d'isomérie	Représentation	Observations
1) Isomérie de position : de – CO – .	- - -C(HOH)—CHO (1) - - - -C(O)—CH$_2$OH (2)	Passage des aldoses aux cétoses.
2) Énantiomères : Isomérie optique.	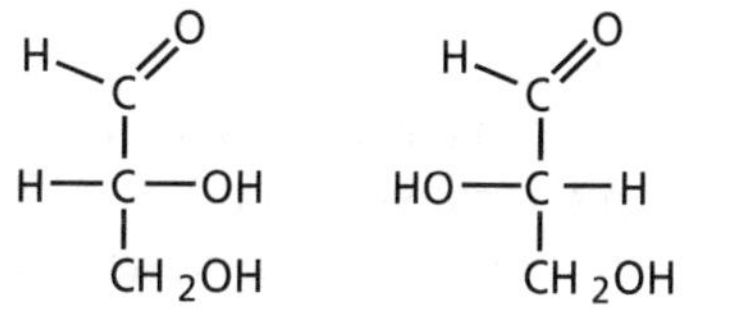 (série D) (série L)	Image dans un miroir. Formule développée (selon Fischer).
3) Épimères : Isomérie ne touchant qu'un C asymétrique sur plusieurs.	Mannose ⟷ Glucose (C$_2$) Galactose ⟷ Glucose (C$_4$)	Pas d'image dans un miroir.
4) Anomères : Dans la forme hémi-acétalique, position du –OH par rapport au plan.	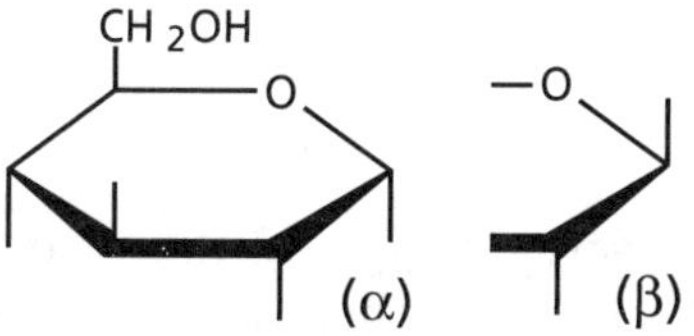 (α) (β)	Forme en solution (formule de Haworth).
5) Conformères : Basculement de la forme « chaise » (C-1) favorisée énergétiquement.	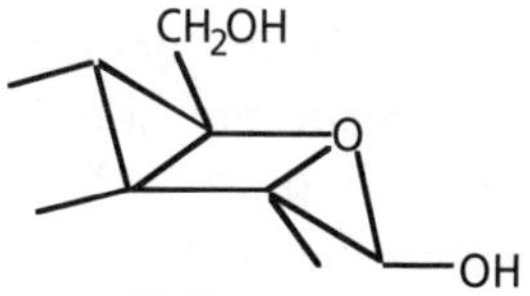 (C-1) 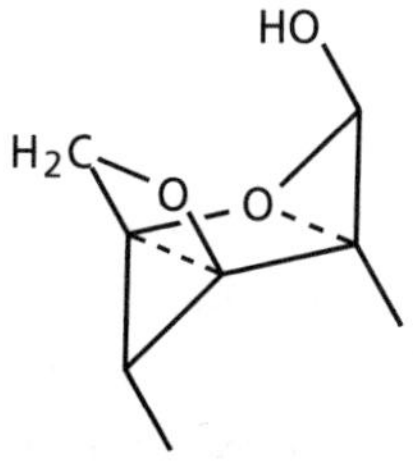 (1-C)	Conséquence d'une modification de substitution.

2.2.1 Arabinose

C'est un des rares cas d'ose à formes D et L largement distribuées ; leur structure cyclique est furanique :

- La forme D se rencontre surtout dans les O-hétérosides ; par exemple, dans celui de l'aloès où un D-arabinose est lié à une anthraquinone.
- La forme L est plus répandue. On la trouve à l'état libre, en quantités relativement faibles, dans certains fruits et bulbes : prune, cerise, oignon, etc. Elle n'est pas métabolisée chez l'homme, du fait de l'absence de kinase spécifique, et elle subit l'élimination rénale. Dans le cas de forte consommation de fruits, il peut apparaître une pentosurie alimentaire qui évoque un diabète si l'analyse est faite par des méthodes non spécifiques (pouvoir réducteur). À l'état combiné, cette forme L est prédominante dans les arabanes, qui se trouvent notamment dans les gommes des acacias.

2.2.2 Xylose

La forme D paraît être la seule dans la nature, avec une structure pyranique. Cet ose est peu abondant à l'état libre ; on en trouve de petites quantités dans des fruits, comme l'abricot, et l'on peut faire à ce sujet la même remarque que pour l'arabinose.

Le xylose est abondant à l'état condensé dans les produits d'hydrolyse du bois et de la paille. Il se trouve, en effet, dans les xylanes et araboxylanes végétaux.

Du fait de la parenté de structure spatiale existant entre le xylose et le glucose (les quatre premiers atomes de carbone ont les mêmes substitutions), la β-glucosidase (E.C.3.2.1.21) hydrolyse aussi les xylosides.

2.3 LES HEXOSES

Des huit aldohexoses de la série D (fig. 2.2), seuls trois d'entre eux jouent un rôle important en biochimie alimentaire : glucose, galactose et mannose, et seul le galactose se présente parfois aussi sous la forme L. Des quatre hexocétoses, seul le fructose est le plus répandu, sous la forme D uniquement. Les autres hexoses sont soit inconnus dans la nature, soit s'y rencontrent sous forme de dérivés, comme les acides iduroniques et guluroniques (chapitre 3, § 2.3.6). À noter que l'allose se trouve sous forme de dérivés plusieurs fois désoxylés, comme le digitoxose, qui est le 2,6 didésoxy-D-allose qui forme des hétérosides avec des stérols, doués de propriétés cardiotoniques.

2.3.1 Glucose (D)

C'est sans aucun doute l'ose le plus répandu dans les milieux végétaux et animaux, à l'état libre ou à l'état combiné. Cette importance est accrue par le fait qu'en chimie analytique, on exprime encore souvent l'ensemble des glucides réducteurs en glucose (sauf dans le lait).

On le trouve habituellement en forme α-pyranique : c'est une poudre blanche très soluble dans l'eau (85 g pour 100 mL). Dans la solution, l'équilibre stable à 20 °C comprend les deux formes : α 35 % et β 65 %.

Le glucose forme le point de départ du système de Meyerhof-Embden qui est la voie principale de la décomposition des monoses dans le muscle et dans les fermentations microbiennes jusqu'au pyruvate. D'autres hexoses doivent subir l'isomérisation en glucose, sous forme d'ester 1-phosphorique, avant d'entrer dans cette voie.

On rencontre dans la nature beaucoup de dérivés de glucose (formules dans la figure 2.3) :

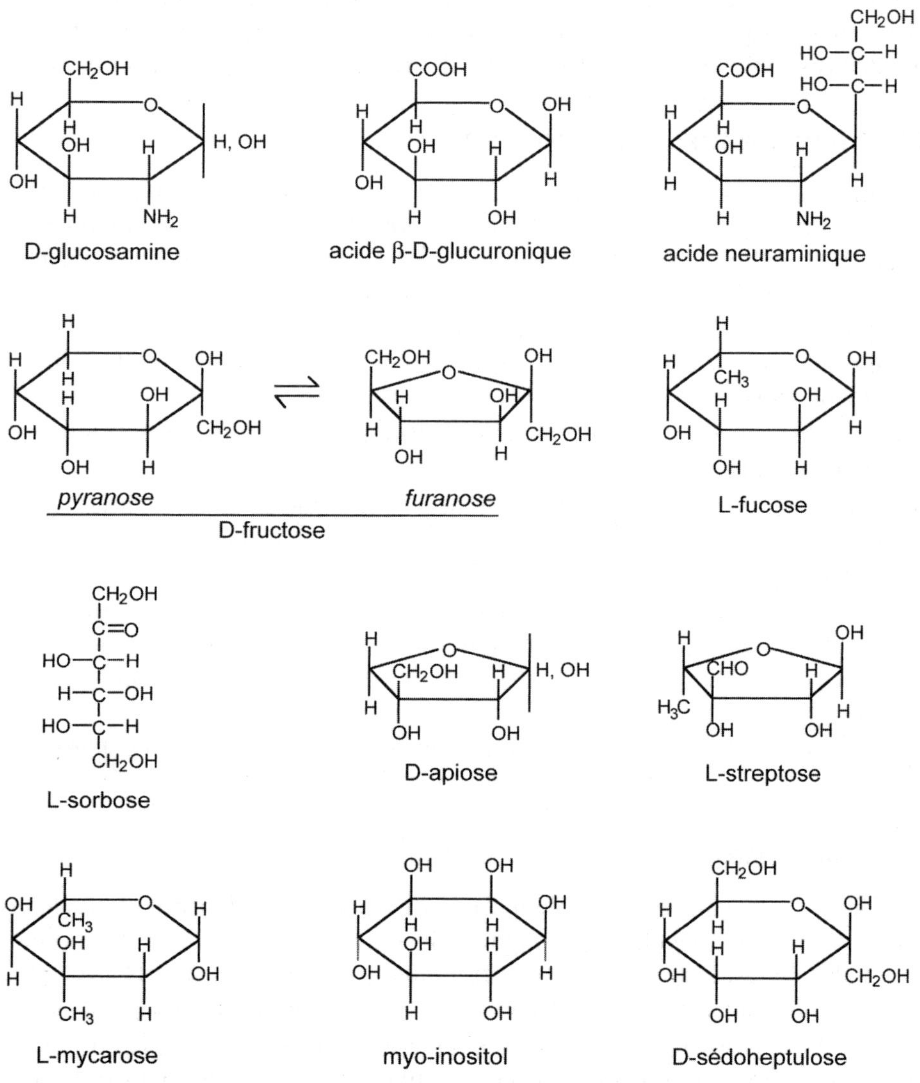

Figure 2.3 Structures de monoses et polyols.

- Glucosamine (autrefois, chitosamine), désoxy-aminée sur le C_2 et presque toujours N-acétylée, comme la plupart des osamines. On la trouve dans des oligosides (lait humain - fig. 2.5), dans des polyholosides (chitine) et dans les glycoprotéines.
  Une ose-diamine correspondant au glucose, en C_2 et C_6, la néosamine-C, et une osamine portant le groupement NH_2 sur le C_3, la kanosamine, ont été trouvées dans des antibiotiques.
- Le désoxy-6-D-glucose, ou quinovose, se trouve dans divers végétaux.
- L'acide glucuronique est le seul acide uronique couramment rencontré chez les animaux. Il a un rôle biologique important, la formation d'un glucuronoside par liaison entre le groupe réducteur et le groupe OH, SH ou NH_2 d'une autre substance. Cette glucuronoconjugaison permet l'élimination urinaire de substances anormalement présentes dans un organisme animal ; par exemple, chez l'homme, des dérivés toxiques, des médicaments, des hormones, des pigments biliaires, etc.

2.3.2 Mannose (D) et rhamnose (L)

Le mannose est très peu abondant à l'état libre, dans les cellules animales et végétales. Il ne forme pas d'oligoholosides importants. En revanche, c'est un constituant fréquent de polyholosides homogènes, les mannanes, et hétérogènes, galactomannanes, etc. C'est aussi un composant des glycoprotéines animales.

Il est rare dans les hétérosides ; cependant un mannoside du glycérol pourrait jouer le rôle de réserve glucidique chez des algues. La streptomycine B contient un résidu de mannose.

La solubilité de cet ose est très grande (250 g pour 100 mL d'eau), alors qu'elle est faible dans l'alcool.

La mannosamine liée à l'acide pyruvique forme l'acide neuraminique que l'on rencontre dans diverses molécules d'origine animale, et en particulier dans des glycoprotéines.

Le désoxy-6-L-mannose est le rhamnose ; ce dérivé de la série L se trouve parfois libre chez les végétaux (*Rhus toxicodendron*) et beaucoup plus souvent dans de nombreux hétérosides, en particulier ceux des substances cardiotoniques comme l'ouabaïne.

Le rhamnose est également un composant des glycannes (pectines par exemple chapitre 3, § 3.8).

2.3.3 Galactose

La forme L est naturelle (beaucoup moins abondante que la forme D), elle est un des composants de la gélose des algues, du mucilage des graines de lin, etc. Le dérivé 6-désoxy est le fucose, qui est le principal ose naturel de la série L, et que l'on trouve dans des oligo- et polyholosides (algues *Fucus*) et dans des glycoprotéines.

Le D galactose est le monose le plus répandu après le glucose. Il est peu abondant à l'état libre (sang, urine normale...) mais il est fréquemment présent dans des combinaisons que nous reverrons plus loin : diholosides (lactose des laits), polyholosides (galactanes), hétérosides (solanine…). C'est le monose le plus répandu dans les lipides complexes (cérébrosides). La structure pyranique est la plus fréquente ; mais la structure furanique est plus souvent rencontrée que chez le glucose.

La galactosamine est un constituant de « mucopolysaccharides ». L'acide galacturonique se trouve dans les pectines, et des esters sulfuriques du galactose, dans les carraghénanes (chapitre 3, § 3.9).

2.3.4 Fructose (D)

C'est le cétose correspondant à la fois au glucose et au mannose. Son ancien nom « lévulose », qui traduisait sa forte activité optique lévogyre (– 93° à l'équilibre à 15 °C), est pratiquement abandonné. Il est abondant à l'état libre chez les végétaux, et comme son nom l'indique, chez les fruits. Dans le miel des abeilles, il se trouve en parties égales avec le glucose. Il ne se trouve qu'en très faibles quantités dans les cellules animales, à l'exception du liquide séminal ; à la concentration de 2 à 3 g/L, il est le principal substrat énergétique des spermatozoïdes.

À l'état combiné, il est également très fréquemment rencontré : oligoholosides, surtout végétaux (saccharose, gentianose, raffinose…), polyholosides (inuline, levanes…). Le D fructose existe aussi sous forme d'hétérosides végétaux.

Le fructose possède deux propriétés intéressantes : son pouvoir sucrant est élevé (114 contre 100 pour le saccharose) et sa solubilité dans l'eau est très grande (tableau 2.2). Il cristallise très difficilement et, dans un mélange, il entrave la cristallisation des autres glucides en donnant la consistance du miel. Le miel et le sucre inverti sont plus favorables que le saccharose pour l'obtention de produits sucrés ayant une bonne consistance.

Tableau 2.2 POUVOIR ÉDULCORANT DES PRINCIPAUX GLUCIDES ET DE LEURS POLYOLS (*).

D-Fructose	114	D-Galactose	63
Xylitol	102	D-Mannose	59
Saccharose (**)	100	D-Sorbitol	51
Sucre inverti	95	Maltose	46
D-Glucose	69	Lactitol	35
D-Mannitol	69	Lactose	22
D-Xylose	67	Raffinose	16

(*) En solution à 10 g/100 mL.

(**) Selon les experts, la référence saccharose est égale à 1 ou à 100 (voir tableau 17.1).

Le fructose est actuellement produit dans l'industrie à partir du « sucre » de betterave, avec deux étapes supplémentaires dans la fabrication : hydrolyse et isomérisation.

À propos du pouvoir édulcorant des glucides et de leurs dérivés, il convient de relever que les causes de variation du pouvoir sucrant sont multiples. En plus des variations liées à l'individu, la concentration de référence, la température et la composition du milieu (pH, présence de minéraux, tannins, gommes...) sont les principales sources de variation du pouvoir sucrant. Ainsi, par exemple, le fructose est plus sucré que le saccharose dans un jus de citron et c'est l'inverse dans un jus de pamplemousse...

2.3.5 Sorbose (L)

Cet ose est rare dans la nature; on le trouve notamment dans le jus des baies de sorbier, dans la pectine de la passiflore... Il a surtout un intérêt historique. Il se forme par déshydrogénation du sorbitol par la « bactérie du sorbose » (*Acetobacter xylinum*); or, il se trouve que c'est le C_5 du D-sorbitol qui est transformé en carbonyle, et comme celui-ci doit être écrit en position 2, il est nécessaire de retourner la formule, donc de placer le sorbose dans la série L !

> **NB.** Au-delà de 6 atomes de carbone en chaîne, il n'y a que très peu de monoses. Citons cependant deux exemples de cétoses à 7 carbones, dont le nom est formé à partir de celui de l'hexose prolongé; on les trouve dans le monde végétal; ils ne sont que partiellement métabolisés chez le rat :
> - altroheptulose ou sédoheptulose (découvert dans le *Sedum*) qui est une substance intermédiaire de la photosynthèse;
> - mannoheptulose qui s'accumule dans le fruit de l'avocatier (avocat).

2.4 OSES ATYPIQUES

Dans le monde végétal, et surtout chez les actinobactéries, on observe la présence de monoses ramifiés, porteurs de fonction alcool tertiaire ou de plusieurs groupes carbonyles (fig. 2.3). Par exemple :

- **D-Apiose :** glucide à 5 carbones de la série $C_n(H_2O)_n$, dont un deuxième CH_2OH se trouve branché sur le C_3; il est un des constituants de nombreux hétérosides végétaux, notamment chez le persil, l'arbre à caoutchouc, etc.
- **Streptose :** hexose comportant une seconde fonction aldéhydique branchée sur le C_3 et une forme désoxylée sur le C_5; il se trouve sous forme furanique dans la streptomycine A, antibiotique produit par *Streptomyces griseus*.
- **Mycarose :** substance se trouvant dans la spiramycine, qui représente un cas limite, avec trois atomes de carbone désoxylés sur un total de 7 atomes de carbone.

Ces deux dernières substances sont caractéristiques des antibiotiques des actinobactéries. Elles sont apparentées aux glucides; leur action est due au blocage des systèmes enzymatiques par une substance analogue à un monose, mais non transformable.

2.5 LES POLYOLS

2.5.1 Alditols

Rappelons que ce ne sont pas des oses, car ils n'ont pas de groupes carbonyles. Ils sont cependant fort intéressants car ils dérivent des monoses par hydrogénation et se retrouvent dans des fruits et diverses parties des végétaux.

La réduction du groupe CO par voie chimique est aisée (borohydrure de sodium, hydrogène avec catalyseur, amalgame de sodium,...). Mais la voie biologique est plus intéressante. On connaît les enzymes d'oxydo-réduction qui provoquent la réaction dans un sens ou dans l'autre (oxydation du polyol en monose). Certains alditols, dérivés des aldoses, largement répandus dans le règne végétal, proviennent probablement des aldoses correspondant par réduction au moyen d'enzymes à NAD ou NADP.

La figure 2.2 montre qu'il existe autant d'alditols que d'aldohexoses et deux fois plus que de cétohexoses ; la réduction de ces derniers produit un mélange des deux alditols portant le OH à droite ou à gauche du C_2, dans l'écriture conventionnelle.

Il est à noter que ces substances, contrairement aux monoses, sont rarement combinées ; on trouve, cependant, le glucoside du mannitol chez certaines algues. Le nom scientifique est celui de l'aldohexose avec le suffixe « itol » ; mais, pour ceux qui sont connus depuis fort longtemps, un nom trivial reste employé, il désigne, en général, la plante de la découverte initiale.

Les propriétés physico-chimiques et biologiques de ces polyols expliquent leurs nombreuses utilisations alimentaires. Ces composés sont notamment non cariogènes, mais une surconsommation provoque des effets laxatifs. La métabolisation de ces glucides hydrogénés s'effectue par l'intermédiaire de voies parfaitement connues : voies d'Embden-Meyerhof, cycle des pentoses phosphates de Horecker et Racker, cycle de Touster et cycle de Krebs.

a) D-Sorbitol

C'est avec son isomère le mannitol, le plus répandu. C'est l'alditol correspondant au glucose. Le D-sorbitol est un constituant important de nombreux fruits comestibles communs, alors qu'il est rare dans les tissus des mammifères. Chez le diabétique, le glucose peut être transformé en sorbitol par l'aldose réductase et entraîner des désordres cellulaires. Comme tous les polyols, le sorbitol apporte 2,4 kcal/g, soit moins que le glucose. Il est non fermentescible par les levures et son utilisation dans les aliments de régime pour diabétiques est sujet à caution.

Sur le plan technologique, d'autres caractéristiques ont fait du sorbitol une substance auxiliaire importante en industrie alimentaire et en particulier dans les produits de confiserie, où il remplace souvent le sucre inverti. On peut les résumer ainsi :

- fixation de l'eau élevée. L'eau est co-responsable de la consistance mielleuse ; elle ne peut s'évaporer que très lentement en présence d'une quantité suffisante de sorbitol ;
- résistance au chauffage ;

– effet retardateur sur la cristallisation du saccharose et du glucose ; les cristaux formés restent petits et non décelables dans la bouche ;
– peu édulcorant (environ la moitié du saccharose) ; l'homme peut en consommer plus sans être incommodé ;
– viscosité relativement faible des sirops, facilitant le travail ;
– aptitude à complexer les métaux lourds, ce qui contribue à améliorer la conservation des produits gras.

Le sorbitol utilisé dans l'industrie alimentaire n'est pas un produit d'extraction ; on le fabrique par hydrogénation du glucose ; il se présente en général sous forme d'un sirop concentré à 70 %.

b) Mannitol

Il est également abondant chez les végétaux. Dans certains champignons, sa concentration est plus élevée que celle des monoses. L'absorption intestinale du mannitol est passive et atteint environ 15 %. Ce polyol n'est pas métabolisé chez l'homme, il est excrété par les urines ; de plus, il favorise la diurèse.

Le passage du mannitol à travers le glomérule est à la base d'un procédé d'exploration fonctionnelle du rein par la clairance au mannitol.

c) Xylitol

On le trouve à faible concentration dans beaucoup de fruits et de produits végétaux. On l'extrait de l'hémicellulose du bois. C'est un nouvel agent édulcorant, ayant la même valeur énergétique, le même aspect et à peu près le même pouvoir sucrant que le saccharose, mais il possède une propriété fort intéressante : le xylitol ne peut pas prendre part au processus de formation des caries et il inhibe la croissance de *Streptococcus mutans*. Il est donc recommandé depuis 15 ans comme « sucre non cariogénique » en industries alimentaires.

Dans les organismes supérieurs, le xylitol peut être transformé en glucose. Ce taux peut varier entre 20 et 80 %. Cette transformation a lieu au niveau du foie en fonction des besoins de l'organisme en glucose. Cette production est lente, avec effet retard, ce qui a pu faire penser que son utilisation aurait pu être intéressante pour les diabétiques. Consommé en quantité supérieure à 20 ou 30 g/j, le xylitol provoque des diarrhées et flatulences.

2.5.2 Cyclitols

Les dérivés naturels penta- ou hexahydroxylés du cyclohexane sont nombreux, surtout dans le règne végétal, mais aussi dans le règne animal. Ils ne correspondent pas à un monose, on a cependant l'habitude de les placer à côté des alditols.

Les cyclitols hexahydroxylés sont intéressants : ils forment 9 stéréoisomères (7 inactifs, 1 dextrogyre et 1 lévogyre) correspondant à la formule $C_6H_{12}O_6$. Parmi les isomères inactifs, se trouve la substance sucrée extraite du suc musculaire, qui a reçu des noms variés : inosite, i-inositol, myo-inositol, méso-inositol (fig. 2.3). C'est la plus fréquente chez les animaux, à l'état libre ou combiné ; elle est présente dans des tissus variés : foie, muscle, sang, urine et surtout dans le sperme. On l'a considérée autrefois comme une vitamine (B_7). On n'a cependant jamais observé de carence spontanée chez l'homme ; en revanche, elle a été constatée chez le rat par des troubles dermiques, la chute des poils (alopécie) et une asthénie.

À l'état combiné, on trouve le myo-inositol lié à des monoses (avec le galactose dans le galactinol des betteraves) et surtout à l'acide phosphorique. Les esters mono-, di- ou triphosphoriques forment les inositophospholipides. L'ester hexaphosphorique est l'acide phytique, qui porte autant d'atomes de phosphore que de carbone (P = 28 % et C = 11 %) ; c'est le plus fortement phosphorylé des constituants des végétaux ; dans les graines alimentaires, il peut représenter 80 à 90 % du phosphore total. L'acide phytique constitue une exception dans le monde vivant où les polyesters phosphorylés sont rares. En outre, les études *in vitro* montrent l'inégalité des charges ; il y a bien 6 fonctions acides fortes (pKa = 1,8), mais seulement 2 faibles (pKa = 6,3) ; les 4 autres fonctions ne se manifestent qu'à pH = 9,7 du fait, probablement des liaisons hydrogène entre radicaux voisins. L'acide phytique, comme l'acide oxalique, freine l'absorption du calcium, du magnésium et du zinc chez l'homme, par suite de la formation de sels insolubles. La phytine est un sel complexe de calcium et de magnésium qui se trouve dans de nombreux végétaux ; on l'extrait principalement de la *Corn steep liquor* (partie soluble des grains de maïs).

2.6 LA LIAISON OSIDIQUE

Elle implique la participation du groupe réducteur d'un monose au moins, et d'un autre groupe qui peut être –OH, –NH, –SH. Si le groupe –OH appartient à un autre monose, on forme ainsi un diholoside ; si c'est un groupe alcoolique, phénolique ou stérolique ou bien –NH et –SH, on forme un hétéroside.

La liaison osidique, avec un monose cyclisé, conduit à un acétal. Le pouvoir réducteur disparaît.

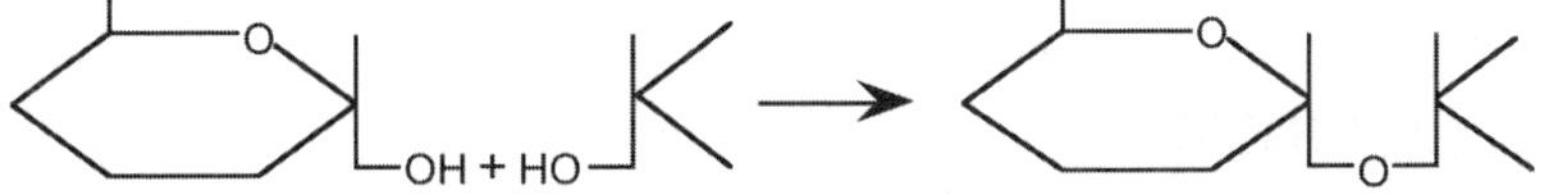

Figure 2.4 Liaison α-osidique.

La configuration de l'anomère est bloquée, soit en α (fig. 2.4), soit en β. L'existence d'un carbone entre deux oxygènes différencie cette liaison de la liaison éther ; elle n'a pas la résistance de cette dernière à l'hydrolyse acide limitée.

Si la liaison implique deux groupes réducteurs de monoses, le diholoside n'est plus réducteur ; on dit qu'il est du type « tréhalose » ; il ne présente pas de mutarotation et ne peut pas donner une nouvelle liaison osidique (mais il peut la subir). Il y a, en revanche, deux possibilités de coupure par deux hydrolases spécifiques si le diholoside est formé de deux résidus différents (cas du saccharose).

2.7 DIHOLOSIDES DU GLUCOSE

Le tableau 2.3 présente les 7 diholosides glucosyl-glucoside. Le **tréhalose** est certainement le plus répandu dans la nature ; c'est le principal glucide de l'hémolymphe des insectes ; c'est aussi un constituant de certains champignons et algues ; et c'est encore le glucide d'un glycolipide toxique, le « cord factor ». Il existe une enzyme hydrolytique, la tréhalase (E.C.3.2.1.28) qui possède une grande spécificité ; elle ne coupe la liaison glycosidique que dans le tréhalose ; on la trouve dans l'intestin des mammifères, les insectes et les micro-organismes.

Tableau 2.3 DIHOLOSIDES GLUCOSE-GLUCOSE.

Position	Anomère	Nom	Source
1 → 1	α-α′	Tréhalose	Hémolymphe des insectes, champignons, algues.
1 → 2	β	Sophorose	Hétérosides végétaux (Stevia, Sophora).
1 → 3	β	Laminariobiose	Hydrolyse enzymatique de laminaires (algues).
1 → 4	α β	Maltose Cellobiose	Hydrolyse enzymatique des amidons. Hydrolyse enzymatique de la cellulose.
1 → 6	α β	Isomaltose Gentiobiose	Hydrolyse enzymatique de l'amylopectine et des dextranes microbiens. Hétérosides végétaux (gentiane, amygdaline).

Le sophorose et le gentiobiose sont des composants d'hétérosides, celui du *Stevia* a retenu l'intérêt des chercheurs par son fort pouvoir sucrant. Les quatre autres diholosides n'existent qu'à l'état très condensé, formant les molécules d'amidon, de cellulose et de laminarine. Il est à noter que ces diholosides sont obtenus directement par hydrolyse enzymatique des polymères naturels ; laquelle n'aboutit pas en général aux monoses. La liaison 1 → 4 est la plus fréquente ; le maltose est un diholoside fortement dextrogyre (+ 136°) dans sa forme prédominante qui est l'anomère β.

2.8 SACCHAROSE

2.8.1 Propriétés générales

C'est le « sucre » ordinaire, de betterave ou de canne. Il est composé d'un glucose et d'un fructose. Son nom scientifique le précise :

α-D-glucopyranosyl (1 → 2) β-D-fructofuranoside.

Il est non réducteur et s'hydrolyse facilement en milieu acide. L'hydrolyse enzymatique est réalisée par deux osidases : l'α-glucosidase (E.C.3.2.1.20) et la β-fructofuranosidase (E.C.3.2.1.26) ; cette dernière a été appelée « invertase » car le mélange des monoses, du fait du fort caractère lévogyre du fructose, garde cette propriété (– 20°). On appelle d'ailleurs toujours ce mélange « sucre inverti ». L'invertase est largement répandue ; on la trouve notamment dans l'intestin humain.

Le saccharose est très abondant dans la nature ; on l'a retrouvé dans tous les végétaux chlorophylliens, car c'est le principal produit de la photosynthèse. De nombreux oligoholosides en dérivent (voir § 2.10). Plusieurs polyholosides sont constitués par une unité de saccharose en début de chaîne (voir § 2.10.1).

Le saccharose est un aliment glucidique très important pour les individus des pays développés ; c'est d'ailleurs le seul aliment pur et cristallisé que l'homme consomme. Il est rapidement utilisé dans l'organisme.

Le saccharose entre également dans la composition des caramels d'aromatisation. à ce sujet, il est intéressant de signaler que – comme pour d'autres glucides – les solubilités partielles du glucose et du saccharose s'additionnant dans des solutions mixtes, il est possible d'obtenir des concentrations totales allant jusqu'à 75 %, très supérieures à celle d'un seul de ces glucides ; on peut ainsi fabriquer des sirops à l'abri de la cristallisation et de la fermentation (fig. 2.5).

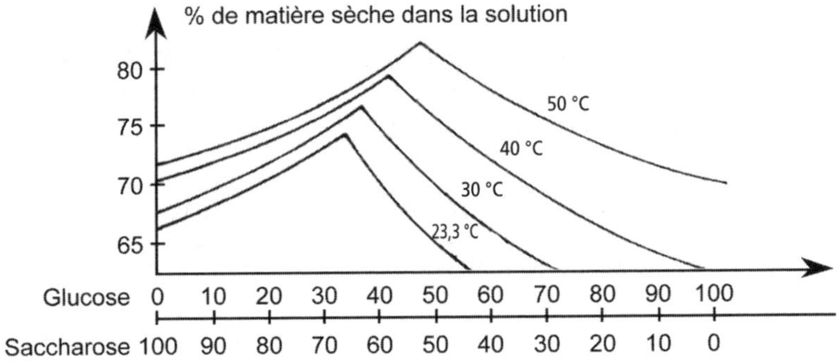

Figure 2.5 Points de saturation de mélanges de glucose et de saccharose en fonction de la température.

2.8.2 Produits dérivés

La chlorination du saccharose permet d'augmenter son pouvoir sucrant 800 fois, soit deux fois plus que la saccharine et près de quatre fois plus que l'aspartame, tout en ayant une valeur calorique très faible. Mais à la différence de ces deux édulcorants, ce composé, dénommé **sucralose**, est très stable thermiquement (chapitre 17, § 17.3.2).

Le **sucre inverti** industriel est obtenu, soit par catalyse enzymatique, soit par catalyse acide. Le produit de l'hydrolyse est nettement plus fluide que le saccharose liquide ; il abaisse plus fortement l'activité de l'eau (a_w) que le saccharose, autrement dit, il augmente le pouvoir rétenteur d'eau. Cette propriété est utilisée pour améliorer la conservation des produits alimentaires tant sur le plan de la texture que sur le plan microbiologique.

Le **miel** est un sucre interverti naturel : le jabot des abeilles renferme en effet, une invertase (β-fructosidase) qui transforme le saccharose du nectar ; son pH est acide (4,0).

Les sucroglycérides sont des dérivés industriels du saccharose, utilisés comme agents de surface non ioniques. Ils résultent de la transestérification d'un triacylglycérol naturel (suif, huile de palme,...) par le saccharose ; il se forme un mélange de mono- et diesters de saccharose et de mono- et diacylglycérols. Ces substances sont employées comme émulsifiants ; par exemple, dans la fabrication des laits réengraissés (avec des suifs) pour les veaux ou d'autres aliments neutres ou peu acides. Elles provoquent un important abaissement des tensions superficielles et interfaciales. Elles ne sont pas toxiques et sont assimilables.

Un nouveau produit dérivé du saccharose apparaît sur le marché : le **saccharose polyester**. Cette molécule de synthèse contient 6 ou 8 groupements esters d'acides gras. Cette substance a montré son efficacité et son innocuité : perte de poids (200 g/jour) chez les obèses, diminution de 20 % du cholestérol présent dans le sang, réduction de l'absorption du cholestérol présent dans les aliments, aucun passage dans le sang, pas d'effets secondaires notables à l'exception d'une légère perte de vitamine E. Ce « faux gras » dont l'aspect, le goût et la consistance sont identiques à ceux de l'huile végétale, peut remplacer jusqu'à 25 % des corps gras utilisés à domicile et 75 % de ceux utilisés dans la restauration collective.

NB. On connaît des isomères du saccharose, qui sont évidemment réducteurs. Par exemple, le leucrose (α-glucose 1 $\rightarrow$ 5 fructopyranose), qui se forme par action de la dextrane-sucrase.

2.8.3 Biodisponibilité du saccharose et de ses produits d'hydrolyse

Le devenir du saccharose après hydrolyse intestinale est celui des oses qui le constituent. Globalement, son effet sur les réponses glycémique et insulinémique est voisin de celui du glucose. En revanche, son devenir oxydatif apparaît plus proche de celui du fructose.

La biodisponibilité du fructose et du glucose est très différente alors que leur formule chimique est très voisine. La différence de biodisponibilité est expliquée par trois facteurs principaux :

– le fructose après ingestion est capté et métabolisé en quasi-totalité par le foie, alors que la majeure partie d'une charge orale de glucose échappe au foie pour être métabolisée dans les tissus périphériques ;

– le fructose est métabolisé dans le foie par une voie spécifique dont la première étape enzymatique est catalysée par la fructokinase (E.C.2.7.1.4) dont la vélocité est très supérieure à celle de la glucokinase (E.C.2.7.1.2) et de l'hexokinase (E.C.2.7.1.1) ;

– le métabolisme du fructose est essentiellement indépendant de l'insuline alors que celui du glucose est fortement dépendant de l'insuline.

2.9 LACTOSE

2.9.1 Propriétés générales

Le lactose est le glucide du lait ; on ne le trouve nulle part ailleurs ; il est réducteur :

β-D-galactopyranosyl (1 $\rightarrow$ 4) D-glucopyranoside α ou β.

Il est très prédominant dans le lait des ruminants, 5 % chez la vache (chapitre 13, § 2). Dans le lait humain, il forme la moitié de l'extrait sec, 6,5 %. Il est à très bas taux dans les laits très gras des cétacés, environ 1 %.

Les deux formes α et β ont des propriétés très différentes (tableau 2.4) et elles ont toutes deux un intérêt pratique. La forme α cristallisée avec une molécule d'eau est le lactose commun; il peut être déshydraté. La forme β cristallise, sans fixation d'eau, à partir d'une solution concentrée, au-dessus de 94 °C, qui est une température critique de cristallisation.

Le lactose est peu soluble, environ 10 fois moins à l'équilibre que le saccharose à température ambiante (180 g pour 100 g). L'écart est plus faible à 100 °C, parce que la solubilité du lactose augmente beaucoup. C'est donc un diholoside assez facile à séparer par cristallisation; mais évidemment, on ne peut obtenir de sirop épais ou de confitures avec le lactose. Il est de plus, peu édulcorant (1/6 par rapport au saccharose); le lait est peu « sucré »; les régimes lactés sont supportables parce que pas écœurants.

Tableau 2.4 PROPRIÉTÉS DES ISOMÈRES DU LACTOSE.

	α (H_2O)	β	**Équilibre (20 °C)**
Pouvoir rotatoire $[\alpha]_D^{20}$	+ 89,4	+ 35	+ 55
Température de fusion (°C)	202	252	–
Solubilité(*) 15 °C 100 °C	 7,3 70	 50 95	 17 –
Concentration en solution à 20 %	38	62	$\frac{\beta}{\alpha}$ = 1,63
Pouvoir édulcorant (saccharose = 100)			16

(*) g pour 100 g d'eau.

Le lactose est un intéressant exemple de polymorphisme cristallin; en cristallisation lente, on observe des formes variées, qui aboutissent à un cristal allongé complexe et dur. Certaines substances inhibent la cristallisation; par exemple, la riboflavine (vitamine B_2), mais à une concentration supérieure à celle existant dans le lait.

2.9.2 Transformation par voie chimique et enzymatique

L'hydrolyse chimique est plus difficile que celle du saccharose; il est nécessaire de traiter à chaud avec un acide; ici, il n'y a pas d'inversion.

L'hydrolyse enzymatique pose des problèmes. La β-galactosidase (ou lactase) (E.C.3.2.1.108) est peu répandue; de rares levures la possèdent (les industriels utilisent celle de *Kluyveromyces fragilis*). L'intestin des enfants la secrète au niveau du jéjunum; ensuite, elle disparaît plus ou moins rapidement selon les ethnies; chez certaines populations – notamment africaines –, la perte se produit tôt, parfois vers 3 ans; dans d'autres populations – surtout européennes –, on observe une proportion d'individus « lactase positive persistante » élevée. Aux États-Unis, 15 % seulement de la population d'origine européenne est « alactasiques » contre 75 % des Afro-Américains.

Il existe une autre forme grave d'intolérance chez l'enfant qui ne possède pas l'enzyme permettant l'épimérisation du galactose en glucose, l'hexose-1-phosphate-uridyltransférase (E.C.2.7.7.12). L'absorption de lait conduit à une galactosémie. Cette anomalie métabolique est rare. Au sujet des anomalies, signalons que l'ingestion de galactose à doses élevées peut être à l'origine de cataractes.

Rappelons que le galactose doit être transformé en glucose pour entrer dans les cycles biologiques (glycolyse anaérobie et cycle des pentoses-phosphates).

2.9.3 Produits dérivés

L'hydrogénation de la fonction aldéhyde sur le carbone 1 du glucose conduit à une fonction alcool et donne le **lactitol** au pouvoir sucrant un peu plus élevé que celui du lactose (tableau 2.2). C'est un produit non cariogène et de faible pouvoir calorique (8,5 kJ/g soit 2 kcal/g).

L'isomérisation du lactose conduit au **lactulose**.

[β-D-galactopyranosyl (1 → 4) D-fructofuranose]

Il se forme au cours du traitement du lactose en milieu alcalin, soit pendant une longue durée à température moyenne (30-35 °C), soit rapidement à haute température (120-130 °C).

Plus sucrant que le lactose, il est très soluble dans l'eau et cristallise difficilement. Non absorbé dans l'intestin grêle, il agit à dose modérée (20-40 g/jour) dans la lumière colique comme les glycannes du régime alimentaire ou les mucilages.

L'oxydation de la fonction aldéhydique sur le carbone 1 du glucose conduit à une fonction acide et donne l'**acide lactobionique** qui est notamment utilisé comme acidulant et comme transporteur d'agent actif tel que le calcium, le fer et certains antibiotiques.

2.10 OLIGOHOLOSIDES VÉGÉTAUX DÉRIVÉS DU SACCHAROSE

2.10.1 α-galactosides

Ce sont des substances de réserve qui comprennent un ou plusieurs α-D-galactoses liés par la liaison 1 à 6 au glucose du saccharose, ou par la même liaison entre eux ; ils sont tous non réducteurs.

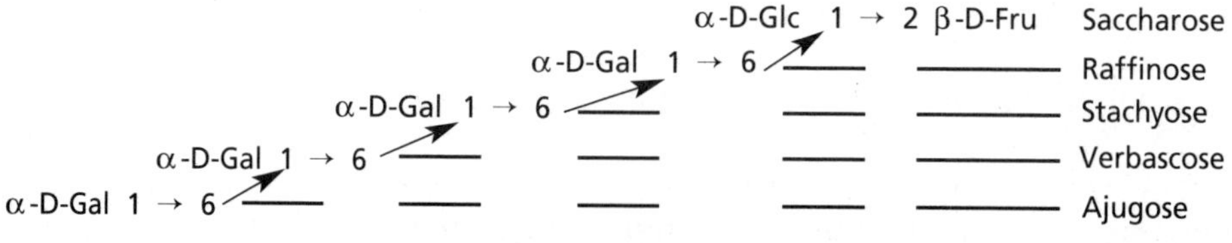

Figure 2.6 α galactosides.

Les plus importants contiennent de 3 à 6 résidus d'ose, mais on en connaît qui contiennent 8 résidus. On les trouve dans des végétaux variés.

Le raffinose est toujours associé au saccharose ; il est éliminé dans la mélasse au cours de la purification du sucre de betterave. Beaucoup de levures ne possèdent pas d'α-galactosidases ; elles ne fermentent que le 1/3 fructose de la molécule ; le diholoside résiduel est le mélibiose (galactosyl-glucoside). Le raffinose gêne la cristallisation du saccharose dans la phase finale de la fabrication du sucre de betterave occasionnant une baisse de rendement ; le raffinose est dosé par polarimétrie avec le saccharose au début des opérations

Les glucides alcoolo-solubles des graines et farines de légumineuses renferment tous ces α-galactosides, le soja étant le plus riche (8 % en moyenne). Ces substances sont indigestes pour l'homme ; il est bon de les éliminer le plus possible par un traitement approprié.

2.10.2 Triholosides

Ils sont également constitués par du saccharose, allongé d'un côté ou de l'autre par un autre résidu d'ose. Quatre exemples sont donnés dans la figure 2.7. Les noms dérivent des végétaux dans lesquels ils ont été trouvés : le plantéose vient des graines de plantain, c'est la substance symétrique du raffinose ; le mélézitose est la substance sucrée exsudée des végétaux à la suite de piqûres d'insectes : miellée du tilleul, manne de mélèze, etc.

Figure 2.7 Exemples de triholosides.

2.11 OLIGOHOLOSIDES ANIMAUX

Dans le lait des mammifères monogastriques, on trouve de nombreux oligoholosides terminés par un résidu de lactose (Gal β 1 → 4 Glc). Auparavant se situent dans un ordre varié, le galactose, le L-fucose, la N-acétylglucosamine et l'acide N-acétylneuraminique (acide sialique). Chez la femme, on en a isolé plus de 30, de masse moléculaire de 1 000 à 3 000 daltons (5 à 15 résidus d'ose), représentant une teneur de 1 à 2 %. Leur origine et leur rôle biologique restent discutés. La figure 2.8 représente la structure d'un oligoholoside qui a été isolé du lait humain.

Dans le lait des ruminants, ces substances sont peu abondantes (0,1 %). Dans l'urine, on trouve aussi des oligoholosides, en particulier chez des malades humains, avec aux extrémités la N-acétylglucosamine.

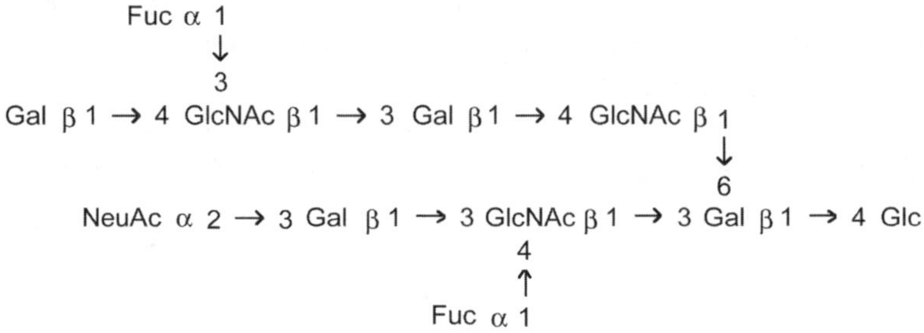

Figure 2.8 Structure d'un oligoholoside du lait humain.

2.12 HÉTÉROSIDES

Les hétérosides résultent de la combinaison, avec élimination d'eau, de l'hydroxyle réducteur d'un ose avec une substance non glucidique, l'aglycone ou génine.

La diversité des hétérosides vient de leurs génines, appartenant à tous les groupes de métabolites secondaires, du mode de liaison entre la génine et le (ou les) ose(s), et de la partie glucidique, également variée.

La liaison hétérosidique se produit (fig. 2.9) :

- entre la fonction réductrice de l'ose et un groupement hydroxyle (alcoolique ou phénolique) de l'aglycone ; ce sont les O-hétérosides ;
- entre la fonction réductrice de l'ose et un thiol : S-hétérosides ;
- entre la fonction réductrice de l'ose et un groupement aminé : N-hétérosides.

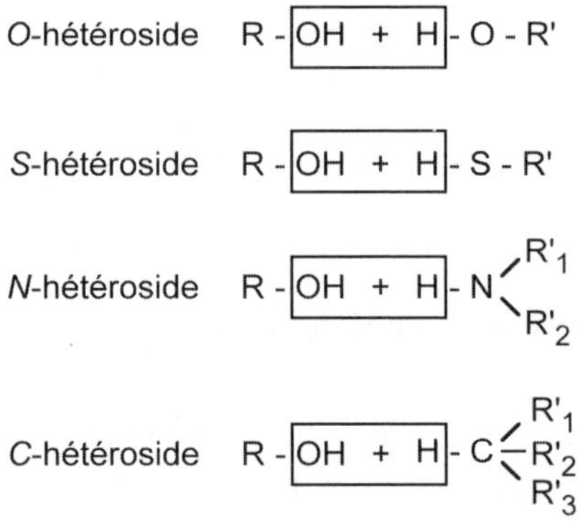

Figure 2.9 Différents types de liaisons hétérosidiques.

Par ailleurs, la liaison entre la génine et l'ose se fait parfois carbone à carbone. Ces C-hétérosides ne sont pas hydrolysables ni par les acides, ni par voie enzymatique, seule une oxydation permet la séparation génine-ose.

Les N-hétérosides sont dérivés du ribose ou du désoxyribose lié à des bases pour former les nucléotides présents dans toutes les cellules (ARN et ADN).

Les O-hétérosides sont les plus importants. Comme les S-hétérosides, ils sont essentiellement végétaux. Ils forment des substances de réserve localisées dans les vacuoles cellulaires ; mais on peut les considérer comme des déchets, possédant un rôle comparable aux glucuronides des animaux supérieurs. De nombreuses substances de ce groupe ont des propriétés pharmaceutiques. On peut en distinguer 4 classes :

2.12.1 Hétérosides d'alcools

Les hétérosides cyanogénétiques sont formés de deux glucoses (parfois substitués par un autre monose) lié à un nitrile alcoolique. L'hydrolyse enzymatique libère de l'acide cyanhydrique, qui est un poison violent. Par exemple, l'**amygdaline** (fig. 2.10) des amandes amères et d'autres noyaux de fruits est composée de gentiobiose lié au nitrile phénylglycolique (caractéristique de la famille des Rosacées) ; l'hydrolyse donne successivement le glucose, l'acide cyanhydrique (HCN) et le benzaldéhyde ; l'émulsine est une enzyme qui assure cette transformation. C'est une cause d'intoxication chez l'homme.

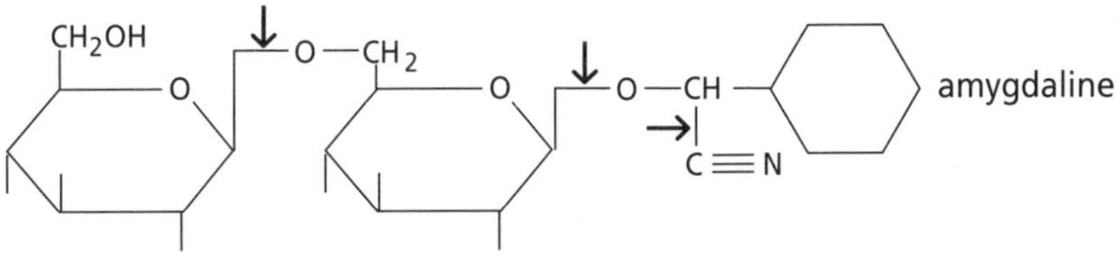

Figure 2.10 Structure de l'amygdaline.

2.12.2 Hétérosides de phénols

Ils sont très nombreux dans les tissus végétaux. Une série intéressante est celle dont la partie aglycone dérive du chromane et dont un certain nombre possède une activité vitaminique concernant les capillaires sanguins, la peau, etc. L'**hespéridine** (fig. 2.11) est constituée de trihydroxy-métoxy-flavonone (chromome liée à un cycle benzénique) associé au rhamnoglucoside ; c'est le flavonoïde dominant dans les oranges et les citrons.

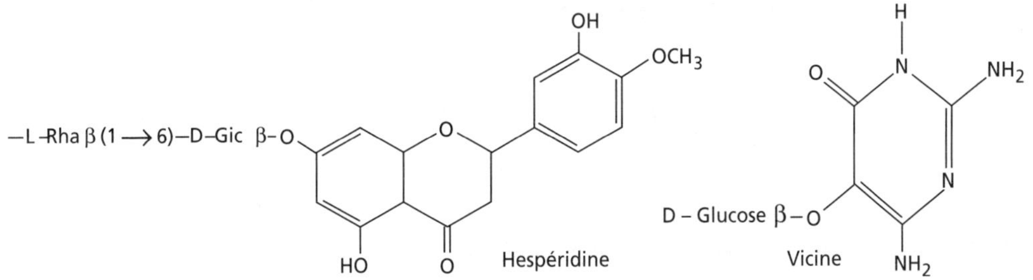

Figure 2.11 Structure de l'hespéridine et de la vicine.

On peut rattacher à cette classe des hétérosides toxiques dérivés de la pyrimidinone comme la **vicine** des légumineuses (la vicine tire son nom de la vesce, *Vicia sativa*) qui est responsable du favisme (anémie hémolytique).

2.12.3 Hétérosides de stérols

Ils sont également nombreux et sans doute plus importants que les précédents sur le plan de la santé humaine. Voici deux exemples :

- **Solanine** (fig. 2.12), substance toxique des Solanacées (pomme de terre, tomate, aubergine,...) ; utilisée comme insecticide.

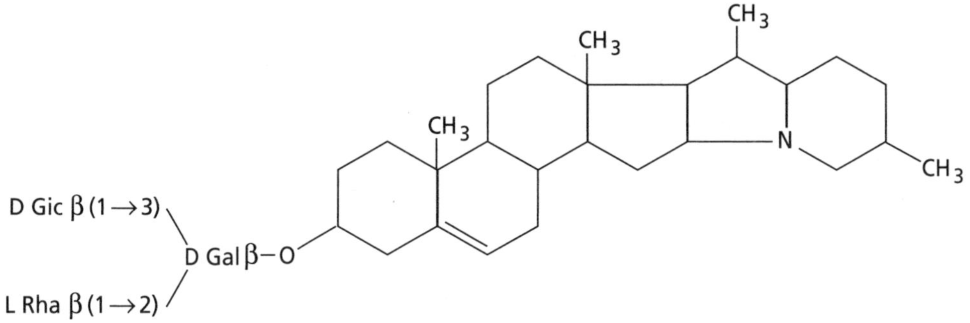

Figure 2.12 Structure de la solanine.

- **Digitonine** (fig. 2.13), médicament cardiotonique à action lente et prolongée provenant de la digitale (*Digitalis purpurea*).

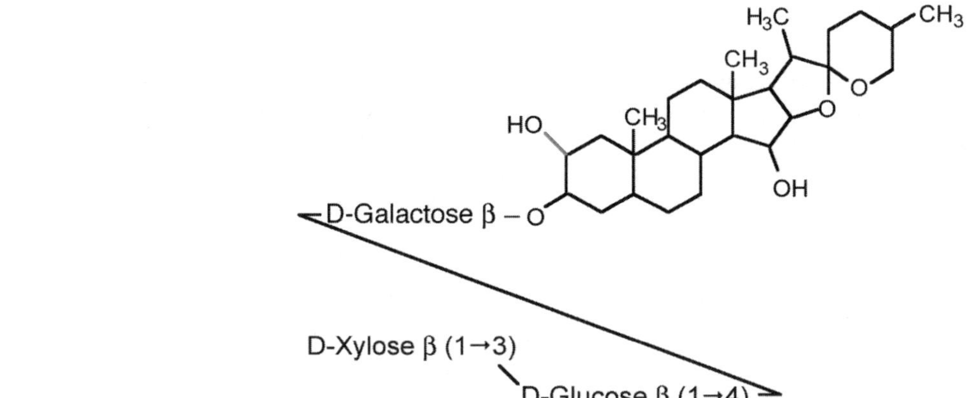

Figure 2.13 Structure de la digitonine.

2.12.4 Hétérosides antibiotiques

La **streptomycine** (fig. 2.14) est le plus ancien; la partie aglycone est le diguanidosyl-1-inositol; la partie glucidique est formée de deux monoses atypiques, le streptose et la N-méthyl-L-glucosamine. Cet antibiotique est produit par *Streptomyces griseus*, actinobactérie du sol.

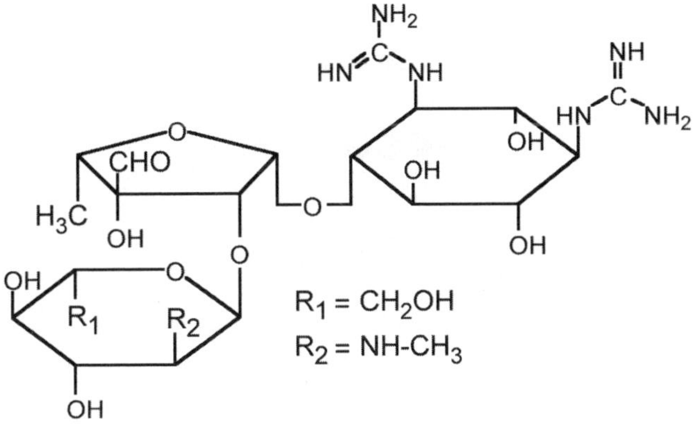

Figure 2.14 Structure de la streptomycine A.

Chapitre 3

Glycannes

3.1 GÉNÉRALITÉS

Les glycannes (homo- ou hétéro-) sont de grosses molécules, formées de plusieurs centaines ou plusieurs milliers de résidus d'oses variés, liés entre eux par différents types de liaison (α ou β ; $1 \rightarrow 4$, $1 \rightarrow 6$, $1 \rightarrow 3$, etc.). On ne trouve pas dans la nature de polyholosides de masse moléculaire moyenne, renfermant entre 10 et 250 monoses (MM entre 2 000 et 35 000 Da) ; il y a donc une rupture dans l'échelle des tailles que l'on n'observe pas avec les protides. Leur variété est cependant limitée par le fait qu'un motif de 1 ou 2 monoses est répété x fois et qu'une ou deux liaisons prédominent généralement.

La grande importance des glycannes tient à plusieurs causes :

- ils comprennent les substances alimentaires les plus consommées en Occident : amylose et amylopectine, constituant les grains d'*amidons* des céréales, des légumineuses, etc., pour lesquels ils sont la forme de réserve glucidique ;
- la forme de stockage des oses chez les bactéries, les champignons et les animaux est le *glycogène* ;
- ils sont des matières premières de transformation enzymatique ou chimique, principalement par hydrolyse ;
- ils sont des agents technologiques importants : épaississants, gélifiants, etc. ;
- ils comprennent les substances responsables de la structure des parois cellulaires végétales (cellulose) et du squelette des arthropodes (chitine) ;
- les glycosamino-glycurono-glycannes, souvent appelés simplement glycosamino-glycannes et autrefois mycopolysaccharides, sont des constituants de structures conjonctives et de fluides de l'organisme animal.

Successivement seront traités les glycannes alimentaires (amidon, glycogène, inuline), la cellulose et la chitine, les hydrocolloïdes épaississants, qui ne sont pas, ou peu, assimilés par l'homme, et enfin les glycosaminoglycannes.

3.2 AMIDONS ET GLYCOGÈNE

Tous les amidons sont constitués d'α-D-glucopyranose en chaînes linéaires avec la liaison α (1 → 4), dans l'amylose, ou en chaînes ramifiées par la liaison α (1 → 6) sur des chaînes α (1 → 4) dans l'amylopectine. Ceci est également le cas pour le glycogène. L'état natif dans les céréales sera étudié au chapitre 10 (§ 10.2.2).

3.2.1 L'amylose

L'amylose est le constituant le moins abondant et sa molécule est la plus simple et la plus petite (MM de 150 000 à 600 000 Da). La chaîne de glucose α (1 → 4) est linéaire, mais non droite ; les résidus de monose sont disposés selon une forme hélice gauche. Une forme particulièrement stable est celle qui comporte six résidus par tour. En effet, non seulement cette configuration est favorable à l'établissement de liaisons hydrogène mais elle est également telle que deux résidus séparés de cinq unités y sont empilés l'un au-dessus de l'autre le long de l'axe. On pense que la réaction particulière de l'iode avec

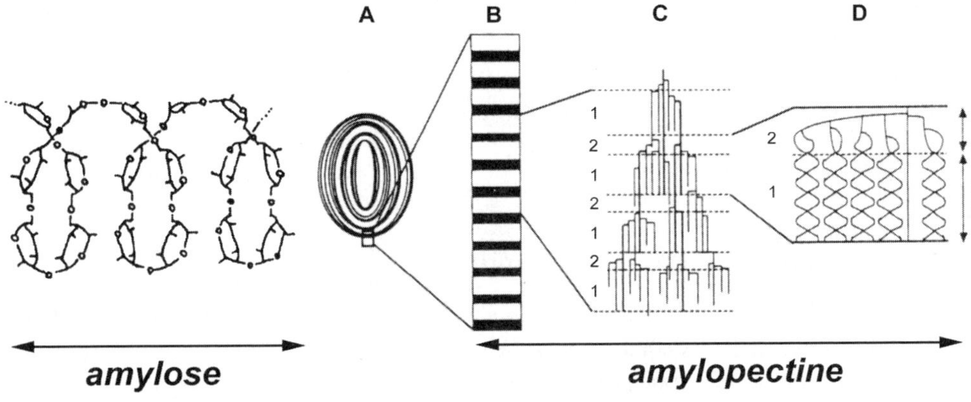

Figure 3.1 Organisation du grain d'amidon et détail des structures de l'amylose et de l'amylopectine.

En A est représenté un grain d'amidon en coupe transversale figurant la succession d'anneaux concentriques alternativement amorphes et semi-cristallins. La partie B montre le détail d'un anneau semi-cristallin. Les zones blanches et noires représentent respectivement les lamelles cristallines et les lamelles amorphes de l'amylopectine. La représentation en C montre la corrélation entre l'alternance des lamelles amorphes et cristallines et la structure en grappe de l'amylopectine. Les chaînes de glucose liées en α 1 → 4 sont indiquées par des traits noirs. Ces chaînes sont reliées entre elles par des liaisons de type α 1 → 6. Les lignes en pointillés délimitent les zones cristallines (1) et amorphes (2). Le schéma D est une représentation de l'association en double hélice des chaînes de glucose d'une grappe de l'amylopectine.

l'amidon, qui donne une coloration bleue intense, est due à la pénétration des molécules du métalloïde dans le centre de la structure hélicoïdale ; il acquiert alors des propriétés physiques spéciales, comme une forte absorption de la lumière (fig. 3.1).

Les amidons les plus connus en France, ceux du blé et de la pomme de terre sont relativement riches en amylose, 20 à 30 %.

3.2.2 L'amylopectine

L'amylopectine est beaucoup plus abondant que l'amylose ; les amidons dits « cireux » ou « glutineux » en contiennent jusqu'à 95-97 %, tels ceux du riz, du maïs, du sorgho, etc.

L'amylopectine a la même structure que l'amylose, sauf que la molécule a un aspect buissonnant du fait des ramifications qui se branchent sur un $-CH_2OH$, tous les 25 résidus approximativement, et que la masse moléculaire est beaucoup plus élevée (plusieurs millions de Da). Il est à noter que les chaînes latérales possèdent la même structure que les chaînes principales (fig. 3.1).

3.2.3 Le glycogène

Observé au microscope électronique, le glycogène se présente sous la forme de sphères appelées particules-β, de masse moléculaire 10^7 Da. Sa structure est très voisine de celle de l'amylopectine, mais elle s'en différencie par les caractères suivants :

- c'est la forme que prennent habituellement les glucides pour être utilisés dans l'organisme animal ;
- ramification plus fréquente, approximativement tous les 10 à 14 résidus ;
- solubilité dans l'eau à température ambiante ;
- coloration brune avec l'iode ;
- résistance aux solutions alcalines concentrées.

3.2.4 Propriétés physiques des amidons

Les liaisons hydrogène qui s'établissent entre des chaînes, par les groupes hydroxyles conditionnent à la fois la résistance physique et la solubilité des molécules ; elles permettent la formation de masses assez compactes, ayant un certain degré de cristallinité, c'est-à-dire une régularité de structure spatiale. On peut rompre ces liaisons avec un réactif approprié ou par le chauffage ; on augmentera ainsi la solubilité et réduira la cristallinité.

L'amidon des grains est en effet presque insoluble dans l'eau froide. Quand on chauffe le mélange, il se produit une dispersion dénommée « **empois** », avec accroissement de la viscosité. Il existe une température critique variable avec la structure de l'amidon ; au-dessus, la dispersion est irréversible ; en dessous, elle est réversible. Cette température se situe entre 60 et 85 °C.

La **rétrogradation** de l'amidon est un phénomène important. Il correspond à la formation de liens interchaînes (intercaténaires) entre les molécules alignées. Il en résulte le phénomène de synérèse, avec éventuellement exsudation de liquide et chute de la viscosité. Il en résulte aussi une difficulté d'hydrolyse enzymatique. La rétrogradation de l'amidon a des conséquences dans divers domaines : gâteau non levé, crème « tournée », pain durci (rassis) sans séchage, fluidification des empois et des colles.

La rétrogradation est d'autant plus rapide que la proportion d'amylose linéaire est plus élevée. L'amylose est en effet plus accessible aux réactifs que l'amylopectine. Par exemple, l'épichlorhydrine rend l'empois moins visqueux et réduit la rétrogradation, qui peut ne pas avoir lieu, même à l'autoclave.

Une autre parade au phénomène indésirable de rétrogradation consiste en la biosynthèse d'amidon sans amylose. Grâce à la stratégie de l'ARN antisens, cet objectif est désormais atteint.

3.2.5 Propriétés fonctionnelles des amidons

Les propriétés fonctionnelles des amidons sont de mieux en mieux connues et de plus en plus exploitées dans les industries alimentaires, pour remplacer d'autres biopolymères végétaux ou microbiens qui sont plus coûteux. Ces amidons sont plus ou moins modifiés :

- **Soit dans la composition** en chacun des deux constituants essentiels et qui donnent des caractéristiques opposées (l'amylose favorise la gélification au refroidissement; l'amylopectine donne des liquides épais qui ne se gélifient pas au refroidissement).
- **Soit par la précuisson** ou prégélatinisation qui permet de faciliter l'incorporation dans des aliments à froid (l'amidon devenant dispersible à froid et gonflant dans l'eau froide).
- **Soit par greffage de radicaux** par un traitement chimique qui donne des produits de viscosité variable.

On obtient ainsi, par cette dernière méthode, des amidons fluides « dextrinés » qui sont utilisés en confiserie pour la fabrication des gommes. Une autre modification est dénommée « réticulation » ; elle crée des pontages entre molécules de glucose et renforce le réseau; on peut ainsi obtenir des amidons de texture crémeuse. Ces amidons spéciaux sont utilisés pour remplacer une partie de la matière grasse dans des produits dits « allégés » car ils sont miscibles aux lipides et donnent des mélanges moelleux. On doit cependant ajouter, que des matières amylacées naturelles, comme le tapioca, sont utilisées dans la fabrication de produits allégés.

3.3 HYDROLYSE DE L'AMIDON

3.3.1 Hydrolyse enzymatique

Les glycosyl-hydrolases peuvent être classées en trois groupes dénommés sous la rubrique E.C. 3.2.1. (glucosidases) dans la nomenclature officielle des enzymes :

- les enzymes spécifiques des liaisons α ($1 \rightarrow 4$) ;
- les enzymes spécifiques des liaisons α ($1 \rightarrow 6$) ;
- les enzymes spécifiques des liaisons α ($1 \rightarrow 4$) et α ($1 \rightarrow 6$).

a) α-amylase (E.C. 3.2.1.1)

Cette enzyme d'origine animale, végétale ou microbienne, hydrolyse au hasard des liaisons α (1 → 4) des chaînes d'amylose et d'amylopectine. On l'appelle encore « endo-amylase » et amylase « liquéfiante » ou « dextrinisante ».

Le produit principal formé est un oligoholoside de 6 à 7 résidus, accompagné de maltose. Notons que cette enzyme attaque également l'amidon à l'état granulaire.

Selon son origine, le pH optimal d'activité varie entre 4,7 et 5,9 et la température optimale d'action se situe vers 50-55 °C.

À relever que certaines α-amylases d'origine bactérienne ont été modifiées génétiquement pour être actives à des températures supérieures à 90 °C.

b) β-amylase (E.C. 3.2.1.2)

Cette enzyme, qui peut être extraite des végétaux ou de certaines souches de micro-organismes, hydrolyse les chaînes de l'amidon à partir de leur extrémité non réductrice en libérant du β-maltose (d'où le nom de β-amylase qui ne correspond pas à la spécificité de coupure). On l'appelle enzyme « saccharifiante ». Les ramifications 1 → 6 bloquent l'hydrolyse. En conséquence, elle ne réagit que sur les parties externes de la macromolécule d'amylopectine. Environ la moitié de l'amylopectine subsiste sous forme de « dextrines limites ».

La β-amylase n'a pas d'action sur le grain d'amidon natif si celui-ci est intact.

c) Enzymes spécifiques de la liaison α (1 → 6)

Ces enzymes, encore appelées enzymes déramifiantes, hydrolysent les liaisons α (1 → 6) assurant les ramifications des chaînes d'amylopectine ou de glycogène.

Elles sont d'origine végétale (enzyme R) ou d'origine microbienne. Les deux enzymes déramifiantes qui ont été les plus étudiées sont la pullulanase (E.C. 3.2.1.41) et l'iso-amylase (E.C. 3.2.1.68). Elles sont toutes deux d'origine bactérienne et leur action dépend essentiellement de la plus ou moins grande facilité de pénétration de l'enzyme à l'intérieur du réseau macromoléculaire du substrat.

d) Amyloglucosidase (E.C. 3.2.1.3)

Cette enzyme, encore appelée glucoamylase, hydrolyse les liaisons α (1 → 4) et α (1 → 6) de l'amylose et de l'amylopectine en libérant du D-glucose. Elle est extraite à partir de moisissures du genre *Rhizopus* et *Aspergillus*. Elle agit plus rapidement sur les longues chaînes que sur les courtes chaînes et hydrolyse les liaisons α (1 → 4) plus rapidement que les liaisons α (1 → 6).

Les amylases ont de nombreuses applications industrielles notamment en brasserie, panification... Elles servent aussi à préparer les produits sucrés industriels, soit sous forme de sirop à 70 % de glucides de taille moléculaire variée (glucose, maltose, triose, tétrose, etc.), soit sous forme pulvérulente (92 à 94 % d'ES). Ces sirops peuvent être hydrogénés ; ils sont alors commercialisés sous le nom de lycasins et présentent des avantages technologiques certains car ils permettent les traitements thermiques des confiseries et apportent une meilleure élasticité aux gommes à mâcher.

En outre, l'isomérisation du glucose en fructose, au moins en partie, par passage d'un sirop sur une colonne contenant de l'isomérase immobilisée sur des granulés, est devenue une opération industrielle, comme celle du sucre inverti, en vue de diverses applications, dont la confiserie molle.

e) Cyclodextrine glycosyl-transférase (E.C. 2.4.1.19)

L'amidon peu hydrolysé peut être fragmenté par des cyclodextrines glycosyl-transférases (CGT) synthétisées par plusieurs micro-organismes dont *Bacillus macerans* et *Bacillus subtilis*. Cette dégradation enzymatique produit des anneaux de 6 à 8 unités glucose : les cyclodextrines. Du fait que ces molécules possèdent une cavité centrale hydrophobe et une couronne périphérique hydrophile, leurs applications dans l'industrie alimentaire semblent très prometteuses : protection contre l'oxydation, suppression de goûts et amertumes indésirables, augmentation de la solubilité, stabilisation et complexation de substances hydrophobes (arômes, cholestérol...).

3.3.2 Hydrolyse chimique

L'hydrolyse par les acides dilués est progressive. Il se produit successivement des dextrines, qui ne donnent pas d'empois et sont colorées par l'iode en violet, puis en rouge, puis des dextrines non colorables, du maltose et enfin du glucose.

L'avantage de ce procédé est l'hydrolyse rapide et complète en glucose. Les inconvénients sont les défauts de couleur et de goût, ainsi que l'enrichissement en sel par suite de la neutralisation, sauf si l'élimination de l'acide est aisée (acide sulfurique + chaux).

3.3.3 Biodisponibilité des amidons des aliments

L'équipement enzymatique du système digestif humain est capable de transformer en glucose toutes les molécules complexes provenant de l'amidon. La valeur énergétique de 17 kJ/g est donc valable pour tous les amidons et leurs produits d'hydrolyse. Cependant, la vitesse d'assimilation du glucose d'origine amylacée est fortement dépendante de la digestibilité de l'amidon ; elle dépend de son origine botanique et surtout des traitements hydrothermiques industriels et culinaires qu'il a subi avant d'être consommé.

La fraction d'amidon « résistant » est très hétérogène et plus ou moins importante selon les aliments. Elle dépend là encore de la nature botanique de l'amidon et surtout de son « histoire » technologique. Cette fraction d'amidon, en fermentant, produit du butyrate qui est un facteur naturel de la trophicité du côlon.

La digestion des produits amylacés est à la base de l'émergence du concept de glucides lentement digestibles. Les différences dans la digestion des glucides ont pour conséquence d'élever de manière différente la glycémie. Ainsi, les glucides lentement digestibles – encore appelés glucides lents – génèrent un passage plus lent des monosaccharides dans le sang et donc un pic moins important de glycémie. Par exemple, des produits amylacés riches en glucides lents (amidon contenant une proportion élevée d'amylose ou ayant été gélatinisé lors de la fabrication d'un produit alimentaire) suscitent une apparition du glucose dans le sang veineux périphérique plus prolongée que des produits amylacés contenant peu de cette catégorie de glucides.

Un des marqueurs du caractère de digestibilité lente est l'index glycémique. L'index du glucose est par définition égal à 100 ; les produits de panification et les pommes de terre ont un index élevé (95-70 ; mais les techniques de préparation peuvent fortement modifier ces valeurs), les légumes et les grains de céréales non ou peu transformés ont un index moyen (60-40) et les fruits, pâtes alimentaires, lentilles et produits laitiers un index glycémique bas (30-15). Ces valeurs valent pour des produits consommés seuls et sont modifiées pour des aliments au sein d'un bol alimentaire.

3.4 INULINE

C'est la réserve glucidique de végétaux n'accumulant pas l'amidon, comme le topinambour, le dahlia, l'artichaut, la patate douce, etc. Il s'agit en effet de levanes constituées de chaînes non ramifiées assez courtes de, en moyenne, 30 à 35 résidus de fructose sous forme furanique en liaison β (2 → 1). En fait, comme le montre la figure 3.2, un résidu glucose est présent au début de la chaîne (glucosidopolyfructoside). Une molécule de saccharose serait le « noyau initiateur », sur lequel une levane sucrase (E.C. 2.4.1.10) transfère un résidu de fructose pris à une autre molécule de saccharose.

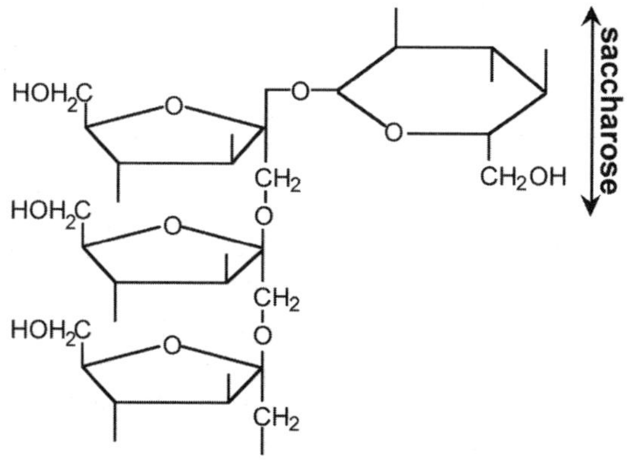

Figure 3.2 Structure du début d'une chaîne d'inuline.

L'inuline est soluble directement dans l'eau, sans formation d'empois et ne se colore pas par l'iode. L'inulase est une enzyme hydrolytique largement répandue.

D'autres fructosanes se rencontrent chez les monocotylédones ; par exemple, les liaisons des monomères de fructose sont en β 2 → 6 et la fixation sur le saccharose se fait en 6 sur le fructose dans la structure des phléanes des Poacées.

3.5 CELLULOSE

La cellulose résulte de la condensation exclusivement linéaire d'unités glucose, unies entre elles par des liaisons β (1 → 4) ; la chitine a cette même structure ; elle joint des résidus de N-acétyl-β-D-glucosamine.

3.5.1 La cellulose

Elle est presque uniquement limitée au règne végétal, où elle est responsable de la structure des parois cellulaires. Elle n'est pas digérée par l'homme, qui ne possède pas de cellulase. En revanche, des micro-organismes en ont une et sont la cause de l'utilisation de la cellulose par des ruminants, les escargots et divers insectes xylophages. Des procédés ont été mis au point pour rendre le bois, le coton, etc., comestibles par hydrolyse acide sous pression, purification de l'hydrolysat et, éventuellement, culture de micro-organismes.

La cellulose est presque pure (98 %) dans les fibres séminales des *Gossipium* (coton) ; les chaînes contiennent environ 3 000 unités de glucose (MM 500 000) ; ce qui fait une molécule de 1,5 μm ; elle n'est pas absolument droite, mais elle est assez rigide. Dans le bois, les molécules sont arrangées parallèlement d'une manière très ordonnée « microcristalline », dans certaines régions dénommées « micelles », alternant avec des parties moins bien ordonnées (fig. 3.3).

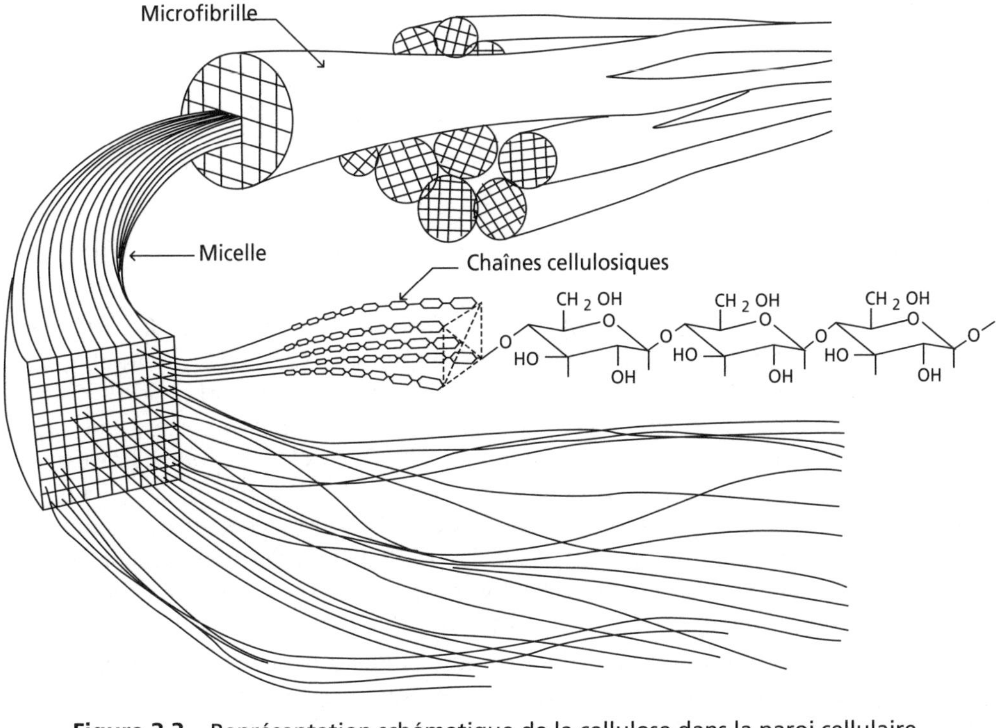

Figure 3.3 Représentation schématique de la cellulose dans la paroi cellulaire.

La cellulose possède une grande inertie chimique : elle a un caractère hydrophile, bien que pratiquement insoluble dans l'eau comme dans les autres solvants usuels ; elle résiste aux acides dilués. Elle est soluble, mais partiellement hydrolysée dans une solution concentrée de chlorure de zinc ; l'hydrocellulose formée se colore en bleu avec l'iode.

3.5.2 Les dérivés de la cellulose

Sur une, deux ou trois fonctions alcooliques libres du résidu de glucose, ce sont des produits plus ou moins solubles, dont certains sont utilisés dans l'alimentation.

Parmi les principaux dérivés de la cellulose utilisés dans l'industrie alimentaire, il convient de citer :
- la carboxylméthylcellulose de sodium (CMC) ;
- l'hydroxylpropylcellulose (HPC) ;
- la méthyl-hydroxypropylcellulose (MHPC) ;
- la méthylcellulose (MC).

Les éthers formés par réaction de monochloroacétate en milieu sodique sont les carboxyméthylcelluloses, ou « CMC » (fig. 3.4) qui possèdent une très bonne solubilité dans l'eau. Le degré de substitution dans la qualité alimentaire est égal ou inférieur à 1. On l'emploie comme agent de dispersion dans les jus de fruit, comme améliorateur de structure dans les crèmes glacées, pour la conservation des farines (1 à 2 %), pour la lutte contre la dyspepsie au lait, etc.

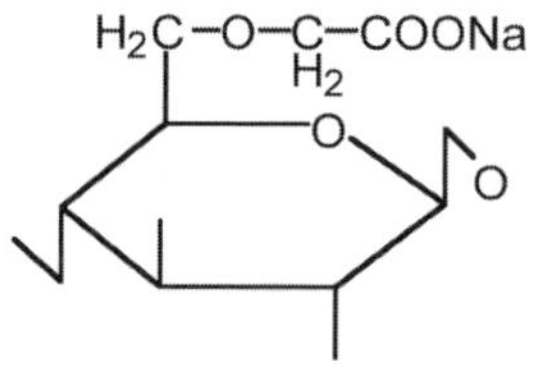

Figure 3.4 Carboxyméthylcellulose de sodium.

Les autres dérivés sont non ioniques et présentent par rapport à la CMC, une différence de solubilité dans l'eau chaude. Ainsi, la MC et la MHPC solubles dans l'eau froide, gélifient à une température de l'eau comprise entre 50 et 90 °C suivant le degré de substitution de la chaîne cellulosique. L'HPC se comporte d'une façon similaire car elle précipite lorsque l'eau atteint 40-50 °C. Ceci explique l'utilisation de ces dérivés dans les produits de boulangerie car ils permettent d'ajuster la consistance des pâtes, d'améliorer la rétention d'eau, de prolonger la durée de consommation de certains gâteaux en diminuant la vitesse de rassissement. De même, ils présentent un intérêt dans certaines applications par leur effet gélifiant à chaud (confection de beignets, produits panés, produits reconstitués).

D'autres dérivés sont importants dans diverses industries, notamment l'acétate de cellulose, préparé avec l'anhydride acétique, pour donner des films, des bandes magnétiques, des membranes de dialyse, etc.

NB. Les xylanes, homoglycannes de même structure mais formés de xylopyranose, sont d'autres constituants des tissus lignifiés, ainsi que des parois cellulaires d'algues qui n'ont pas de cellulose.

3.6 HYDROCOLLOÏDES ÉPAISSISSANTS ET GÉLIFIANTS

Le tableau 3.1 rassemble les principales substances utilisées, ou proposées, dans les industries alimentaires à des doses en général faibles. Les buts technologiques poursuivis sont les suivants :

1. Pouvoir stabilisant ; il empêche la floculation d'un produit, la cristallisation d'un constituant ou la séparation de parties insolubles (cacao) ; on dit aussi pouvoir suspensoïde.

2. Pouvoir épaississant, par un important accroissement de la viscosité, dû au gonflement de molécules fortement hydrophiles ; la densité du produit est peu modifiée.

3. Pouvoir gélifiant, permettant la fixation de l'eau et l'empêchement de la synérèse (rétraction avec exsudation du produit).

Tableau 3.1 SUBSTANCES ÉPAISSISSANTES ET GÉLIFIANTES.

1. VÉGÉTALES	Constitution
1.1 ***Gommes (vraies)*** : gomme arabique, karaya, tragacanthe	galactoarabanes complexes, très ramifiées
1.2 ***« Gommes de graines »*** : guar, caroube	galactomannanes peu ramifiées
1.3 ***Pectines*** (parois cellulaires)	galacturonides
1.4 ***Extraits d'algues marines***	
1.4.1 Algues brunes (*Phaephyceae*)	
1.4.1.1 *alginates*	polyuronides
1.4.1.2 *laminaranes*	dextranes $(1 \to 3)$
1.4.1.3 *fucoïdanes*	polyosides complexes
1.4.2 Algues rouges (*Rhodophyceae*)	
1.4.2.1 *carraghénanes*	galactanes sulfuriques
1.4.2.2 *furcellaranes*	galactanes sulfuriques
1.4.2.3 *agar-agar*	galactanes et galactomannanes
1.5 ***Amylacés*** : amidon, dextrines	glucanes $\alpha(1 \to 4)$
1.6 ***Cellulose*** (dérivés chimiques)	glucanes $\beta(1 \to 4)$
2. MICROBIENNES	
2.1 ***Xanthanes*** (*Xanthomonas*)	glucanes $\beta(1 \to 4)$ avec chaînes latérales
2.2 ***Dextranes*** (*Leuconostoc*)	glucanes $\alpha(1 \to 6)$
2.3 ***Curdlane*** (*Agrobacterium*)	glucanes $\alpha(1 \to 3)$
2.4 ***Gellane*** (*Pseudomonas*)	glucanes $\beta(1 \to 4)$
3. ANIMALES	
3.1 ***Gélatine*** (collagène de la peau ou des os, dégradé)	protéines
3.2 ***Caséine*** (du lait)	protéines
3.3 ***Glycosaminoglycannes***	polyuronides et osamines
3.4 ***Chitine*** (dégradée)	polyosamines

Les propriétés énumérées ci-dessus sont en relation avec la concentration des additifs ; mais certaines substances conviennent mieux pour un pouvoir que pour un autre. Par exemple, les gommes sont utilisées pour épaissir un liquide (il en faudrait trop pour obtenir un gel), et les κ-carraghénates pour la gélification.

Des effets annexes sont parfois relevés : onctuosité, structure crémeuse, effet craquant, gels élastiques, gels cassants.

On peut modifier les propriétés de l'additif par divers traitements : changement du cation dans le cas de substances acides, estérification, modification de structure (chauffage alcalin de certains carraghénates pour obtenir la forme « anhydro »), etc. Ceci se réalise surtout lorsque les conditions économiques sont défavorables à un produit donné.

3.7 LES GOMMES

3.7.1 Gommes d'arbres

Elles forment la partie hydrophile des sécrétions des « gommiers ». Deux espèces d'acacia sont exploitées : l'*Acacia verek* et l'*Acacia seyal* ou *arabica* ; le premier est le plus utilisé, il donne la « gomme Sénégal » ou gomme arabique. Le *Karaya* est un arbre indien qui donne une gomme de même nature ; elle remplace la gomme Tragacanthe, provenant d'un arbuste de régions semi-désertiques, qui est plus coûteuse, et qui a une structure chimique différente.

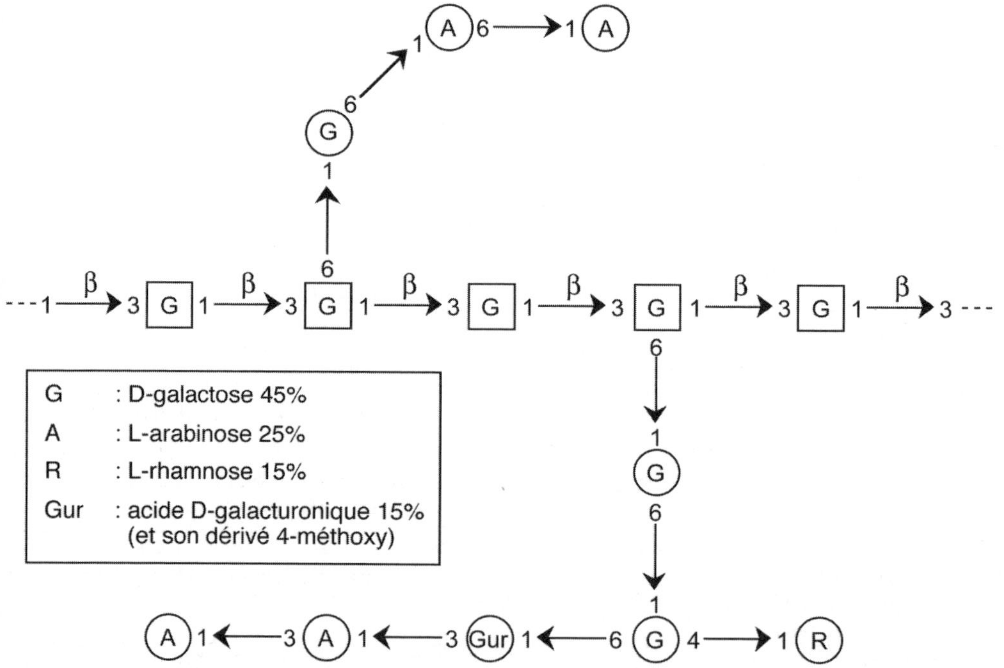

Figure 3.5 Structure et composition moyennes de la gomme de l'*Acacia verek*.

Les gommes d'acacia sont des sels neutres ou légèrement acides de polyosides avec une structure ramifiée très complexe, formée de 5 monoses en proportions variables, comme cela est représenté sur la figure 3.5. On peut distinguer une chaîne principale, simple et régulière, formée de résidus de galactose (entourés d'un carré), et des ramifications qui commencent toutes par un galactose ; les deux principales sont dessinées. En outre, le cation lié aux groupes –COOH de l'acide galacturonique est également variable : Ca^{2+}, Mg^{2+}, K^{+}. Lorsque le cation est enlevé, on se trouve en présence d'« acide arabique », qui est moyennement fort, avec un pKa de 3,8 environ.

3.7.2 Gommes de graines

Ce ne sont pas de vraies gommes ; elles n'exsudent pas ; elles ne donnent pas de sels et sont d'une structure plus simple. On les extrait des graines broyées en farine.

La **caroube** provient des graines du caroubier qui est un arbre de la famille des Fabacées du bassin méditerranéen. Sur la figure 3.6, on observe que la structure est constituée d'une chaîne de polymannose β (1 → 4) avec en ramification un unique résidu de galactose, tous les 4 ou 5 résidus de mannose. Il y a également des restes d'arabinose présents.

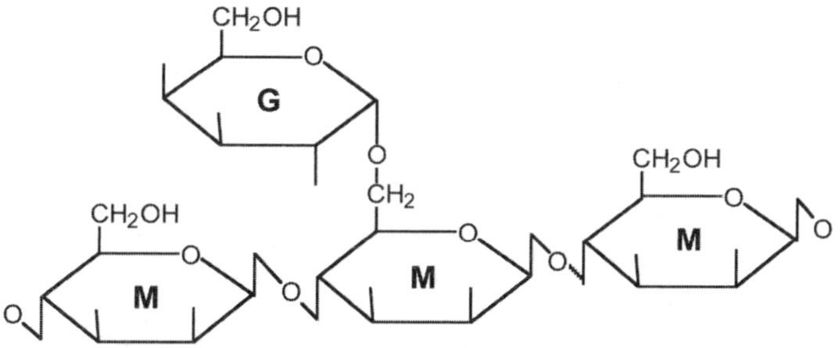

Figure 3.6 Structure de la gomme de caroube.

Le rapport G/M est important pour les propriétés physiques de la gomme. Les brèves ramifications ne sont pas régulières, mais situées par zones.

La gomme **Guar** est très voisine de la précédente, comme elle est moins chère, elle tend à la remplacer. Elle provient d'une plante indienne et pakistanaise (*Cyamopsis tetragonolobus*), mais qui est aujourd'hui cultivée au Texas. C'est la même structure que celle de la caroube, avec plus de ramifications, tous les uns ou deux chaînons et d'une manière régulière. En moyenne, on a 60 % de mannose plus 40 % de galactose. La farine de guar qui existe sur le marché, à la fois pour les industries alimentaires et la papeterie, le textile, etc., a la composition suivante : eau 9 % – glucides 88 % – minéraux 1 % – lipides 1 %.

La gomme **Tara** a la même structure avec un rapport G/M de 1/3 ; elle est plus visqueuse en raison de sa haute masse moléculaire. Elle est surtout utilisée dans les pays d'Amérique du Sud.

3.8 PECTINES

Les pectines sont des rhamnogalacturonanes qui sont constitués par des chaînes faiblement polymérisées de monomères de galacturonate reliés en α 1 → 4. De place en place (approximativement tous les vingt galacturonates), une molécule de rhamnose introduit dans la chaîne un coude et confère à l'ensemble une configuration en zig-zag (fig. 3.7). Dans certaines régions, ce ratio de 1 pour 20 peut s'abaisser jusqu'à 1/1, chaque galacturonate alternant avec un rhamnose.

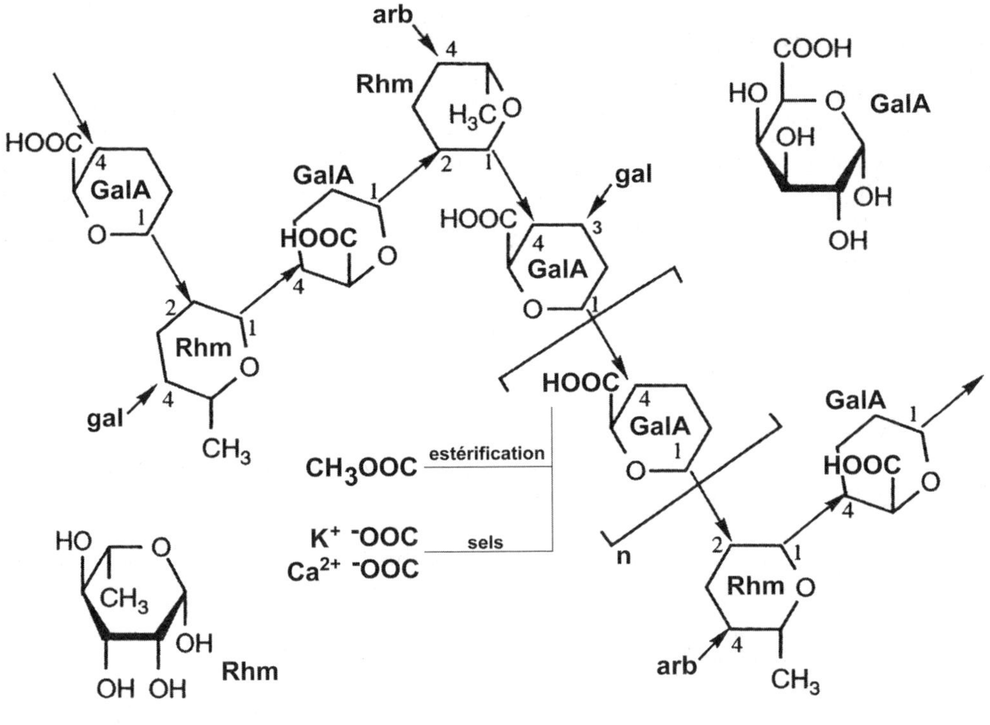

Figure 3.7 Structure des pectines.
La macromolécule, constituée de l'enchaînement de galacturonates (GalA), présente des coudes au niveau des rhamnoses (Rhm); les ramifications sont constituées par des galactanes (gal) ou des arabanes (arb). Formules du galacturonate et du rhamnose aux angles supérieur droit et inférieur gauche.

Un certain nombre de carboxyles sont estérifiés par des groupements méthyle, les autres salifiés par des ions mono- ou divalents tels que K^+ et Ca^{2+}.

Des chaînes latérales sont greffées sur le squelette rhamnogalacturonique au niveau des C_3 des galacturonates et des C_4 des rhamnoses. Ces chaînes sont constituées par des galactanes, des arabanes ou des arabogalactanes.

En milieu aqueux il se forme un réseau tridimensionnel à l'origine de gels. Ce phénomène est exploité dans la fabrication des confitures, gelées et marmelades.

Les pectines fortement méthylées (environ 70 %) forment des gels en milieu très sucré et acide.

Les pectines faiblement méthylées (moins de 50 %) peuvent donner un gel en milieu peu sucré et peu acide, mais en présence de calcium ou d'un autre cation divalent.

On peut modifier les pectines par la déméthylation alcaline, avec NH_3, on obtient ainsi un polyamide. Cette dernière donnera des gels moins cassants et moins de risque de synérèse.

Les acides pectiques sont les produits complètement déméthylés ; ils deviennent insolubles dans l'eau, sauf sous forme de sel alcalin.

Sans aucun doute à cause de la présence universelle des pectines dans tous les végétaux, il existe beaucoup de systèmes enzymatiques capables de les dégrader. Ces biocatalyseurs sont synthétisés par les plantes et les micro-organismes. Les enzymes pectolytiques se répartissent en deux grands groupes :

- pectinestérases (E.C. 3.2.1.11) ;
- dépolymérases :
  - polygalacturonases
    - endo (E.C. 3.2.1.15)
    - exo (E.C. 3.2.1.67)
  - pectine ou pectate lyases
    - endo (E.C. 4.2.2.2)
    - exo (E.C. 4.2.2.9)

Ces enzymes sont notamment employées au niveau de l'extraction des jus de certains fruits mous (fraises, framboises,...), de la clarification de certains extraits de fruits et légumes de la macération (production d'aliments pour bébés, nectars,...).

3.9 SUBSTANCES PROVENANT DES ALGUES MARINES

3.9.1 Les carraghénanes

Les carraghénanes sont des polysaccharides sulfatés extraits d'algues rouges. Ils sont préparés industriellement à l'aide de protocoles basés sur deux de leurs propriétés :

- ils sont solubles dans l'eau chaude ;
- ils sont insolubles dans les solvants organiques polaires.

La structure est toujours linéaire et constituée de molécules de galactose plus ou moins substitué. Elle rappelle donc la précédente, mais les liaisons dans l'établissement de la chaîne sont plus complexes. Il est utile de distinguer une unité de *carrabiose* comprenant deux galactoses avec une liaison β $(1 \rightarrow 4)$; ces unités sont unies entre elles par une liaison α $(1 \rightarrow 3)$. De plus, les résidus osidiques sont soit estérifiés par l'acide sulfurique, soit porteurs d'un pont oxygène entre les carbones 3 et 6 (anhydrogalactose). La présence de l'acide sulfurique confère aux carraghénanes un caractère acide marqué.

Il existe plusieurs types de carraghénanes ; les plus importants sont formés par une longue chaîne κ- et de λ-carrabiose (fig. 3.8).

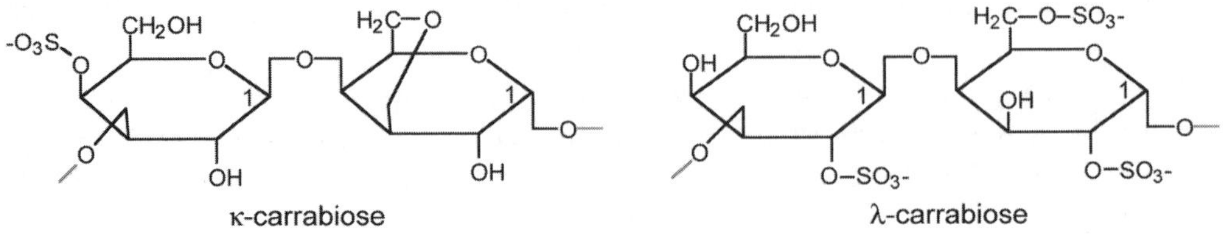

Figure 3.8 Structure du κ- et du λ-carrabiose.

D'autres types existent qui semblent être des précurseurs des deux fractions de carraghénanes citées.

Utilisés pour leurs aptitudes technologiques, le carraghénane κ donne des gels, le type λ est non gélifiant.

L'explication stéréochimique de ce comportement technofonctionnel différent réside dans la présence de l'anhydrogalactose 3-6 dans la structure du κ-carrabiose qui résulte de la désulfatation par voie enzymatique ou chimique d'un cycle disulfaté (fig. 3.9). La forme « chaise » du conformère C-1 est la forme stable, car les substituants des carbones se trouvent en position équatoriale, ce qui les écarte les uns des autres. La fermeture du pont 3-6 oblige le plan dossier 3-4-5 à se rabattre, ce qui entraîne le relèvement du plan 1-2-O ; on passe à la forme 1-C où les substituants sont axiaux (perpendiculaires au plan principal) ; pour que la liaison 1 → 3 avec le cycle suivant puisse se produire, il faut qu'il pivote autour de son axe. Il s'amorce ainsi une hélice gauche laissant tous les groupes sulfates d'un même côté, à l'extérieur ; ce qui permet la coalescence des chaînes parallèles.

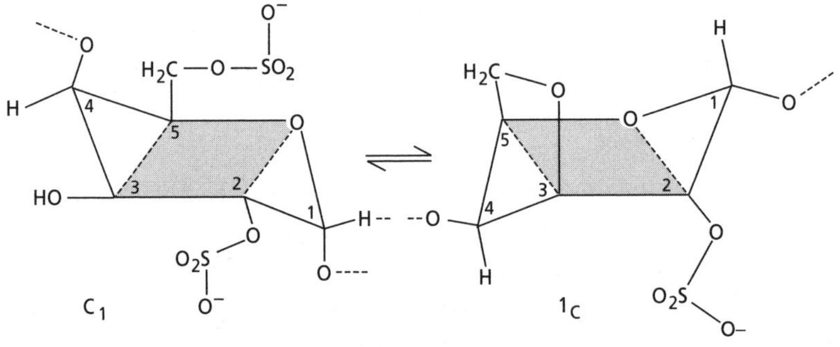

Figure 3.9 Conformères du galactose sulfaté.

Dans le cas du λ-carrabiose, il n'y a pas de basculement ; la rotation du second cycle est inutile et une liaison hydrogène peut s'établir entre les résidus contigus ; les groupes sulfates, volumineux et chargés, sont répartis autour du squelette polyosidique, ce qui empêche la formation du gel.

Le κ-carraghénane se lie avec certaines protéines, en particulier avec la caséine κ ; il en résulte un abaissement de la concentration de l'additif pour une même rigidité de gel (0,6 à 1,2 %).

Le produit commercial contient plusieurs cations (K^+, NH_4^+, Ca^{2+}, Mg^{2+}) : pour le solubiliser dans l'eau, il faut le porter à 60-70 °C ; la coagulation se produit au refroidissement, vers 45 °C ; (seul le sel de sodium est directement soluble dans l'eau froide). En milieu acide et sans chauffer, il ne se produit pas de coagulation ; mais à chaud et à pH inférieur à 5,0, il se produit une dégradation rapide avec baisse de la viscosité et du pouvoir gélifiant.

NB. Des substances voisines, mais moins sulfatées, existent dans certaines algues rouges, en particulier la gélose, ou agar japonais, et les furcellaranes, ou agar danois. Dans l'agarose, on a identifié le 3-6 anhydro-L-galactose.

3.9.2 Les alginates

Les alginates proviennent des algues brunes ; leur structure est différente ; ils sont moins utilisés que les précédents en raison de leur précipitation en milieu acide, et également en présence de calcium.

Les alginates sont des polyuronides ; comme les pectines, on observe la formation d'un réseau moléculaire en « boîte d'œufs » lié à l'association de séquences de polyuronates par chélation de Ca^{2+} (fig. 3.10c). Ils ont comme composants soit l'acide D-mannuronique avec la liaison β (1 → 4), soit l'acide L-guluronique (épimère en C_5 du premier) avec la liaison α (1 → 4), soit les deux ensembles (copolymères). Il n'y a aucune substitution, en dehors de la présence usuelle d'ion sodium et, secondairement, potassium.

Après estérification, la sensibilité des alginates aux métaux est diminuée et il en résulte une extension de leur utilisation.

3.10 GLYCOSAMINO-GLYCANNES

Ce sont de grosses molécules linéaires composées par la répartition d'un motif double ; un acide uronique et une osamine N-acétylée, plus ou moins sulfatée, d'où un caractère très acide (sauf pour le premier cité). Ces substances sont des constituants des structures conjonctives ou de soutien et de fluides de l'organisme des animaux ; ils sont souvent liés à des protéines ou à des lipides. Voici la structure des plus importants :

- Acide hyaluronique :
  [acide D-glucuronique β (1 → 3) N-acétylglucosamine] β (1 → 4)
- Acide chondroïtine sulfurique A :
  [acide D-glucuronique β (1 → 3) N-acétylgalactosamine-4-sulfate] β (1 → 4)
- Acide chondroïtine sulfurique B :
  [acide D-iduronique β (1 → 3) N-acétylgalactosamine-4-sulfate] β (1 → 4)
- Acide chondroïtine sulfurique C :
  [acide D-glucuronique β (1 → 3) N-acétylgalactosamine-6-sulfate] β (1 → 4)
- Héparine :
  [acide D-glucuronique α (1 → 4) N-acétylglucosamine-N-sulfate (2-sulfate)] α (1 → 4)

L'**acide hyaluronique** n'est pas sulfaté ; sa masse moléculaire est très élevée, plusieurs millions de daltons ; c'est un polysaccharide très visqueux ; il donne un gel ferme à la concentration de 0,5 %. Il est présent dans tous les tissus et fluides de l'organisme humain, où il assure la rétention de l'eau, c'est un important facteur de la perméabilité cellulaire.

Les **acides chondroïtines sulfuriques** sont proches les uns des autres ; entre A et C, il n'y a de différence que le carbone d'estérification. Ce sont les constituants glucidiques principaux du cartilage, de la peau, des tendons, des os, etc. Les masses moléculaires sont relativement faibles, aux environs de 50 000 daltons.

L'**héparine** a une structure moins régulière que les substances précédentes ; la sulfamidation ($-NH-O-SO_2-O$) est régulière alors que l'estérification sur le C_2 de l'acide glucuronique ne l'est pas. C'est un corps très acide, largement répandu, possédant des propriétés anticoagulantes vis-à-vis du sang.

NB. Les mucines sont aussi présentes dans certains aliments ; elles donnent des solutions très visqueuses. La mucine sous-maxillaire comporte une partie glucidique formée essentiellement par un motif double : acide N-acétyl-neuraminique α (2 $\rightarrow$ 6) N-acétylgalactosamine, avec une masse moléculaire de 350 000 daltons environ.

3.11 LES GLYCANNES ET LA GÉLIFICATION

Comme pour les autres types de macromolécules organiques, on définit pour les polysaccharides des structures primaires, secondaires, tertiaires ou d'ordre plus élevé. La structure primaire correspond à la séquence des unités glucidiques dans les chaînes osidiques (nature des unités glucidiques, ordre d'enchaînement, modes de liaison, etc.). La structure secondaire est définie par l'arrangement qu'adoptent les chaînes osidiques dans l'espace : hélices, rubans, etc. La structure tertiaire correspond à la façon dont les chaînes s'unissent ou s'agrègent entre elles et construisent des édifices stables.

Une des propriétés très caractéristiques des polysaccharides est de former des gels, c'est-à-dire de vastes réseaux moléculaires de texture particulière entre les mailles desquels se logent d'autres molécules et le solvant (fig. 3.10).

Quand un polymère solide est placé dans une petite quantité de solvant, le premier stade de l'interaction est la solvatation avec formation de gel avant que celui-ci, en présence d'excès de solvant, ne se disperse en sol :

$$\text{Polysaccharide} \rightarrow \text{gel} \rightarrow \text{sol}$$

La formation du gel est due à des interactions entre chaînes (*cross links*) par des liaisons hydrogène et ioniques, si ces ponts intra- et interchaînes ne sont pas chimiques, la formation du gel dépend surtout de la concentration du polymère et de la température (liaisons hydrogène peu nombreuses à faible concentration et stables à basse température).

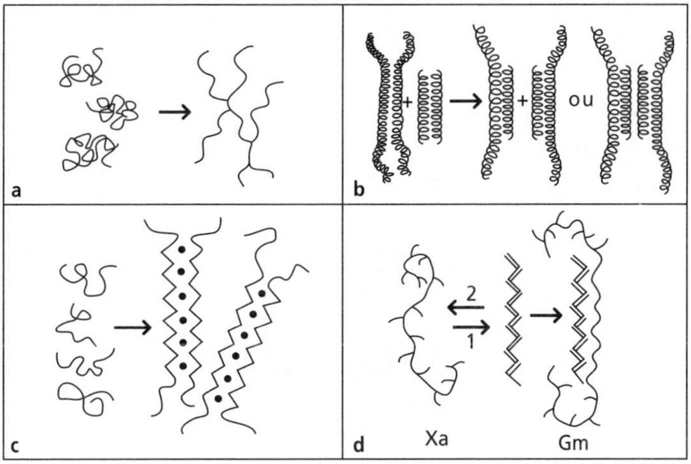

Figure 3.10 Gélification de glycannes.

a. Passage d'une solution de polysaccharides à un gel (jonctions peu nombreuses; ex. : gel d'amidon).

b. Incorporation de nouveaux segments à un réseau avec jonction au niveau des zones structurées en hélice (formation de dimères ou d'agrégation; ex. : gel de carraghénanes).

c. Associations de séquences de polyuronates par chélation du calcium Ca^{2+} (points noirs). Formation d'un réseau moléculaire en « boîte d'œufs » (ex. : alginates, pectines).

d) Formation par refroidissement d'un gel mixte de xanthanes (Xa) et de galactomannanes (Gm).

Les molécules prennent une conformation nouvelle et le nombre de ces liaisons détermine la stabilité du gel. Une des propriétés les plus notables d'un gel est que sa composition s'approche de celle d'un état liquide pur tout en ressemblant à un solide. Un gel d'agar par exemple, peut contenir 99,9 % d'eau et pourtant il reste capable de garder une forme définie et stable.

Ainsi, les chaînes polysaccharidiques construisent des réseaux définis dans les trois dimensions de l'espace. Les régions d'interconnexion ou « zones de jonction » peuvent intéresser deux chaînes ou plus. Elles produisent soit des gels homogènes, formés d'un seul type moléculaire, soit des gels hétérogènes, constitués par l'association de plusieurs polysaccharides. Certains ions ont un rôle déterminant dans l'établissement des liaisons interchaînes. C'est le cas du calcium. Par chélation, il s'établit des ponts qui se répètent régulièrement et conduisent à des ensembles dont la forme est semblable à celle d'une « boîte à œufs » (fig. 3.10 c). De plus, des domaines réguliers se forment dans les polysaccharides par rapprochement latéral des chaînes. Le phénomène est favorisé par l'existence de longues séquences répétitives dans les chaînes.

En résumé, le phénomène de gélification et d'assemblage peut être provoqué par de simples modifications physico-chimiques du milieu (pH, concentration ionique, température,...). Une très petite quantité de chaînes osidiques peut modifier complètement une grande masse de solvant.

Chapitre **4**

Lipides

4.1 RAPPELS

Les lipides constituent un groupe plus hétérogène que les glucides et les protides. Ils peuvent être subdivisés en :

1. Lipides proprement dits (esters ou amides d'un acide gras – acide carboxylique formé d'au moins 4 atomes de carbone – et d'un alcool).

1.1 Glycérolipides (glycérides et glycérophospholipides).
Esters du glycérol.

1.2 Sphingolipides.
Amides de la sphingosine.

1.3 Cérides.
Esters d'un alcool à M.M. élevée.

1.4 Stérides.
Esters d'un stérol.

1.5 Étholides.
Esters mutuels d'acides-alcools.

2. Lipoïdes (substances ayant les caractères de solubilité des lipides).

2.1 Lipoïdes isopréniques (caroténoïdes et quinones).

2.2 Stérols libres.

2.3 Hydrocarbures.

En premier lieu, les propriétés des acides gras seront rappelées, puis celles des deux catégories de lipides vrais 1.1 et 1.2 ; enfin viendra le tour des lipoïdes isopréniques et des stérols. Il convient de relever tout de suite que la catégorie des acylglycérols ou glycérides est très fortement dominante dans les corps gras alimentaires.

NB. Les noms graisse et huile se réfèrent uniquement à l'état solide ou liquide des corps gras ; ils n'ont aucun rapport avec une autre propriété ; la structure ne change pas.

4.2 LES ACIDES GRAS

Ce sont des acides organiques faibles qui ne possèdent qu'une seule fonction acide (carboxyle) par molécule et sont formés de carbone à nombre presque toujours pair, généralement compris entre 4 et 30. L'autre extrémité de la chaîne se termine par un groupement méthyle CH_3. Ils représentent 90 à 96 % de la masse molaire des triacylglycérols.

Concernant les acides gras insaturés essentiels sur le plan biologique, deux aspects structuraux sont à considérer :

– la distance entre les carbones porteurs de doubles liaisons ;
– la configuration des doubles liaisons *cis* (les hydrogènes se trouvant du même côté par rapport aux carbones) ou *trans* (les hydrogènes se trouvant de part et d'autre de la double liaison par rapport aux carbones).

4.2.1 Enchaînement

1. Chaîne latérale non polaire
  1.1. Saturée
    1.1.1. Chaîne linéaire : de C_4 à C_{24} dans les corps gras alimentaires
    1.1.2. Chaîne ramifiée : – iso
      – antéiso
      – autres
    1.1.3. Chaîne cyclique
  1.2. Insaturée (ou désaturée)
    1.2.1. Monoènes
    1.2.2. Polyènes conjugués ou non conjugués
2. Chaîne latérale polaire
  2.1. Acides alcools
  2.2. Acides cétoniques
  2.3. Autres acides

4.2.2 Prédominance

Ici encore, on observe la grande prédominance, dans les corps gras alimentaires, animaux et végétaux, de quelques acides gras.

▶ l'acide palmitique (saturé en C_{16}) ;

$$CH_3\text{–}(CH_2)_{14}\text{–}COOH$$

- l'acide stéarique (saturé en C_{18}) ;

$$CH_3\text{–}(CH_2)_{16}\text{–}COOH$$

- l'acide oléique (monoène en C_{18} forme « cis ») ;

$$CH_3\text{–}(CH_2)_7\text{–}CH{=}CH\text{–}(CH_2)_7\text{–}COOH$$

- l'acide linoléique (diène en C_{18} forme « cis » en position malonique).

$$CH_3\text{–}(CH_2)_4\text{–}CH{=}CH\text{–}CH_2\text{–}CH{=}CH\text{–}(CH_2)_7\text{–}COOH$$

Mais il faut souligner le fait que l'évolution de l'analyse vers les méthodes physiques (spectrophotométrie ultraviolette et infrarouge, spectrométrie de masse, et surtout la chromatographie en phase gazeuse) a permis de révéler la présence de plus de 150 acides gras naturels.

4.2.3 Proportions

La proportion des acides gras dans les corps alimentaires peut varier beaucoup. Le tableau 4.1 présente la composition moyenne de 8 corps gras végétaux et de 6 corps gras animaux. On voit qu'il existe des amplitudes du même ordre, en ce qui concerne le total des acides gras saturés et insaturés, dans les deux règnes (les acides gras mineurs ne sont pas présentés) mais c'est la distribution des acides gras sur les 3 positions du glycérol qui diffère.

Compte tenu de leur fluidité, les huiles sont naturellement très riches en acides gras insaturés, qui sont liquides (sous forme « cis ») à température ambiante ; alors que les graisses sont plus riches en acides gras saturés que les huiles, car leur point de fusion est plus élevé à nombre égal de carbones.

La composition d'un corps gras distillé diffère quelque peu de celle de la matière première car cette opération a enlevé les acides gras à chaîne courte alors que le résidu s'est enrichi en acides gras à chaîne longue. Néanmoins, le distillat est un mélange de diverses molécules. Le fractionnement des acides gras peut donc présenter deux aspects :

– la séparation des acides gras de longueur de chaîne différente ;
– la séparation des acides gras ayant le même nombre d'atomes de carbone mais présentant une insaturation différente.

Dans le premier cas, il s'agit de rectification ou encore de séparation thermique, dans le second, de cristallisation fractionnée (chapitre 16, § 16.2.3).

4.3 PROPRIÉTÉS PHYSIQUES DES ACIDES GRAS

4.3.1 Configuration

La configuration des chaînes hydrocarbonées saturées est probablement en forme étirée, avec un angle valenciel de 111° qui correspond au niveau d'énergie minimum (fig. 4.1a). Mais il s'agit, d'une hypothèse, car en théorie un nombre infini de configurations différentes peut se présenter du fait de la libre rotation autour des liaisons simples.

La double liaison introduit une structure rigide dans les chaînes insaturées. La configuration « trans » conserve approximativement la structure linéaire ; mais cette forme

Tableau 4.1 COMPOSITION DES CORPS GRAS.
VALEURS MOYENNES EN % DES PRINCIPAUX ACIDES GRAS TOTAUX (1 % ET PLUS).

ACIDES GRAS	CORPS GRAS VÉGÉTAUX									CORPS GRAS ANIMAUX					
	Huiles						Graisses				Graisse corporelle			Huiles marines	
				Colza											
	Olive	Arachide	Soja	classique	nouveau (canola)	Luzerne	Palmiste	Coprah	Cacao	Beurre de vache	Bœuf	Porc	Homme	Huile de baleine	Huile de poisson gras
1. Acides gras saturés															
C_4 à C_{10} (*)	-	-	-	-	-	-	8	15	-	9	-	-	-	-	-
C_{12} laurique	-	-	-	-	-	-	50	46	-	3	-	12	-	-	-
C_{14} myristique	1	-	-	-	-	2	15	18	-	10	-	14	3	5	13
C_{16} palmitique	10	9	10	3,5	5	22	8	9	24	3	13	6	24	15	22
C_{18} stéarique	2	4	3	1,5	2	1	2	3	34	10	65	10	8	1	3
divers	1	6	-	-	-	2	-	-	2	2	1	2	-	1	3
total des acides gras saturés	*14*	*19*	*13*	*5*	*7*	*27*	*83*	*91*	*60*	*64*	*79*	*44*	*35*	*22*	*41*
2. Acides gras insaturés															
$C_{16:1}$ Δ^9 palmitoléique	-	-	0,5	-	-	-	-	-	-	2	-	-	5	15	16
$C_{18:1}$ Δ^9 oléique	75	50	22	12	60	5	15	8	38	30	20	43	47	36	15
$C_{18:2}$ $\Delta^{9,12}$ linoléique	8	30	56	13	23	20	1	1	-	2	-	10	10	-	1
$C_{18:3}$ $\Delta^{9,12,15}$ α-linolénique	-	-	6,5	9	9	48	-	-	-	-	-	-	-	-	1
$C_{20:4}$ $\Delta^{5,8,11,14}$ arachidonique	-	-	-	-	-	-	-	-	-	-	-	-	-	14	1
divers	3	-	2	42 (**)	1,5	-	-	-	2	2	1	3	3	13 (***)	25 (****)
total des acides gras insaturés	*86*	*80*	*87*	*95*	*93*	*73*	*16*	*9*	*40*	*36*	*21*	*56*	65	*78*	*59*

(*) Acides butyreux : C_4 – butyrique, C_6 – caproïque, C_8 – caprylique, C_{10} – caprique.
(**) Acide érucique $C_{22:1}\Delta^{13}$.
(***) Dont 8 % d'acide clupanodonique $C_{22:5}\Delta^{7,10,13,16,19}$.
(****) Dont 12 % d'acide eicosapentaénoïque (ou timnodonique) $C_{20:5}\Delta^{5,8,11,14,17}$ et 5 % d'acide docosahexaénoïque (ou cervonique) $C_{22:6}\Delta^{4,7,10,13,16,19}$.

est rare dans la nature (acide vaccénique $C_{18:1}\Delta^{11}$). En revanche, la configuration « cis », beaucoup plus répandue, introduit un coude de 30° environ (fig. 4.1b et c).

4.3.2 Point de fusion

Le point de fusion est approximativement le même pour l'acide gras et pour le tri acylglycérol homogène saturé (trois fois le même acide gras). Les points importants sont les suivants :

- Pour une forme donnée, la température de fusion de l'acide gras s'élève avec la longueur de la chaîne hydrocarbonée. Par exemple, dans la série des acides saturés, l'élévation varie de 6,5 à 9,5 °C par deux atomes de carbone :

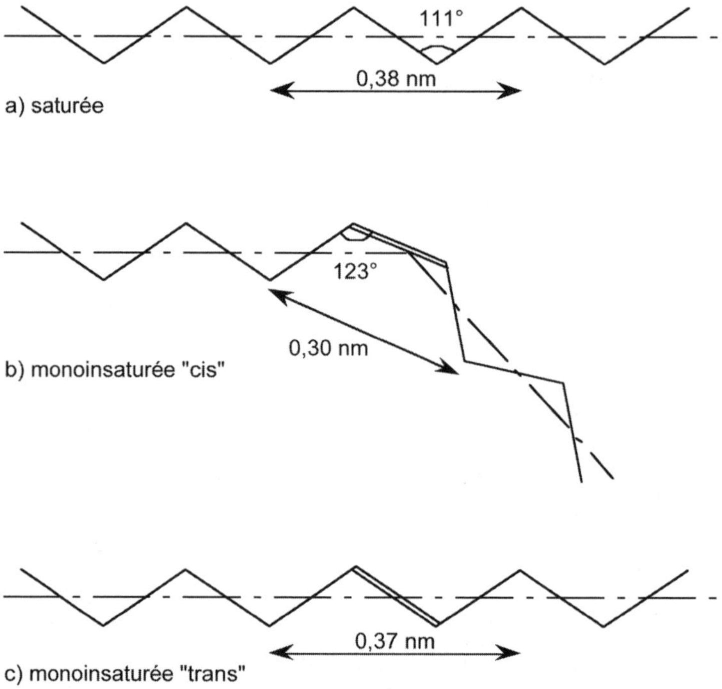

Figure 4.1 Configuration des chaînes des acides gras.

- ▶ acide laurique (C_{12}) : 44,3 °C
- ▶ acide myristique (C_{14}) : 53,9 °C
- ▶ acide palmitique (C_{16}) : 63,1 °C
- ▶ acide stéarique (C_{18}) : 69,6 °C
- ▶ acide arachidique (C_{20}) : 76,5 °C
- ▶ acide lignocérique (C_{24}) : 86,0 °C

- Pour une longueur donnée de la chaîne, la température de fusion s'abaisse avec le nombre de doubles liaisons : l'abaissement est plus grand pour la forme « cis » que pour la forme « trans » :
  - ▶ $C_{18:0}$ acide stéarique + 69,6 °C
  - ▶ $C_{18:1}$ acide élaïdique (trans) + 46 °C

- $C_{18:1}$ acide vaccénique (trans) + 44,0 °C
- $C_{18:1}$ acide oléique (cis) + 13,4 °C
- $C_{18:2}$ acide linoléique (cis) – 5,0 °C
- $C_{18:3}$ acide α-linolénique (cis) – 11,0 °C

La forme repliée (cis) ou dépliée (trans) joue également sur la digestibilité (diminution de la digestibilité de l'acide élaïdique par rapport à l'acide oléique).

- L'hydrogénation catalytique (notamment par le nickel réduit) des acides gras insaturés « durcit » les corps gras. C'est une méthode importante dans l'industrie alimentaire pour transformer les huiles végétales en corps gras solides (voir chapitre 16).

4.3.3 Structure

La structure est polaire, par suite de la présence du groupe carboxylique; mais la chaîne hydrocarbonée est hydrophobe. Deux notions sont à considérer avec les acides gras courants :

– l'hydrophobie croît avec l'augmentation du nombre de carbones;
– la dissociation du COOH décroît avec l'augmentation du nombre de carbones.

En conséquence, l'hydrophobie de la chaîne l'emporte sur l'hydrophilie du carboxyle. Seuls les acides gras à courte chaîne (acides butyreux de C_4 à C_{10}) sont dits volatils, c'est-à-dire entraînables par la vapeur d'eau, et seuls les deux premiers (C_4 et C_6) sont solubles dans l'eau. Pour les autres, les propriétés liées à l'hydrophobie vont en croissant, en particulier l'insolubilité dans l'eau.

Les acides gras à courte chaîne sont caractéristiques du beurre de ruminants et de quelques graisses végétales, palmiste et coprah (tableau 4.1).

4.4 LES ACIDES GRAS INSATURÉS

4.4.1 Position

La position de la double liaison est notée de deux manières dans les formules simplifiées; par exemple, pour l'acide linoléique :

– par rapport au groupe carboxylique : $C_{18:2}\Delta^{9,12}$ (notation des chimistes);
– par rapport au groupe CH_3 : $C_{18:2}\omega^{6,9}$ (notation des physiologistes).

On définit aussi des familles; tous les acides gras, qui ont comme l'acide linoléique une première double liaison au 6e carbone en partant du groupement méthyle, font partie de la famille n-6 ou ω6.

L'acide oléique est prédominant dans les corps gras animaux et dans les huiles et graisses produites à partir des graines et des fruits. Les lipides des végétaux verts contiennent surtout les acides gras avec 2 ou 3 doubles liaisons : linoléique et α-linolénique. Les doubles liaisons de ces acides polyéniques sont de type « malonique » :

$$-CH=CH-CH_2-CH=CH-$$

Il en existe aussi de forme « conjuguée » : –CH=CH–CH=CH–, mais en quantités plus faibles. Ces acides gras sont plus réactifs que les précédents : notamment en ce qui concerne l'oxydation (cf. § 9). Les acides gras conjugués ont une forte absorption à 230 nm, ce qui permet leur dosage. Il est d'ailleurs possible d'isomériser les acides « maloniques » en acides conjugués par un traitement alcalin, et de faire un nouveau dosage spectrométrique. Avec l'acide linoléique, on obtient deux isomères (fig. 4.2).

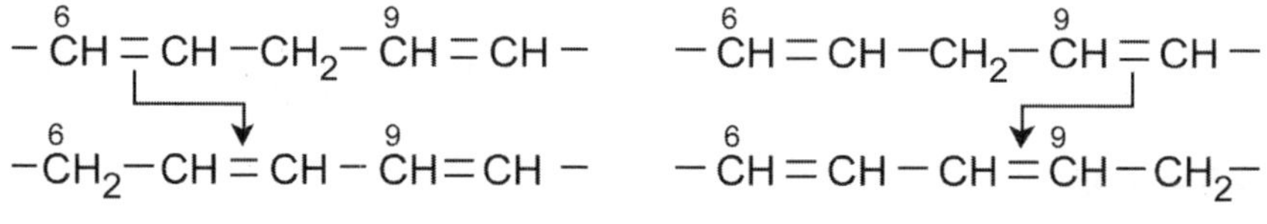

Figure 4.2 Isomérisation de l'acide linoléique en milieu alcalin.

La structure chimique particulière des acides linoléiques conjugués (ALC ou CLA en anglais) leur confère un ensemble de propriétés physiologiques intéressantes : des effets anticancérigène, anabolisant, antiathérogène, immunomodulants, antioxydants ou sur la proportion de la masse grasse ont été observés sur différents modèles animaux.

Les isomères les plus actifs sont le $C_{18:2}\Delta^{9\,cis,\,11\,trans}$, l'acide ruménique dont la biosynthèse est résumée dans la figure 4.3, et le $C_{18:2}\Delta^{10\,trans,\,12\,cis}$. Chacun ne possède qu'une partie des propriétés mentionnées ci-dessus et leurs mécanismes d'action sont différents. Aussi, on conçoit que les principales sources naturelles de CLA sont le lait et les produits laitiers ainsi que la viande de ruminants.

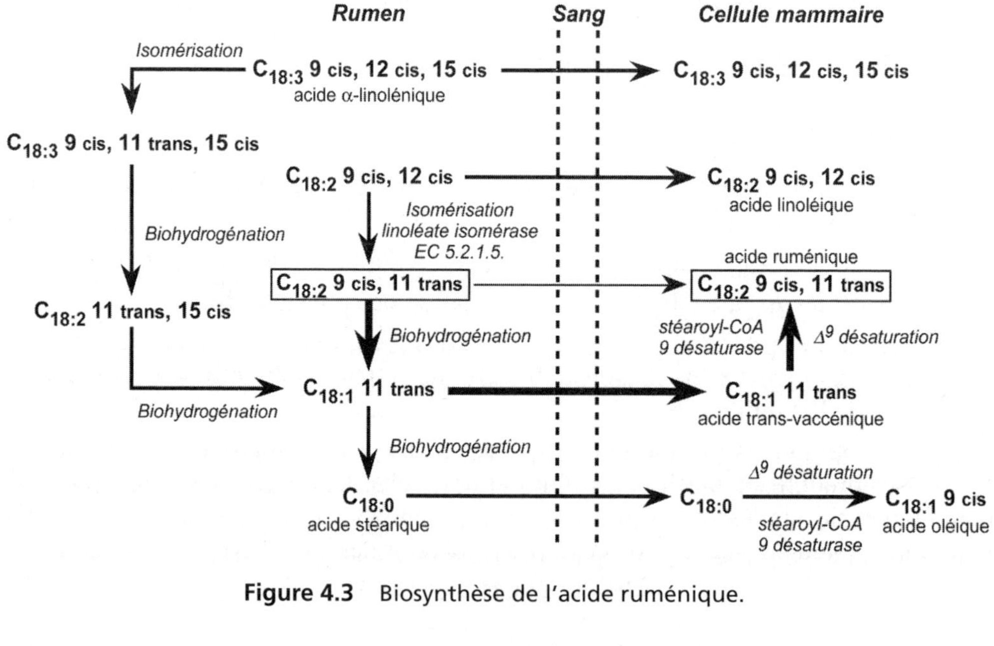

Figure 4.3 Biosynthèse de l'acide ruménique.

La structure allénique –CH=C=CH– ne se rencontre pas à l'état naturel. En revanche, des acides acétyléniques se trouvent dans la nature, mais ils sont très rares : ainsi, l'acide taririque (graisse de *Picramia tariri*) $C_{18:1}\Delta^6$, qui est une forme désaturée de l'acide pétrosélinique $C_{18:1}\Delta^6$ du persil.

Il est à noter que, dans les huiles de crucifères courantes, un acide mono-insaturé à longue chaîne est abondant, l'acide érucique (tableau 4.1). Il est important parce qu'il est toxique pour les animaux de laboratoire, chez lesquels il provoque une pathologie du myocarde; sa toxicité pour l'homme est douteuse. Cependant cette question a été travaillée sur le plan de la sélection; les huiles de colza nouveau sont presque entièrement privées d'acide érucique (huile de canola).

4.4.2 Fonctions physiologiques

Les acides gras saturés ont longtemps été considérés d'un seul bloc, en leur prêtant aucune autre vertu nutritionnelle que la production d'énergie et, au contraire, de contribuer à l'augmentation du taux de cholestérol et de favoriser le développement des maladies cardiovasculaires. Ceci est particulièrement vrai pour les acides laurique, myristique et palmitique, mais la dose d'acide gras ingérée a une importance sur l'action hypercholestérolémiante. Néanmoins, leurs rôles biologiques ne doivent pas être occultés.

Les acides gras à longue chaîne (palmitique et stéarique) et leurs dérivés sont indispensables au développement du cerveau des enfants en participant notamment à la constitution de la myéline.

Les acides gras à chaîne courte et moyenne sont facilement digérés et produisent de ce fait rapidement de l'énergie. Mais ils jouent un rôle physiologique par acylation des protéines. Par exemple, l'acide myristique (C_{14}) peut se lier à près de 150 protéines différentes. La myristoylation permet l'insertion des protéines dans les membranes cellulaires. Elle influence aussi la conformation stérique des protéines et intervient ainsi notamment dans les mécanismes de reconnaissance enzyme/substrat.

L'essentialité des acides gras polyinsaturés est bien connue. Le plus important d'entre eux, l'acide linoléique, ou 18:2 (n-6), a des effets propres, mais il agit également en tant que précurseur d'autres acides gras de série (n-6) tels que l'acide arachidonique 20:4 (n-6) ou l'acide dihomo-γ-linolénique 20:3 (n-6) (fig. 4.4). Ces deux acides gras sont en effet, les points de départ des prostaglandines de série 2 et de série 1 respectivement.

L'importance de l'acide α-linolénique a longtemps été sous-estimée. Les signes de carence en acide linoléique étaient beaucoup plus évidents (baisse de croissance, effets cutanés...) et ils ont masqué pendant longtemps les effets de l'acide α-linolénique. Par ailleurs, il est désormais bien établi que l'acide α-linolénique est indispensable pour obtenir un fonctionnement normal de la rétine. D'autres études ont montré que les acides gras en (n-3) ou ω3 dont l'acide α-linolénique est le chef de file, sont indispensables à certaines périodes de la vie et pour certains tissus, par exemple lors de la formation des cellules nerveuses.

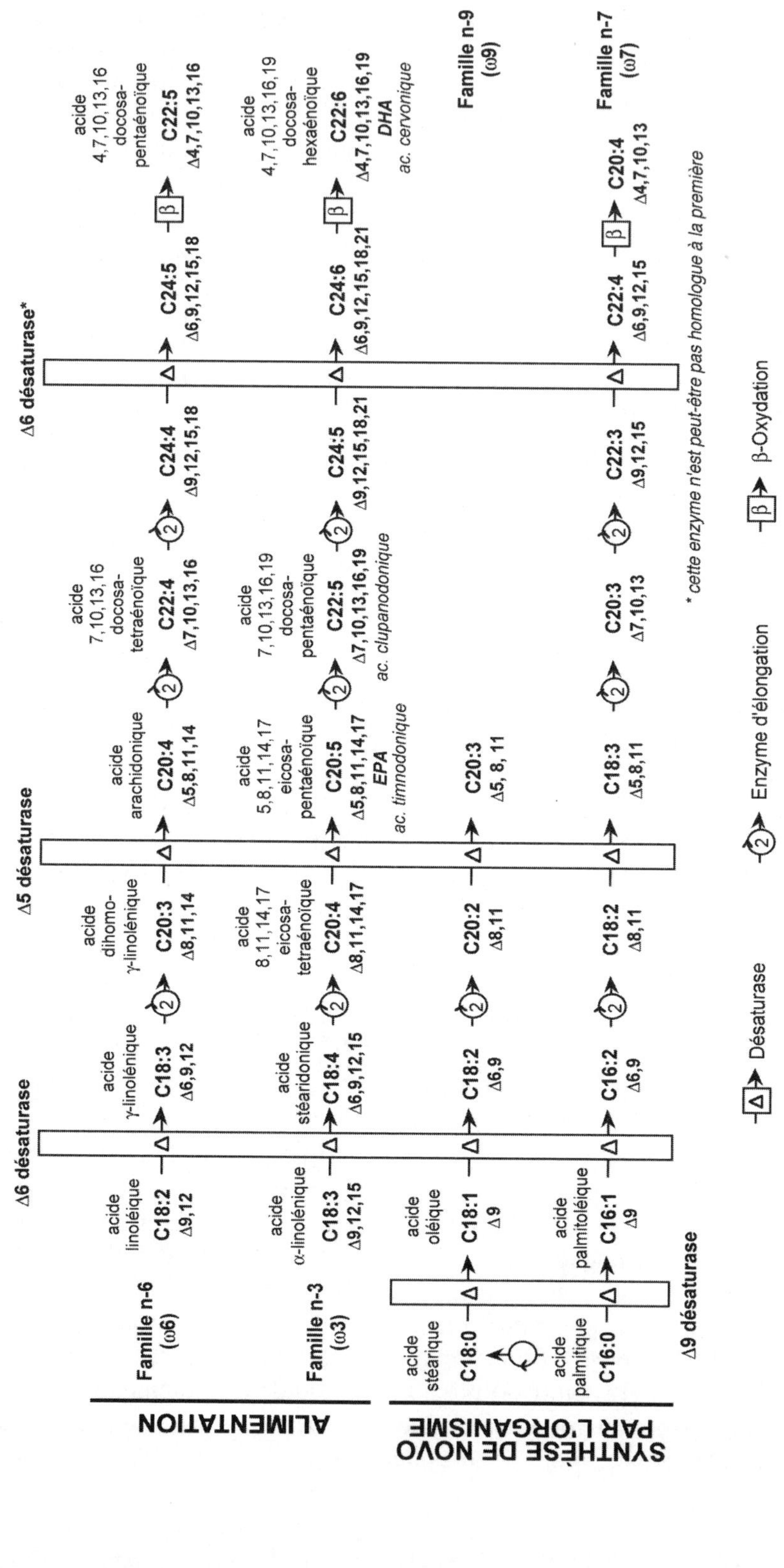

Figure 4.4 Principales voies de biosynthèse des acides gras polyinsaturés.

Les acides gras du régime, ainsi que ceux qui sont d'origine endogène, peuvent subir des désaturations et élongations successives dans l'organisme. On constate sur la figure 4.4 que les mêmes enzymes, à partir de la Δ6 désaturase, vont pouvoir agir sur les acides linoléique et α-linolénique apportés par le régime, qui vont aboutir aux familles (n-6) et (n-3). Il y a donc compétition entre ces différents substrats pour les mêmes enzymes. Or l'enzyme-clé dans ces voies métaboliques, la Δ6 désaturase, présente une affinité plus élevée pour les substrats les plus insaturés, tels que l'acide α-linolénique. Autrement dit, une quantité trop importante d'acide α-linolénique dans le régime risque d'inhiber la transformation d'acide linoléique en acide arachidonique. Mais une quatité trop importante d'acide linoléique va inhiber la formation de DHA à partir d'acide α-linolénique. Il faut donc que les deux familles d'acides gras soient fournies dans l'alimentation en quantité équilibrée. Actuellement, on estime que le rapport entre l'acide linoléique et l'acide α-linolénique doit être de 5, l'acide linoléique représentant 4 % de l'apport énergétique total et l'acide α-linolénique 0,8 %.

Ajoutons – sans entrer dans les détails – que l'activité de la Δ6 désaturase baisse lors de certaines pathologies et qu'il est possible qu'elle diminue avec l'âge. Il peut donc y avoir un intérêt à consommer des matières grasses contenant des acides gras qui ont franchi le cap de la Δ6 désaturase. Des huiles contenant de l'acide γ-linolénique (huile d'onagre, de bourrache) avec éventuellement de l'acide stéaridonique (pépins de cassis) apparaissent désormais sur le marché. Certains corps gras animaux – en particulier les huiles de poisson – sont susceptibles de fournir, quant à eux, directement des acides gras polyinsaturés à longue chaîne (EPA, DHA).

4.4.3 L'indice d'iode

C'est une application analytique de la fixation d'halogènes sur la double liaison. C'est une notion ancienne qui a résisté à l'évolution des méthodes. Plus l'indice d'iode d'un corps gras est élevé, plus sa teneur en acides gras insaturés est grande.

4.4.4 Les lipides de poisson

Les lipides de poissons (thon, saumon, sardine, maquereau...) ont une composition en acides gras caractéristique ; ils contiennent des acides gras polyinsaturés à longue chaîne, comme l'acide eicosapentaénoïque ($C_{20:5}\Delta^{5,8,11,14,17}$ – EPA), l'acide clupanodonique ($C_{22:5}\Delta^{7,10,13,16,19}$) ou l'acide docosahexaénoïque ($C_{22:6}\Delta^{4,7,10,13,16,19}$ – DHA) qui abaissent le taux sanguin de triacylglycérols et ont une action cardioprotectrice, notamment en prévenant l'arythmie. L'EPA est le précurseur des prostaglandines de série 3.

4.5 LES ACYLGLYCÉROLS

4.5.1 Les triacylglycérols

Les triacylglycérols – longtemps appelés les triglycérides – sont les constituants majeurs des corps gras alimentaires. Les di- et monoacylglycérols ne sont en général présents qu'à moins de 2 % du total lipidique.

Les trois positions ne sont pas identiques dans la molécule du glycérol, puisqu'il existe deux positions externes et une position interne. En outre, les deux positions externes ne sont pas biologiquement équivalentes ; sur la figure 4.5, la numérotation des carbones est précisée.

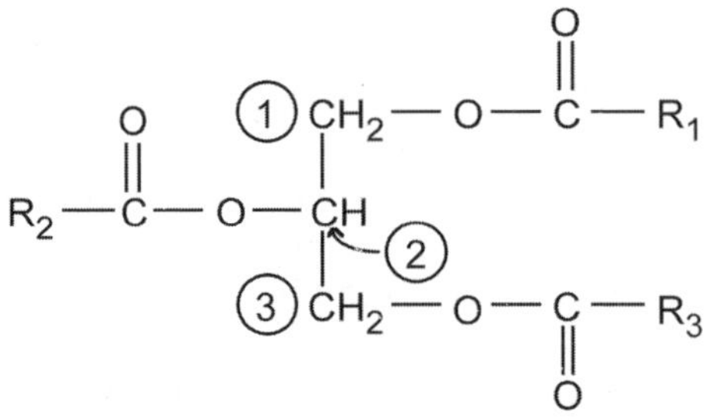

Figure 4.5 Structure d'un triacylglycérol.

Si R_1 est différent de R_3, il y a asymétrie de substitution du carbone n° 2. La distribution des acides gras sur les trois positions du glycérol a été beaucoup discutée. D'une façon générale, les acides gras insaturés et saturés sont situés respectivement en position interne et en positions externes dans les huiles végétales et inversement dans les graisses animales sauf pour les graisses de volailles. Cette observation est très importante d'un point de vue qualité nutritionnelle car les acides gras situés en position centrale sont les plus biodisponibles.

4.5.2 Analyse directe

L'analyse directe des triacylglycérols est très utile : elle permet d'établir des relations entre les propriétés physiques et la composition des corps gras. Elle est pratiquée aujourd'hui en complément de la détermination des acides gras séparés.

Dans la matière grasse du lait de vache, qui est une des plus complexes que l'on connaisse, le nombre de carbone par acylglycérol va de 34 à 56. Les acides gras courts sont liés surtout en position 3, et les acides gras longs, en position 1.

4.5.3 Lipolyse

La lipolyse dans les organismes résulte de l'hydrolyse par une lipase. Comme on l'observe sur la figure 4.6, les triacylglycérols alimentaires sont hydrolysés chez les mammifères en acides gras et en 2-monoacylglycérols, qui peuvent pénétrer dans les cellules de la muqueuse intestinale, et c'est la lipase pancréatique qui intervient (E.C. 3.1.1.3).

Les 2-monoacylglycérols peuvent s'isomériser en 1-monoacylglycérols que la lipase peut alors hydrolyser.

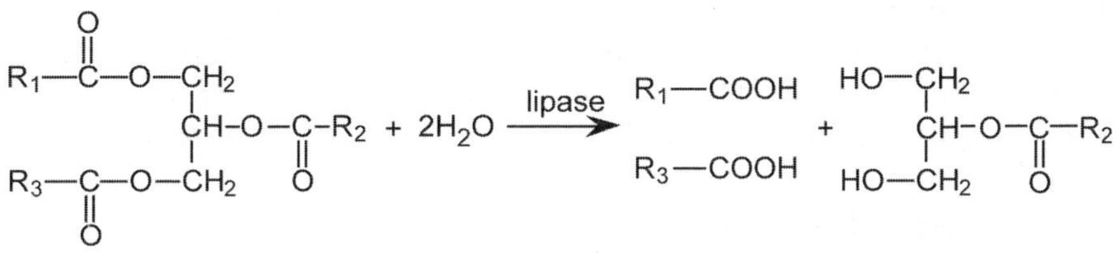

Figure 4.6 Hydrolyse enzymatique des triacylglycérols chez les mammifères.

La lipase est une carboxylestérase, mais elle est pratiquement inactive en milieu aqueux. Elle devient active à l'interface huile/eau, dans une émulsion de micelles. C'est une hydrolase à sérine active.

La spécificité des lipases est complexe ; on les classe en quatre groupes principaux :

- lipases 1-3 spécifiques ;
- lipases stéréospécifiques (par ex. de la position sn-3) ;
- lipases typosélectives (par ex. des acides gras courts C_4 à C_{10}) ;
- lipases non spécifiques.

4.5.4 Les réactions de la liaison ester

En dehors de la lipolyse, ce sont principalement (fig. 4.7) :

- L'hydrolyse par l'eau est lente et incomplète, même par la vapeur sous pression. La neutralisation de l'acide gras libéré accélère cette réaction, c'est la **saponification** qui produit R–CO–ONa (savon).

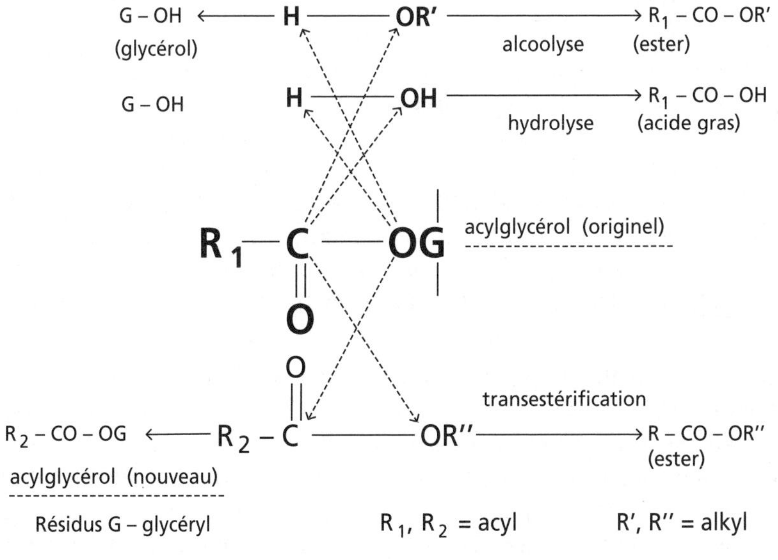

Figure 4.7 Réactions de la liaison ester.

- L'**alcoolisation** provoque également l'hydrolyse, mais avec formation d'un ester de l'acide gras et de l'alcool utilisé : R–CO–OR'. Le mélange réactionnel contiendra donc à la fois des esters du glycérol (acylglycérol) et des esters de l'alcool. L'équilibre est lent à s'établir : l'emploi de l'alcoolate alcalin (R'–ONa) accélère la réaction.
- La **transestérification** est la réaction d'un acylglycérol avec un autre ester simple. En présence d'un catalyseur approprié (alliage de sodium et de potassium ou méthylate de sodium), il se produit un réarrangement au hasard des résidus acyl et alkyl. On peut ainsi modifier les triacylglycérols naturels; par exemple, avec le butyrate de méthyle réagissant avec les triacylglycérols de la matière grasse du lait.

4.6 LES PHOSPHOLIPIDES

C'est une grande famille de constituants biochimiques que l'on trouve dans toutes les cellules, et notamment dans les membranes cellulaires et dans des structures subcellulaires, comme les mitochondries. Ces substances sont très répandues, mais en général en faible quantité, sauf dans le jaune d'œuf et les tissus nerveux. On en distingue deux parties, qui sont souvent associées dans la matière vivante (fig. 4.9).

4.6.1 Phosphoacylglycérols

Les phosphoacylglycérols, encore appelés glycérophospholipides ou phospho glycérides, sont des 1,2-diacylglycérols avec en position 3, un résidu phosphorique, lui-même lié à un hydroxyaminoacide (sérine), à une amine hydroxylée (choline, éthanolamine) ou un polyol (inositol). Les acides gras sont toujours à longue chaîne, souvent l'acide stéarique en 1 et l'acide oléique en 2.

On les désigne globalement sous le terme de **lécithine**, bien qu'il ait été attribué plus particulièrement aux phosphatidyl-choline (chapitre 17, § 17.4.2). Les deux autres catégories sont dénommées **céphaline**. On utilise les lécithines comme des agents émulsifiants dans l'industrie. Par opposition aux triacylglycérols, ce sont des corps polaires avec deux fonctions dissociables : acide et amine. Les phosphoacylglycérols, et la quasi-totalité des lipides complexes, sont amphiphiles, c'est-à-dire qu'ils possèdent une partie hydrophile soluble dans l'eau et une partie hydrophobe qui ne l'est pas. La solubilité de ces molécules dans l'eau est très faible, ce qui ne les empêche pas de former des structures stables, notamment des micelles et des bicouches

Lorsque l'on augmente progressivement la concentration de lipides amphiphiles en solution aqueuse, on atteint un seuil (concentration micellaire critique ou CMC) au-delà duquel les lipides s'assemblent spontanément en sphères appelées micelles. À l'intérieur de la micelle, les queues hydrophobes des molécules de lipides interagissent entre elles et excluent les molécules d'eau. Alors que les têtes hydrophiles à la surface sont en contact avec le milieu aqueux. Les bicouches, qui peuvent être considérées comme de vastes micelles aplaties, sont à la base des membranes biologiques (fig. 4.8).

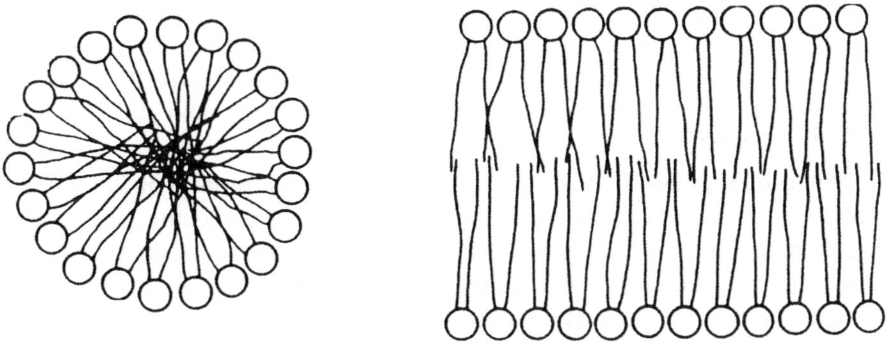

(a) (b)

Figure 4.8 Représentation schématique. **(a)** d'une micelle lipidique, **(b)** d'une bicouche lipidique (o tête polaire, = chaînes hydrocarbonées).

A

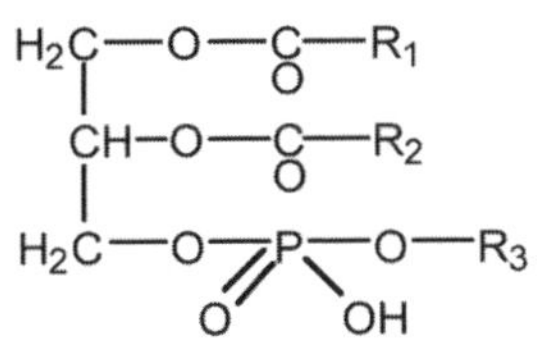

B

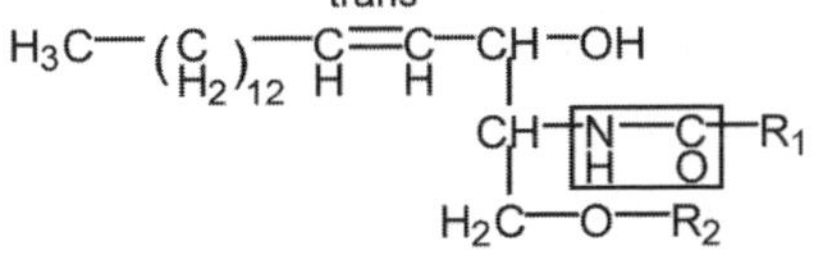

A

Phosphoacylglycérols :

R_1, R_2 | acides gras longs

B

Sphingomyélines :

R_1 | acide gras long | liaison amide

R_2 | ester phosphorique de la choline

R_3 | choline → Lécithine ; éthanolamine → Céphaline ; sérine ; inositol

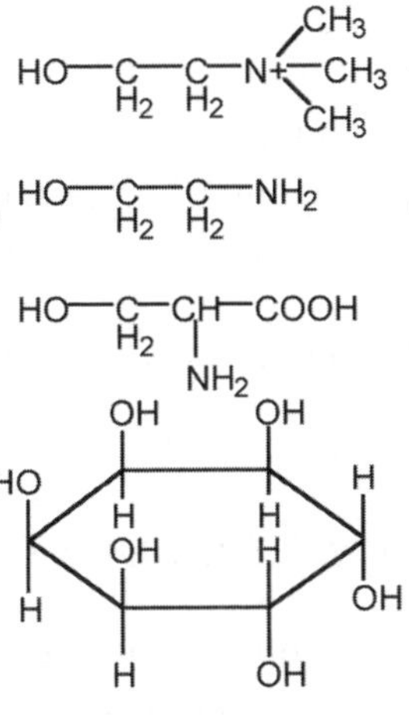

Figure 4.9 Structure des phospholipides.

Les phosphoacylglycérols sont solubles dans beaucoup de solvants organiques ; mais ils sont insolubles dans l'acétone, ce qui est une propriété différentielle par rapport à d'autres lipides.

4.6.2 Sphingomyélines

Ici, c'est une liaison amide qui unit l'acide gras à la substance qui correspond au glycérol. Il y a cependant deux groupes OH dans cette molécule, mais l'un n'est jamais substitué (alcool secondaire), alors que l'autre est lié à l'ester phosphorique de la choline, comme dans la lécithine (fig. 4.9B). La substance permettant la liaison amide est la sphingosine, qui est un dialcool aminé insaturé, à 18 atomes de carbones.

Ces substances sont comparables aux lécithines, avec lesquelles elles sont liées.

> **NB.** Il existe d'autres dérivés naturels non phosphorylés de la sphingosine, les *glycolipides* qui portent des résidus glycosylés en position R_2 (cérébrosides, gangliosides et phytoglycolipides).

4.7 LES CÉRIDES

Ce sont des monoesters d'un acide gras et d'un alcool, tous deux à longue chaîne (jusqu'à 40 atomes de carbone). Ces deux éléments d'une molécule sont le plus souvent d'inégale longueur. Les acides gras sont en général saturés, rarement insaturés et très rarement hydroxylés.

On les rencontre dans tous les règnes. Ils sont presque toujours solides à température ordinaire. Les animaux supérieurs ne métabolisent pas les cires, contrairement à certains insectes. Nous prendrons trois exemples :

- Le blanc de baleine est une cire presque pure ; il renferme plus de 90 % de palmitate de cétyle, qui est un exemple de constituants saturés d'égale longueur ($C_{15}H_{31}COOH$, $C_{16}H_{33}OH$).
- La cire d'abeille est au contraire de composition complexe : la cire dominante est le palmitate de myricyle ($C_{15}H_{31}COOH$, $C_{30}H_{61}OH$) ; ensuite se trouve l'ester d'un acide gras insaturé ($C_{16:1}\Delta^2$), l'hypogéate de myricyle.
- Dans les bactéries, des molécules analogues par leur constitution apportent des propriétés particulières ; ainsi le dimycolate de tréhalose, constituant du *cord factor*, confère le caractère toxique, ainsi que l'acidorésistance à *Mycobacterium tuberculosis*.

Les Indiens d'Amérique s'enduisent le corps d'un produit gras, l'huile de Jojoba, qui est en réalité une cire végétale.

4.8 LES LIPOÏDES, CAROTÉNOÏDES ET STÉROÏDES

Ce groupe de substances accompagne les lipides dans la nature, mais ne possède pas de liaison ester ou amide. C'est leur insolubilité dans l'eau et leur solubilité dans la phase lipidique qui sont responsables de leur état.

Ce groupe hétérogène comprend les lipides polyprényliques, fréquemment qualifiés de dérivés isoprénoïdes, car tous sont au moins partiellement dérivés de l'isoprène (méthyl 2-butadiène). Les composés de ce groupe ont un rôle biologique dans la structure des biomembranes, dans la formation des os, la photoréception et la reproduction. Nous présentons ci-dessous quelques-uns des exemples les plus importants.

4.8.1 Les caroténoïdes

Les caroténoïdes sont des pigments naturels présents dans les aliments d'origine végétale. Ce groupe de pigments est le plus largement distribué dans la nature, avec plus de 600 caroténoïdes caractérisés structurellement et rencontrés dans les algues, levures, bactéries et champignons. Ils sont présents au sein de tous les organismes photosynthétiques et responsables de l'essentiel des couleurs de jaune à rouge des fruits et des fleurs.

Tous les caroténoïdes présentent une structure de base consistant en une chaîne de 40 atomes de carbone. Les carotènes comme les xanthophylles peuvent être acycliques (lycopène), monocyclique ou bicyclique (β-carotène). La cyclisation des caroténoïdes se produit à l'une ou aux deux extrémités de la molécule, formant ainsi des anneaux β ou ε en fonction de la position de la double liaison dans l'anneau.

Dans la nature, les caroténoïdes existent principalement sous la forme tout *trans*, la plus stable celle qui correspond à une forme allongée (fig. 4.10). Cependant, ils peuvent se trouver sous d'autres configurations par isomérisation *cis-trans* dont l'origine peut être naturelle ou artificielle.

La figure 4.10 résume leur biosynthèse. Le phytoène a 9 liaisons (8 de l'isoprène actif et une créée lors de l'union tête à queue du géranyl-géranylphosphate) ; il est incolore. La coloration rouge résulte d'une tétradéshydrogénation, car les doubles liaisons conjuguées forment un pigment ; c'est le lycopène, colorant de la tomate, représenté en forme tout-trans, qui est la plus stable. La cyclisation des deux extrémités de la chaîne de 40 carbones donne les carotènes : ceux-ci sont coupés avec oxydation par la caroténase (niveau de la flèche) ; il se libère du rétinol (vitamine A_1) portant une fonction alcool sur le carbone 15. L'activité vitaminique dépend de la structure du cycle terminal ; la double liaison doit être entre les carbones 5 et 6 (cycle β-ionone).

Le rétinol exerce une action vitaminique sur la croissance. Cependant, son activité essentielle concerne le phénomène chimique de la vision : le pigment photosensible, la rhodopsine, est constitué par une protéine, l'opsine et le rétinol sous la forme 11-cis. La lumière déclenche la rupture du composé et le retour à la forme rétinol 11-trans ; cette photoisomérisation crée une excitation nerveuse ; la rhodopsine est régénérée à l'obscurité.

Étant hautement insaturés, les caroténoïdes sont fortement exposés à l'isomérisation et à l'oxygénation de leur molécule. Ceci leur confère une importante fonction anti oxydante qui se manifeste par une capacité à capter l'oxygène libre et à désactiver les radicaux libres. Ces propriétés conduisent à leur attribuer en plus de l'activité provitaminique une efficacité dans la prévention de certaines maladies chroniques : régulation du système immunitaire, prévention de maladies cardio-vasculaires, diminution du risque de formation de cataractes et de la dégénérescence oculaire… (voir chap. 1 §1.3).

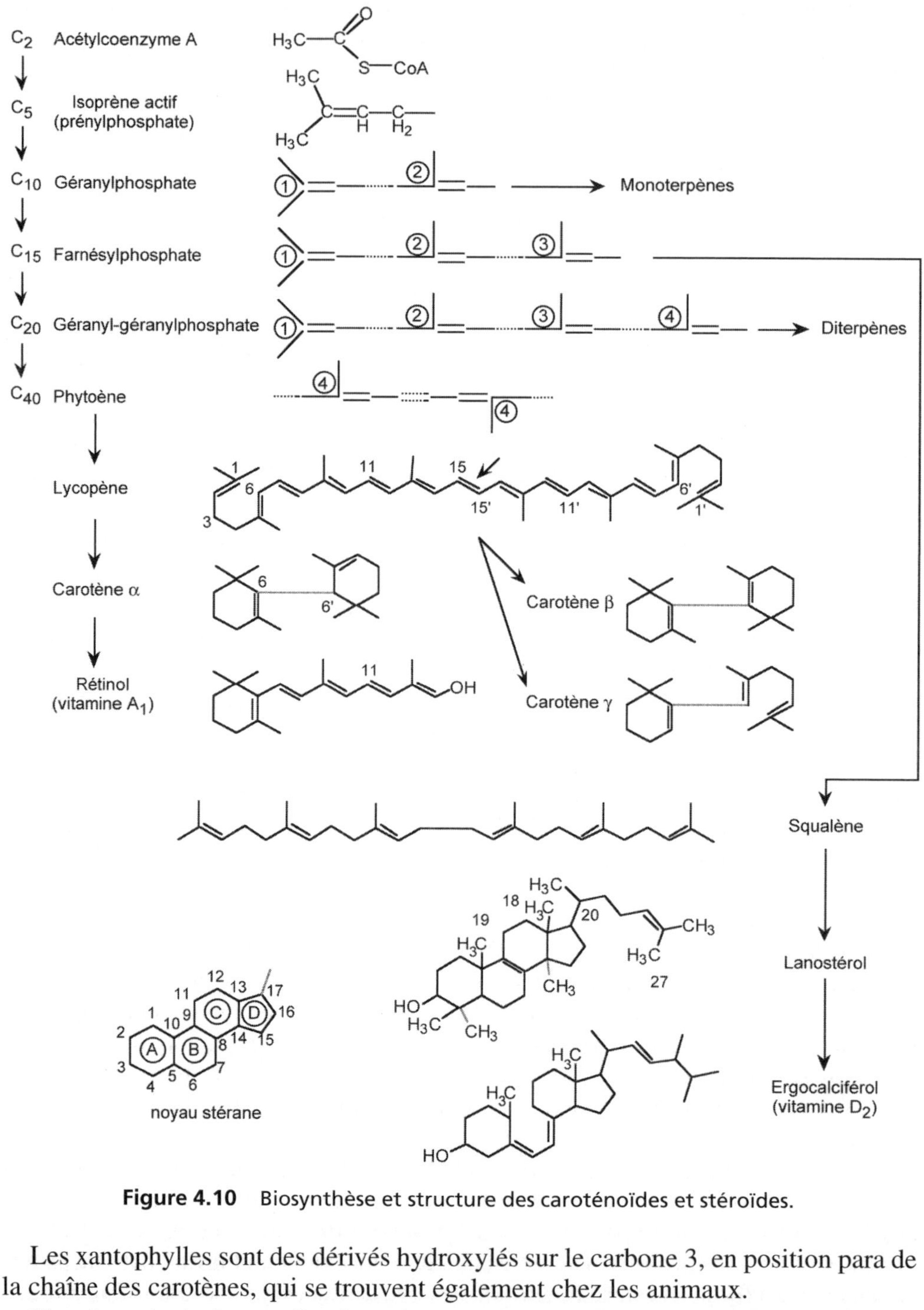

Figure 4.10 Biosynthèse et structure des caroténoïdes et stéroïdes.

Les xantophylles sont des dérivés hydroxylés sur le carbone 3, en position para de la chaîne des carotènes, qui se trouvent également chez les animaux.

Une des principales applications des caroténoïdes dans les produits alimentaires est la coloration. Cette famille de colorants très étendue (E 160 et E 161) regroupe les caroténoïdes mélangés comme le rocou, l'extrait de paprika (capsanthine) mais aussi le lycopène, la lutéine, la canthaxanthine...

4.8.2 Les stérides

Les stérides se rattachent également à l'enchaînement biochimique ayant pour base l'isoprène actif, ils dérivent du squalène (abondant dans les foies de certains poissons), lequel résulte de la combinaison de deux molécules de farnésylphosphate (fig. 4.10) ; ils ont donc 30 atomes de carbone. La caractéristique chimique essentielle est la présence d'une substitution OH ou O sur le carbone 3. L'existence d'un plan provoque l'apparition d'isomères ; si le substituant est sous le plan, la liaison est indiquée en pointillés.

Les composés à action vitaminique sont du groupe alcool ; ceux à action hormonale sont du groupe cétone (avec une réduction de la longueur), comme les hormones mâles et femelles.

Plusieurs isomères sont des vitamines D ; l'ergocalciférol D_2 a été obtenu synthétiquement. Ces vitamines règlent le métabolisme phospho-calcique : la carence provoque le rachitisme chez les enfants et l'ostéomalacie chez les adultes (chapitre 8).

Le cholestérol est lié aux protéines dans les lipoprotéines sériques, surtout dans celles de basse densité (LDL) qui en contiennent jusqu'à 45-50 % et qui constituent un mode de transport du cholestérol du foie aux tissus. Quand le taux de cholestérol-LDL est haut par rapport à celui du cholestérol-HDL (lipoprotéine de haute densité) le risque de maladie coronarienne est élevé (LDL/HDL supérieur à 4,0).

> **NB.** Les dérivés isoprénoïdes comprennent le groupe des vitamines liposolubles traité dans le chapitre 8.

4.9 OXYDATION DES LIPIDES

Les réactions d'oxydation des lipides entraînent la formation de composés volatils d'odeur désagréable. Ces réactions peuvent se produire même dans des aliments contenant moins de 1 % de lipides. Les principaux substrats de l'oxydation sont les acides gras non saturés ; ils s'oxydent en général plus vite à l'état libre que lorsqu'ils font partie de molécules de triacylglycérols ou de phospholipides. D'autres substrats non saturés peuvent subir des réactions d'oxydation comme les vitamines A et E, les pigments caroténoïdes et certains hydrocarbures présents dans les huiles.

4.9.1 Mécanisme général

On distingue dans l'oxydation des lipides trois types de réactions (fig. 4.11) :

- Les réactions d'*initiation* qui, à partir d'acides gras non saturés, conduisent à la formation de radicaux libres ou de peroxydes lipidiques. Ces réactions qui ont une énergie d'activation élevée sont favorisées non seulement par des températures élevées mais surtout par la lumière et par les traces de certains métaux. Lorsque la

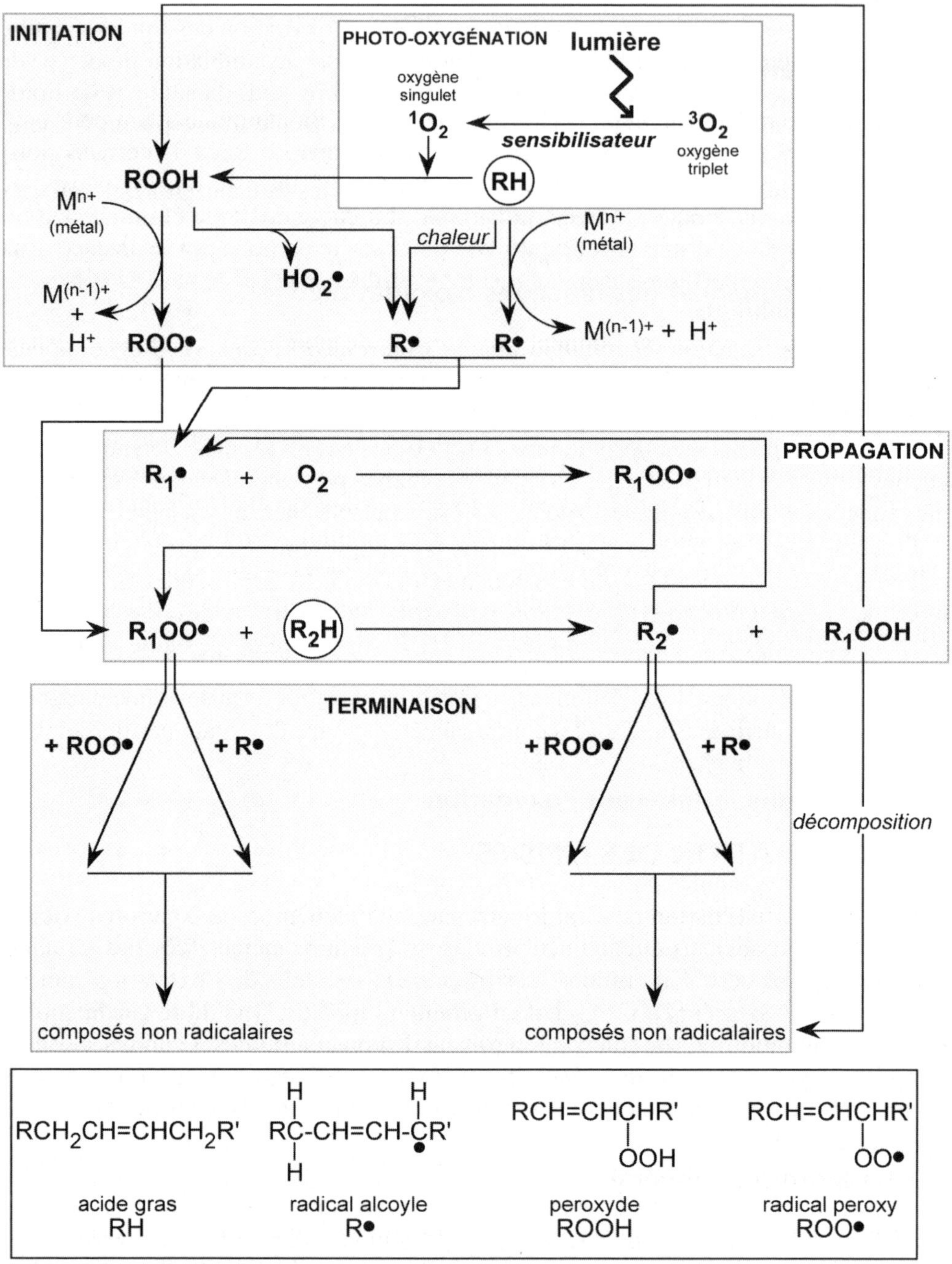

Figure 4.11 Mécanisme général des réactions d'oxydation des lipides.

teneur en peroxydes s'accroît, on observe l'initiation dite secondaire qui résulte essentiellement de la décomposition des peroxydes.

- Les réactions de *propagation* constituent l'étape d'oxydation des lipides insaturés par l'oxygène gazeux. Elles se caractérisent par une accumulation de peroxydes lipides et nécessitent l'intervention de radicaux libres qui, dans le cas de lipides purs, peuvent provoquer la formation de 10 à 100 molécules de peroxyde. L'énergie d'activation de ces réactions est très faible.
- Les réactions de *terminaison* au cours desquelles les radicaux libres s'associent pour donner des composés non radicalaires très divers.

4.9.2 Conséquences des réactions d'oxydation

Les réactions d'oxydation donnent naissance à de nombreux composés. Dans la figure 4.12 sont représentés les principaux types de molécules obtenus après oxydation d'un acide gras mono-insaturé comme l'acide oléique.

En premier lieu, il convient de citer les adéhydes et cétones de faible masse moléculaire qui sont responsables de l'odeur de rance ; c'est la première altération qui se manifeste d'autant que certains d'entre eux (hexanal, 2-décénal...) sont perçus à des concentrations très faibles, de l'ordre du microgramme par litre. Par ailleurs, les composés carbonylés peuvent réagir avec les protéines ou plus généralement favoriser le brunissement non enzymatique ; la présence de lipides peut aussi provoquer l'oxydation secondaire de divers arômes.

L'oxydation des lipides entraîne également des pertes d'activité vitaminique et de couleur, de même que l'oxydation des acides gras essentiels provoque une diminution de la valeur nutritive.

4.9.3 Facteurs influençant l'oxydation

Le comportement vis-à-vis de l'oxydation des lipides est très variable ; ces variations peuvent être expliquées par l'influence de différents facteurs.

Au stade initial, l'oxydation est freinée par une réduction de la pression d'oxygène au contact et les facteurs qui facilitent la conservation de l'oxygène accusent les défauts d'oxydation.

La présence d'agents pro-oxydants, comme les métaux, l'hème de l'hémoglobine ou de la myoglobine, la chlorophylle et les lipoxygénases. Ces enzymes, encore appelées lipoxydases, régio- et stéréospécifiques catalysent l'oxydation des acides gras, comme l'acide linoléique ou l'acide α-linolénique, porteurs d'un type bien défini de double liaison.

Des aliments contiennent également des antioxydants. Parmi les antioxydants naturels, on peut citer le tocophérol, l'acide ascorbique, certains acides aminés et protéines et d'autres substances susceptibles de complexer les métaux. Du reste, on peut parfois observer une compétition entre un effet pro-oxydant et un effet antioxydant.

Parmi les autres facteurs intervenant dans l'oxydation des lipides des aliments, il faut citer l'activité de l'eau dont dépend en particulier l'action catalytique des métaux (voir chapitre 7) et la nature et le degré de dispersion des lipides.

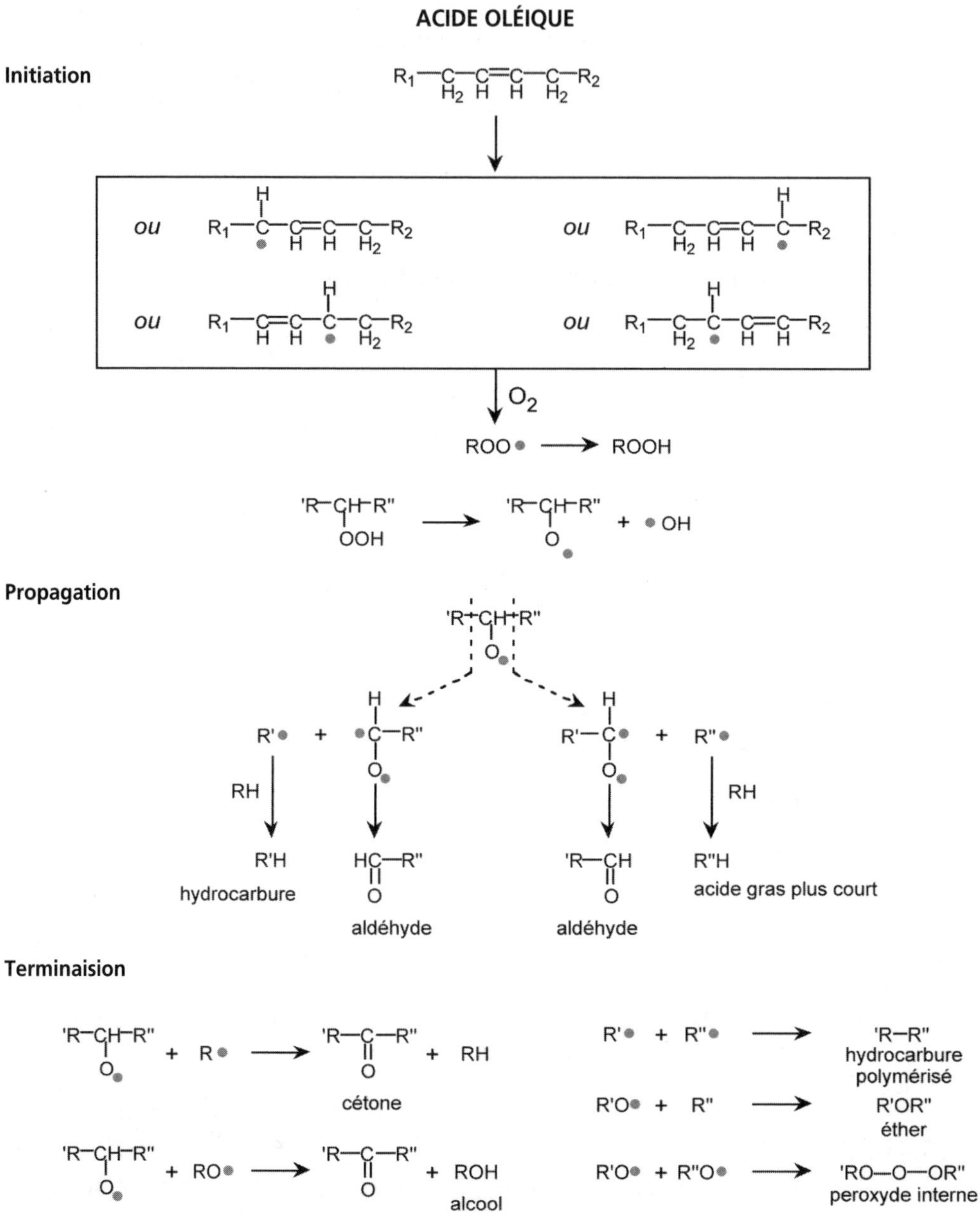

Figure 4.12 Modifications et produits obtenus après oxydation de l'acide oléique.

Chapitre 5

Protéines

Les peptides et protéines sont plus caractéristiques d'un tissu animal ou végétal que les lipides et les glucides. Dans ce chapitre ne seront traitées que les propriétés générales de ces biomolécules, les descriptions particulières sont reportées dans la seconde partie de cet ouvrage pour chaque aliment.

5.1 ACIDES AMINÉS

1. Les acides α-aminés composant les protéines sont représentés sur la figure 5.1. En ajoutant les deux amides des diacides, on arrive au total de 20 éléments. Ces acides aminés ont tous un acide ribonucléique de transfert (ARN_t) connu et participent donc à la biosynthèse des protéines. Leurs combinaisons dans un ordre varié aboutissent à un nombre considérable de molécules, allant d'un acide aminé aux peptides et aux protéines, et qui jouent des rôles importants dans le monde vivant.

En fait, il existe 21 ARN de transfert. La sélénocystéine, homologue de la cystéine où le sélénium a pris la place du soufre, entre dans la constitution d'un petit nombre d'enzymes, comme la glutathion peroxydase. Elle est incorporée dans les protéines par un ARN_t particulier. Cet ARN_t reconnaît le codon UGA fonctionnant habituellement comme un codon stop.

2. Les vides dans la figure 5.1 pour la série de 3 à 6 carbones, révèlent des hétérogénéités. Il est curieux de constater qu'il n'y a pas d'acide aminé neutre à 4 carbones et que ceux à 5 carbones et plus sont ramifiés ; les formes droites existent pourtant dans plusieurs dérivés (Glu : norvaline ; Lys : norleucine). Les dérivés hydroxylés sont courts (3 et 4 carbones) ; les dérivés diaminés sont longs (6 carbones) ; les dérivés acides sont moyens (4 à 5 carbones).

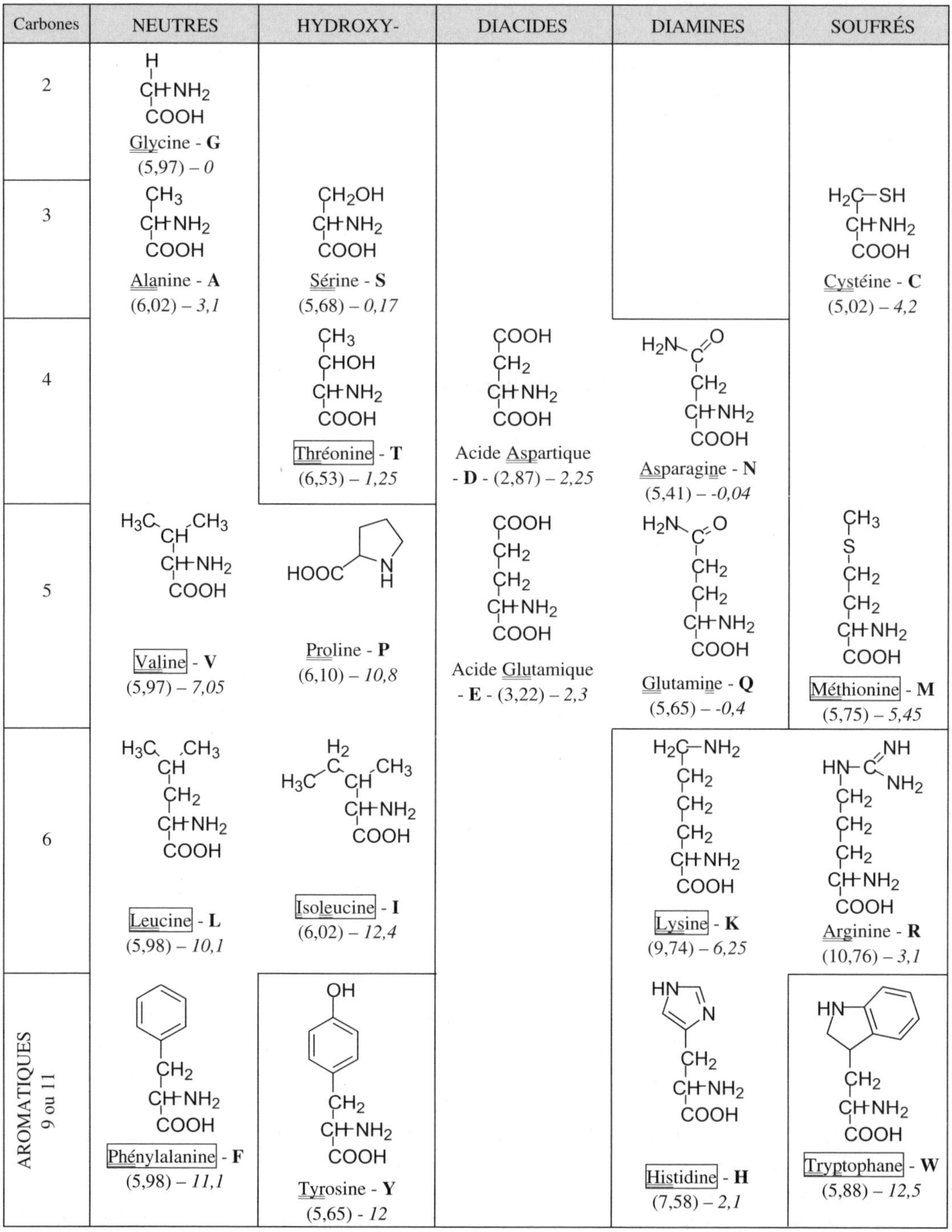

Souligné : abréviation 3 lettres ; **Gras** abréviation monolettre, Entre parenthèses : valeur de pHi, Encadré : acide aminé essentiel ; *Italique* : hydrophobicité de la chaîne latérale en kJ.mol^{-1}.

Les deux diacides existent également sous la forme amidée : asparagine (Asn) et glutamine (Gln). La proline, amine secondaire, est la forme cyclisée de la norvaline.

Figure 5.1 Principaux acides aminés (les acides aminés ne peuvent pas exister sous la forme non chargée représentée usuellement).

3. Il y a 7 acides aminés « neutres » (en dehors des deux groupes COOH et NH_2 qui entrent dans les liaisons peptidiques –CO–NH–), le tryptophane n'étant pas dissocié. Il y a 3 acides aminés polaires, portant un OH ; 5 acides aminés dissociables et 2 acides aminés soufrés. Ces diverses chaînes latérales influent sur les propriétés des protéines qui les renferment, en proportions plus ou moins grandes :

- Les groupements $–CH_3$, $–CH_2$, =CH– ont un caractère hydrophobe. Les acides aminés neutres accroissent l'hydrophobicité et ceci d'autant plus que la chaîne est plus longue ; dans l'ordre décroissant, on a : Trp, Phe, Ile, Leu, Pro, Val, Met, Ala (la méthionine, qui est un thiol substitué, reste dans cette catégorie). L'hydrophobicité moyenne d'une protéine est exprimée en kjoules par résidu.
- Les groupements polaires, non dissociés, tels que –OH (Ser, Thr, Tyr), –SH (Cys) et $–CO–NH_2$ (Asn, Gln) peuvent former des liaisons hydrogène, notamment avec l'eau, d'où leur caractère hydrophile. La cystéine apporte une autre possibilité de liaison, du fait de son oxydabilité ; il se forme une molécule de cystine avec une liaison –S–S– entre deux Cys appartenant soit à la même molécule, soit à deux molécules protéiques distinctes.
- Les groupements dissociables, tels que –COOH (Asp, Glu) et $–NH_2$ ou NH (Lys, Arg, His), accentuent le caractère hydrophile et influent sur le pHi des protéines. Ils perdent ou acceptent un proton (H^+).

4. Les acides aminés, à l'exception de la glycine (glycocolle), ont une activité optique due à la présence d'un carbone asymétrique. Dans les protéines, on ne trouve que la forme L, ce qui est très caractéristique. Dans les peptides microbiens, on trouve parfois les isomères D. L'isoleucine et la thréonine (fig. 5.2) ont un second carbone asymétrique ; les isomères « érythro » ne se rencontrent pas à l'état naturel ($–NH_2$ et –OH sont du même côté).

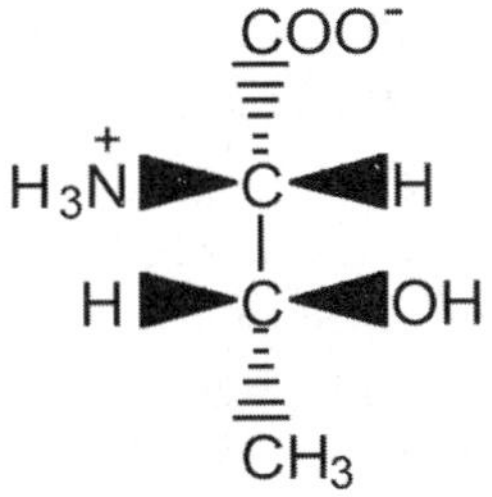

Figure 5.2 L-thréonine en représentation de Fischer.

Les trois acides aminés possédant un cycle aromatique absorbent le rayonnement ultraviolet, avec un maximum aux longueurs d'ondes suivantes : Phe à 257 nm, Tyr à 275 nm et Trp à 278 nm. Ils possèdent une fluorescence naturelle. Ces propriétés ont reçu des applications analytiques.

5. Les acides aminés à chaîne latérale neutre et ramifiés (ou aromatiques) (Val, Leu, Ile, Phe, Trp) ainsi qu'un hydroxylé (Thr), deux basiques (Lys, His) et un soufré (Met) sont « indispensables » ; ils ne peuvent pas être synthétisés dans la plupart des organismes animaux supérieurs. Un apport de tyrosine diminue les besoins en phénylalanine et un apport de cystéine ceux en méthionine.

6. En outre, on connaît près de 200 acides aminés dits « rares » qui existent soit à l'état libre dans les cellules, soit combinés à d'autres structures, mais qui n'entrent pas dans la composition classique des peptides ou protéines (exemple : 3-méthyl-histidine, β-cyano-alanine, azasérine...). Ces acides aminés peuvent parfois représenter un pourcentage non négligeable (de 2 à 5 %) de la ration azotée.

5.2 PEPTIDES ET PROTÉINES

5.2.1 Taille

Un peptide est le plus souvent une petite protéine qui peut dialyser, avec une limite imprécise dans la dimension ; autrefois, on la fixait à 10 000 Da ; aujourd'hui beaucoup de biochimistes considèrent l'insuline, MM = 5 734 daltons, comme la plus petite des protéines. Dans le domaine des peptides, on trouve des substances à activité biologique (hormones, antibiotiques et toxines), qui présentent des particularités de composition, comportant des acides aminés inhabituels, comme les homologues inférieurs de la lysine, avec un groupe NH_2 libre : ornithine (C_5), acide diamino-butyrique (C_4) et diamino-propionique (C_3) ; on trouve aussi des formes particulières dans les peptides des parois bactériennes.

Des peptides résistant à l'hydrolyse par les protéases de la lumière intestinale et possédant diverses activités ont été mis en évidence dans la séquence de protéines du lait, du sang, du jaune d'œuf, de poissons, de fruits de mer, du blé et du maïs : activité opiacée (exorphines), activité immunomodulatrice, inhibiteurs d'enzymes, action antihypertensive, action antithrombotique, transport des cations, modulation des hormones digestives, activité antibactérienne, activité anxiolytique.

Certains peptides comportent des liaisons isopeptidiques ; c'est soit un groupe carboxylique, soit un groupe aminé d'une chaîne latérale qui est impliqué dans la liaison. À ce propos, signalons qu'il est possible par voie enzymatique ou par voie chimique de greffer, de façon covalente, des acides aminés sur les chaînes latérales des squelettes protéiques. Des expériences de digestibilité *in vitro* et *in vivo* montrent une bonne disponibilité des aminoacides fixés par liaison isopeptidique.

Il n'y a pas de limite supérieure précise à la taille d'une protéine. On en connaît dont la masse moléculaire dépasse le million. Quand les macromolécules sont très grosses, il faut prêter attention au fait qu'elles peuvent représenter un polymère. Le tableau 5.1 donne une idée de l'extrême variété des tailles.

Une molécule protéique peut être formée d'une seule chaîne (monocaténaire) ou de plusieurs chaînes différentes. Dans le premier cas, on distingue l'α-NH_2 terminal (acide aminé n °1) et le carboxyle terminal (acide aminé n °x) ; dans le second cas, il en existe plusieurs. Pour un biologiste, une substance peut fonctionner sous forme de polymère, considéré par lui comme une molécule ; alors que pour un biochimiste la molécule est le monomère, lui-même étant une « sous-unité » pour le biologiste.

Tableau 5.1 MASSES MOLÉCULAIRES (*) DE QUELQUES PEPTIDES ET PROTÉINES.

Peptides	**(< 10 000)**	**Petites protéines**	**(10 000 à 20 000)**
Glutathion	307	Cytochrome c	11 600
Vasopressine	1 060	Ribonucléase	13 500
Tyrocidine	1 270	Lysozyme (œuf)	14 400
ACTH	4 500	Myoglobine	16 000
Insuline	5 780	β-lactoglobuline	18 400
Protéines moyennes	**(20 000 à 70 000)**	**Grosses protéines**	**(> 100 000)**
Caséine β	24 000	Ovotransferrine	76 000
Trypsine	24 000	Hexokinase	96 000
Pepsine	34 500	Collagénase	102 000
Phosvitine	36 000	Phosphatase (lait)	180 000
Séromucoïde α_1	40 000	α_1-lipoprotéine	200 000
Ovalbumine	45 000	Fibrinogène	340 000
Hémoglobine	65 000	Myosine	475 000
Albumine sérique	69 000	α2-macroglobuline	820 000

(*) Exprimées en daltons.

5.2.2 Classification

Elle peut être établie d'après plusieurs bases :

a. Chimique

1. holoprotéines (ne contient que des acides aminés) ;
   - albumines (solubles dans l'eau pure, difficilement précipitables par les sels) ;
   - globulines (moins solubles et plus facilement précipitées) ;
   - hétéroprotéines : glyco-, phospho-, métallo-, nucléoprotéines.

b. Conformation

1. sphéroprotéines, globulaires ;
2. scléroprotéines, fibreuses.

c. Fonction

- protéines structurales ;
- protéines plasmatiques et des liquides biologiques (sang, lait...) ;

- protéines à activité biologique : enzymes, hormones, transporteurs… ;
- protéines alimentaires (protéines économiquement favorisées, digestibles et savoureuses, appartenant à un des groupes précédents).

5.3 STRUCTURE PRIMAIRE ET POLYMORPHISME

5.3.1 Structure primaire

La structure primaire – encore appelée séquence – est l'ordre d'enchaînement des acides aminés réunis par une liaison covalente, la liaison peptidique (fig. 5.3), qui est une forme substituée de la liaison amide, d'une grande stabilité.

Figure 5.3 Liaison peptidique.

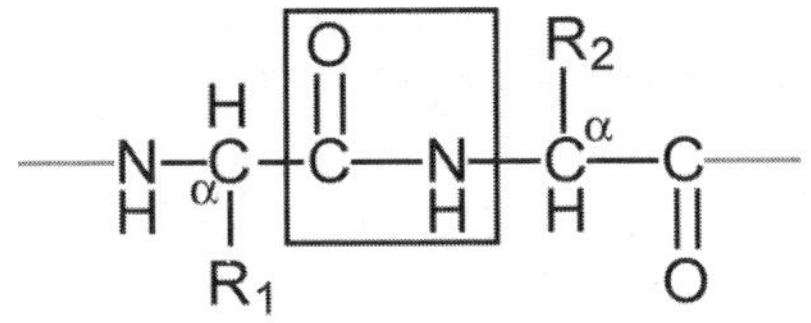

La configuration de la chaîne est une forme étirée, comparable à celle présentée pour les lipides, avec des angles valenciels un peu plus grands (fig. 5.4).

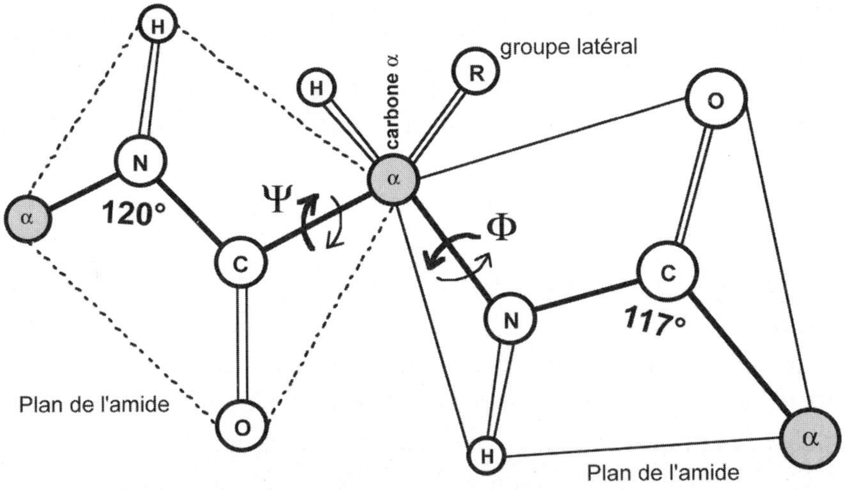

Figure 5.4 Structure spatiale de la liaison peptidique.

Un carbone α tétraédrique relie les plans définis par les deux amides. Seuls s'effectuent facilement les mouvements de rotation autour des liaisons simples C_α–C et C_α–N. Les paramètres de ces rotations sont ϕ (liaison C_α–N) et ψ (liaison C_α–C). Les rotations mesurées par ϕ et ψ sont positives si elles sont vues dans le sens des aiguilles d'une montre à partir du carbone α. Les deux angles ont la valeur zéro quand les deux liaisons peptidiques sont coplanaires et orientées tel que représenté ici. Une rotation ϕ de 120° éloigne le plus possible du groupe latéral le volume occupé par le carbonyle.

On connaît aujourd'hui la structure primaire de très nombreuses protéines. Elle est établie successivement : 1) par dosage automatique des acides aminés, libérés par une hydrolyse acide (HCl 6N, 110 °C, 12 à 72 heures); 2) par passage dans un « séquenceur », également automatique, qui permet de déterminer l'ordre des acides aminés à partir du résidu N-terminal, selon la méthode de dégradation récurrente qui forme le dérivé PTH (phénylthiohydantoïne de l'acide aminé séparé).

5.3.2 Polymorphisme héréditaire

L'étude des séquences a montré, dans les tissus animaux, l'existence de « variants » dont la synthèse est gouvernée par un gène particulier existant sous plusieurs formes alléliques; ils ne diffèrent entre eux que par quelques résidus (en général de 1 à 3) par chaîne ou par l'existence d'une délétion (absence à une position donnée) : leurs propriétés sont très proches et leur nom reste le même.

Sur le plan de l'activité biologique, certaines variations sont associées à des anomalies. Les plus étudiées sont celles de l'hémoglobine. Par exemple, le début de la chaîne B de l'hémoglobine humaine révèle une séquence normale et des séquences anormales en position 6, 7 et 9 :

- Hb β normale — Val-His-Leu-Thr-Pro-Glu-Glu-Lys-Ser-Ala...
- Hb β S (anémie falciforme) — Val-His-Leu-Thr-Pro-Val-Gln-Lys-Ser-Ala...
- Hb β C (anémie Georgetown) — Val-His-Leu-Thr-Pro-Glu-Lys-Lys-Ser-Ala...
- Hb β Porto Allegre — Val-His-Leu-Thr-Pro-Glu-Glu-Lys-Cys-Ala...

Les variants S et C se séparent au cours de l'électrophorèse en milieu alcalin (pH 8 à 9); mais non pas le variant Porto Allegre; ce dernier est dit « muet » et ne peut être détecté que par le « peptide mapping » ou carte des peptides (chromatographie des peptides obtenus après hydrolyse enzymatique).

De telles variations ont été retrouvées chez l'animal, notamment dans les protéines du lait de vache. Trois des quatre caséines du lait de vache, les caséines α_{s1}, β et κ, ainsi que la β-lactoglobuline, présentent dans toutes les races un polymorphisme génétique, c'est-à-dire plusieurs formes alléliques, ou variants génétiques (chapitre 13 § 13.6). Le locus de la β-lactoglobuline a un effet majeur sur le taux de cette protéine dans le lait qui se répercute sur le taux d'ensemble des protéines du lactosérum. Ces différences étant compensées par des différences en sens inverse du taux de caséine totale.

5.4 STRUCTURE SPATIALE. DÉNATURATION

5.4.1 Conformation

La structure primaire ne définit que partiellement l'état de structure d'une protéine. La chaîne synthétisée par les ribosomes est linéaire; elle subit ultérieurement une évolution tridimensionnelle sous l'influence de forces variées, attractives ou répulsives, qui se manifestent le long de la chaîne et qui dépendent de la nature des chaînes latérales, de leur écartement et du milieu; elle aboutit à une conformation définie dont l'état thermodynamique est caractérisé par la stabilité maximale et le minimum d'énergie libre.

La conformation de la protéine native, dans son milieu biologique, est assurée par des liaisons de faible énergie et, éventuellement, par la liaison disulfure, ou « pont disulfure », entre deux résidus de cystéine. On n'a pas encore expliqué clairement le processus de formation.

Les liaisons de faible énergie sont capitales sur le plan biologique car elles limitent le nombre de conformations possibles et elles permettent le fonctionnement de systèmes complexes ; en particulier, et en dehors des structures protéiniques, elles règlent les interactions entre macromolécules (par exemple, enzyme-substrat).

5.4.2 Structure secondaire

C'est la conformation prise par la chaîne polypeptidique, stabilisée par des liaisons hydrogène entre les groupes de l'ossature, et non des chaînes latérales. La liaison qui est importante ici s'établit entre H de –NH et O de –C = O. Deux formes principales peuvent exister :

a) Hélice α : l'ossature tourne à droite, le plus souvent, avec un pas de 0,54 nm comprenant 3,6-3,7, résidus d'acides aminés ; le diamètre est de 0,6 nm environ. Les chaînes latérales sont orientées vers l'extérieur. En réalité, la courbe formée n'est pas rigoureusement une hélice ; elle correspond à une succession de plans avec un angle de 80° environ à l'intersection (au niveau du carbone α). La distance entre deux plans successifs séparant deux –CH– est de 0,15 nm (fig. 5.5a).

On n'a pas trouvé de molécule entièrement constituée d'hélice α ; la partie ayant cette structure est très variable, de 0 à 80 %.

b) Feuillets plissés β (ou état étiré) : chaque feuillet contient deux fois les 4 atomes coplanaires (–CO–NH–) et une liaison hydrogène entre deux chaînes ou deux portions de la même chaîne peptidique (fig. 5-5b). La période d'identité est plus longue que précédemment, 0,65 nm et la densité est plus faible. Le pli se fait sur les –CH–. Les chaînes latérales pointent dans une direction à peu près orthogonale. Les chaînes peptidiques sont souvent antiparallèles (progression en sens inverse des deux chaînes).

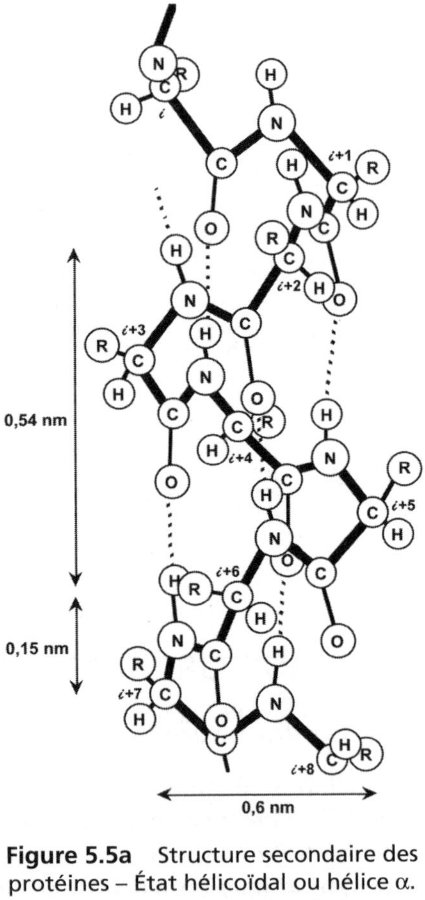

Figure 5.5a Structure secondaire des protéines – État hélicoïdal ou hélice α.

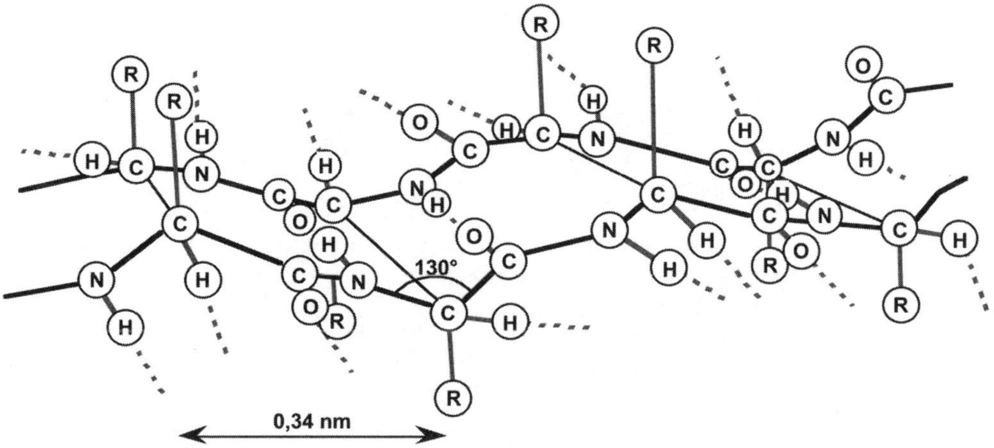

Figure 5.5b Structure secondaire des protéines – État étiré ou structure en feuillets plissés (β).

c) Autres structures secondaires (moins fréquentes) :

- hélice 3_{10}, à 3 résidus par tour ;
- hélice π, à 4,4 résidus par tour ;
- hélice γ, à 5,2 résidus par tour ;
- courbure β, permet le repliement d'une chaîne, avec un angle stabilisé par une liaison hydrogène, où viennent se fixer préférentiellement les chaînes glucidiques.

NB. 1) Dans les scléroprotéines riches en proline, comme le collagène, il existe des structures hélicoïdales n'exigeant pas de liaison H, du type polyproline. Ces unités sont réunies en molécules torsadées (chapitre 14 § 14.2.1).

2) La pelote statistique, ou « random coil », désigne des régions de molécules mal définies.

3) La proline ne peut pas être intégrée dans les structures hélice α et feuilles plissées ; elle provoque leur rupture.

5.4.3 La structure tertiaire

C'est réellement l'état tridimensionnel, qui rassemble les formes précédentes. Sa représentation sur un plan est difficile, et cependant cette structure a une grande importance au niveau des activités de la protéine. Elle fait que des résidus d'acides aminés, éloignés dans la séquence, se retrouvent proches en raison des repliements et forment des « sites actifs ». À titre d'exemple, citons le tonneau $\alpha_8\beta_8$ rencontré dans de nombreuses enzymes : α-amylases, triose phosphate isomérase, pyruvate kinase (fig. 5.6).

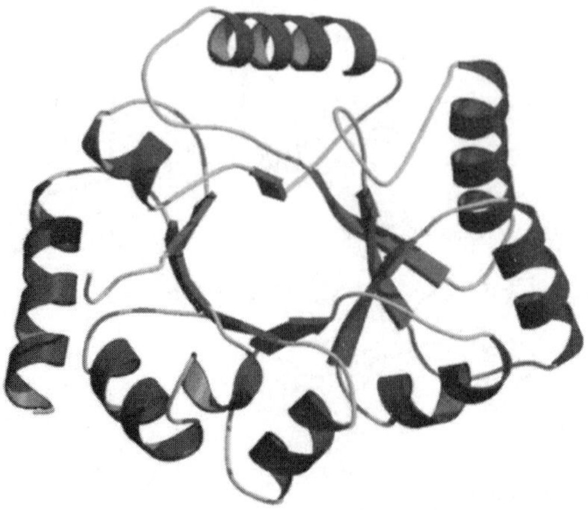

Figure 5.6 Représentation de la structure en tonneau $\alpha_8\beta_8$ (vue de face).
Les feuillets plissés β sont symbolisés par des flèches.

La conformation unique de chaque protéine résulte du repliement de la chaîne. Certaines protéines possèdent dans leur structure primaire toutes les informations nécessaires pour assurer un repliement spécifique et spontané. D'autres ont besoin d'être guidées pour adopter leur conformation active : les enzymes responsables de ce pilotage appartiennent à la classe des chaperonnes moléculaires.

Ce niveau d'organisation tend à orienter en milieu aqueux les chaînes latérales polaires vers la surface, cependant que les chaînes hydrophobes sont rejetées à l'intérieur de la molécule protéique. Cette dernière situation implique l'existence de « liaisons hydrophobes » (du type des forces de Van der Waals), qui se forment principalement entre les chaînes latérales de Ala, Val, Leu, Ile, Phe, Trp.

La structure des protéines qui possèdent plus de 200 résidus présente généralement au moins deux régions que l'on appelle des domaines. Ce sont des régions très compactes de la protéine reliées entre elles par de courts segments de la chaîne polypeptidique. Les domaines d'une protéine exercent généralement des fonctions distinctes. L'examen attentif des structures protéiques connues révèle la présence, à l'intérieur des domaines, d'un nombre restreint de motifs. Ils sont constitués par l'assemblage d'éléments de structures secondaires (hélices, coudes, feuillets) et représentent un niveau supérieur de structure nommé parfois structure supersecondaire.

NB. 1) On décrit sous le vocable de « structure quaternaire » (fig. 5.7) l'association de molécules protéiques qui, prises isolément, ne possèdent pas l'activité biologique. Ces molécules peuvent être identiques (oligomères) ou différentes. Un bon exemple de cette structure en biochimie alimentaire est le système actomyosine des muscles (chapitre 14 § 14.4).

2) Les structures spatiales sont principalement étudiées par l'analyse des diagrammes de diffraction des rayons X à haute résolution (0,2 nm).

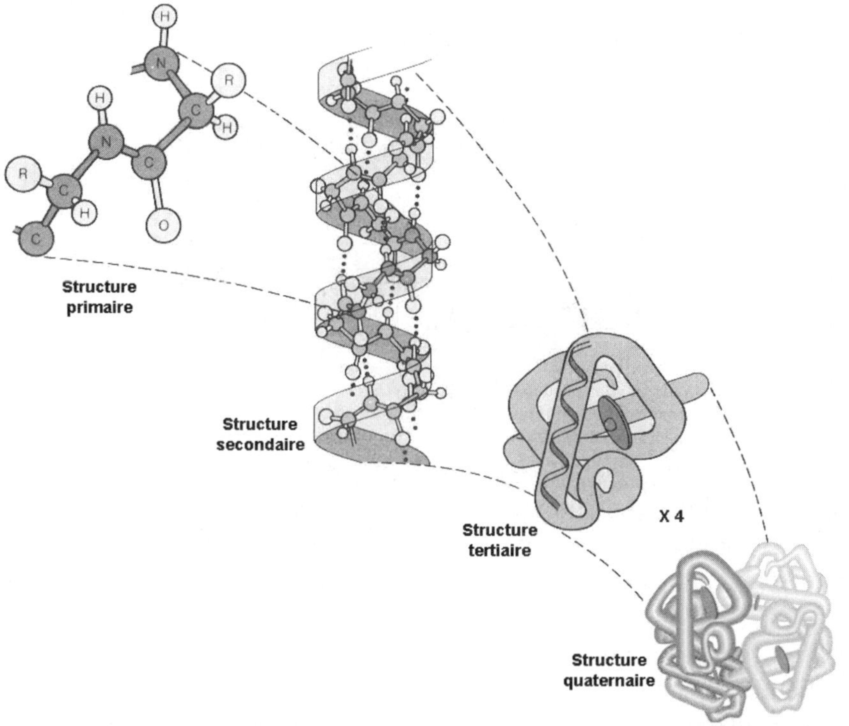

Figure 5.7 Structure primaire, secondaire, tertiaire et quaternaire des protéines.

5.4.4 Dénaturation

C'est une propriété singulière des protéines qui résulte d'une modification de la structure spatiale sans aucune rupture de liaison peptidique, donc sans décomposition.

La dénaturation est le résultat de l'action d'agents variés :

- physiques : chaleur, radiations (ultraviolettes, ionisantes), agitation prolongée, interfaces,... ;
- chimiques : acides, solutions de métaux lourds (déprotéinisants, défécants), certaines molécules organiques (urée, solvants, détergents),...

C'est un phénomène fort complexe et imparfaitement connu. Ainsi, des pH ou des températures extrêmes peuvent causer la rupture des liaisons hydrogène et donc la perte de la structure secondaire. L'addition de solvants organiques, tels l'éthanol ou l'acétone, interfère également avec ces liaisons en se substituant aux molécules d'eau qui enveloppent la protéine. Les détergents tels que le dodécyl sulfate de sodium ou SDS, les agents chaotropes (urée, trichloroacétate) agissent surtout au niveau des interactions hydrophobes qui stabilisent la structure tertiaire.

Le point de départ étant la conformation native, de nouvelles conformations parfois fugaces, apparaissent. Le stade ultime est souvent l'enchaînement polypeptidique déplissé ou désenroulé. Dans ce dernier cas, la dénaturation est irréversible (cas du blanc d'œuf cuit). Mais il arrive que la dénaturation soit apparemment réversible, avec réapparition d'une ou plusieurs propriétés.

Les principaux effets de la dénaturation sont :
- perte d'activité biologique ;
- chute de la solubilité (démasquage de groupes hydrophobes) ;
- sensibilité accrue aux protéases ;
- défaut de cristallisation.

5.5 RELATION PROTÉINE-EAU

5.5.1 Solubilité

On trouve de grandes différences dans le monde des protéines, ce qui crée une disparité vis-à-vis des autres classes, glucides et lipides. On peut distinguer trois cas :
- solubilité dans l'eau pure (albumines, petites globulines) ;
- solubilité seulement en présence de sels neutres (euglobulines) ;
- insolubilité dans l'eau, solubilité en milieu alcalin ou acide (scléroprotéines), ou en présence d'éthanol (prolamines).

Il est à noter que les équilibres de solubilité des protéines sont atteints lentement.

La solubilité apparente dépend des conditions de milieu :
- Les **sels neutres** interviennent par leur force ionique (concentration et valences des ions). En pratique, on observe :
  - un effet dissolvant (*salting in*) à basse force ionique (en général pour une concentration inférieure à 1 M) ;
  - un effet précipitant, ou relargage, à force ionique élevée (*salting out*).

Ces effets sont dus à l'accroissement ou à la diminution de la solvabilité des protéines, selon une courbe en cloche propre à chaque protéine. À concentration élevée, les molécules d'eau sont orientées sur les ions.
- Les **solvants miscibles** à l'eau (éthanol, acétone) diminuent la constante diélectrique, ce qui réduit les forces de répulsion des protéines et favorise leur agrégation, d'où la précipitation.
- Le **pH du milieu** est important, selon le point isoélectrique de la protéine. La courbe de solubilité a ici une forme en U. La solubilité est toujours plus basse au pHi qu'aux valeurs au-dessus (charge négative) ou au-dessous (charge positive) ; certaines protéines sont pratiquement insolubles au pHi.

La figure 5.8 montre les propriétés de solubilité des protéines de poisson, de soja, du lactosérum et de la caséine.

La précipitation des protéines est un moyen de préparation qui a été très employé, mais il connaît deux écueils :
- il conduit rarement à des produits purs ;
- il provoque assez souvent une dénaturation, d'où l'intérêt de travailler à basse température.

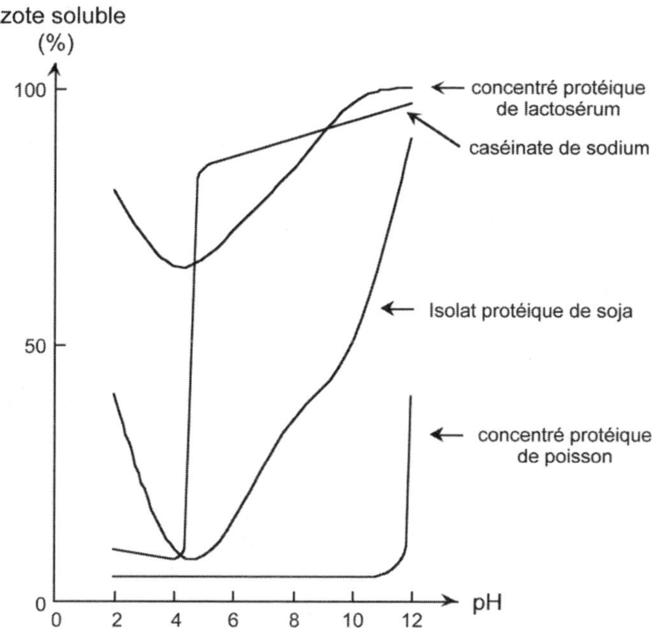

Figure 5.8 Solubilité de diverses préparations protéiques dans NaCl 0,15 M en fonction du pH.

5.5.2 Fixation de l'eau

Une protéine sèche reprend progressivement, et plus ou moins rapidement, de l'eau du milieu ambiant :

- fixation de molécules d'eau de constitution sur des sites spécifiques de la protéine, au moyen de liaisons non covalentes, comme la liaison hydrogène. C'est une eau non congelable, non solvante et non réactive. Elle est très peu abondante (0,06 g/g) ;
- adsorption de couches d'eau, non congelable mais solvante et réactive : elle représente la plus grande partie de l'eau absorbée en atmosphère humide ;
- rétention d'eau d'imbibition ou eau capillaire, retenue physiquement entre les molécules protéiques (dans les pores d'aliments humides).

L'aboutissement de l'hydratation est soit une solution, soit une masse particulaire gonflée, selon la nature de la protéine. Les facteurs de l'hydratation sont : le pH (quand il s'approche du pHi les interactions protéine-protéine sont maximales et la fixation d'eau minimale), la chaleur (qui réduit la fixation, en général), le temps, la présence de constituants variés,…

Il n'existe pas de rapports stables entre la solubilité d'une protéine et l'absorption de l'eau. De même, il ne semble pas exister de relations étroites entre la structure d'une protéine et son comportement vis-à-vis de l'eau, si l'on considère l'ensemble des protéines ; cependant, l'hydrophobicité calculée d'après l'abondance des groupements non polaires latéraux est une donnée intéressante lorsqu'on se préoccupe de propriétés fonctionnelles d'une protéine, comme nous le verrons dans la deuxième partie.

Ainsi, au cours de l'hydratation de poudres protéiques, les groupes polaires chargés s'hydratent avant les groupes polaires non chargés ; les niveaux d'hydratation varient d'une façon importante avec la nature des groupes (tableau 5.2) et avec leur position dans la molécule (résidus polaires situés en surface plus rapidement hydratables). De plus, à proximité des groupes hydrophobes, on assiste à une structuration de l'eau.

Tableau 5.2 CAPACITÉ D'HYDRATATION DES CHAÎNES LATÉRALES D'ACIDES AMINÉS DANS DES POLYPEPTIDES SYNTHÉTIQUES (MOLE H_2O/résidu) a_w 0,9..

Groupes polaires				Groupes non ionisés non polaires		Groupes non ionisables polaires	
ionisés		non ionisés					
Asp^-	6	Asp	2	Ala	1,5	Asn	2
Glu^-	7,5	Glu	2	Val	1	Gln	2
Tyr^- (pH 12)	7,5	Tyr	3	Leu	1	Pro	3
Lys^+	4,5	Lys	4,5	Phe	0	Ser	2
His^+	4	Arg	3	Ile	1	Trp	2
				Met	1		

5.6 SCLÉROPROTÉINES

Il n'existe pas de barrière nette entre sphéro- et scléroprotéines, mais les plus caractéristiques des protéines fibreuses possèdent les propriétés suivantes :

– rapport axial supérieur à 10 (longueur/diamètre pour une molécule régulière) ;
– structure moléculaire répétitive, ce qui permet l'application des techniques d'étude par la diffraction des rayons X (périodes d'identité mesurables) ;
– insolubilité dans l'eau, les solutions salines, les acides et bases dilués, les solvants organiques neutres ;
– résistance plus ou moins grande à l'action des protéases.

L'existence de ces propriétés explique le caractère fibreux (cordes étirables) et de substance de soutien ou de revêtement. Le tableau 5.3 résume les propriétés de trois types de scléroprotéines.

La fibroïne du ver à soie ou celle de l'araignée sont des protéines simples du fait de l'énorme prédominance de 3 acides aminés ; 86 % pour Gly, Ala et Ser dans le cas de la soie.

Les kératines, en hélice α, sont les principaux constituants de l'épiderme de la peau et des dérivés épidermiques ; poils, cheveux, ongles, sabots, écaille,...

Les fibres naturelles ont une constitution complexe, formées d'une association de cordes en protofibrille, chaque corde étant elle-même formée d'hélices torsadées.

Des traitements physicochimiques, modérés permettent le passage l'α-kératine à la forme β, par l'ouverture des ponts disulfures. Les coiffeurs utilisent un réducteur, comme l'acide thioglycolique, pour les « permanentes » ; les cheveux mouillés et amollis sont frisés puis un traitement par un sel oxydant (persulfate, perborate,...) stabilise une nouvelle structure α.

Tableau 5.3 TYPES DE SCLÉROPROTÉINES.

Protéine typique	1 **Fibroïne (soie)**	2 **α-Kératine (épiderme)**	3 **Collagène (muscle)**
Période d'identité (rayon X) en nm	0,65 – 0,70	0,51 – 0,54	0,28 – 0,29
Motif d'acides aminés	-Gly–Ala–Gly–Ser-		-Gly–Pro–Ala-
Résidus pour cent résidus	Gly 45 Ala 28 Ser 13	Cys 12 à 20	Gly 35 Pro 22 Ala 10
Structure secondaire	forme étirée β (feuillets plissés)	forme enroulée (hélice α)	hélice polyproline
Liaison intercaténaire	hydrogène	pont disulfure	hydrogène

Au chapitre 14, d'autres protéines de ce type (myosine, fibrinogène,...) sont traitées.

5.7 PROPRIÉTÉS BIO- ET TECHNO-FONCTIONNELLES DES PROTÉINES

L'apport azoté alimentaire est le facteur nutritionnel essentiel dans la régulation du renouvellement protéique du corps humain. La composition intrinsèque d'une protéine alimentaire, corrigée par sa digestibilité et sa vitesse d'assimilation est un des facteurs importants de régulation. La masse protéique – qui représente environ 15 % de la masse totale d'un organisme humain – varie chaque jour de quelques grammes : elle diminue à jeun (perte azotée) et est reconstituée au cours des repas.

Schématiquement, après un repas, la synthèse protéique augmente et la protéolyse diminue, conduisant donc à un gain protéique. À jeun, la situation est inverse et la protéolyse devient supérieure à la synthèse. Ces phénomènes sont régulés essentiellement par la disponibilité en acides aminés qui stimule la synthèse protéique et l'insuline qui inhibe la protéolyse et stimule la synthèse.

Les protéines du lait permettent d'illustrer cette variabilité de disponibilité en acides aminés. Les protéines du lactosérum (voir chapitre 13, § 13.7) sont dites rapides car rapidement libérées par l'estomac, puis hydrolysées dans le duodénum. À l'inverse, les caséines(§ 13.6) sont dites lentes car elles précipitent dans l'estomac, les acides aminés sont libérés lentement dans l'intestin grêle et sont absorbés de manière prolongée sur plusieurs heures.

En plus d'un rôle primaire comme source d'acides aminés essentiels, les protéines alimentaires – notamment celles du lait – contiennent dans leur séquence des peptides, qui une fois libérés par protéolyse, pourraient exercer des effets régulateurs sur certaines fonctions métaboliques ou physiologiques. Ces effets concernent les systèmes immunitaire, digestif, nerveux ou cardiovasculaire. Les activités biologiques mises en évidence sont de type opiacé ou anti-opiacé, anxiolytiques, antithrombotiques, inhibitrices de l'enzyme de conversion de l'angiotensine I (ECA), antibactériennes, antimitotiques, immunostimulantes ou chélatrices de minéraux. Néanmoins, les études cliniques sont encore limitées (études des peptides inhibiteurs de l'ECA, des phosphopeptides chélateurs de fer ou de l'activité anxiolytique de l'α-casozépine) et les mécanismes moléculaires doivent encore être éclaircis.

En technologie alimentaire, les protéines jouent également un rôle primordial. On distingue les propriétés technofonctionnelles suivantes :

1. Propriétés organoleptiques (acquisition et fixation d'arômes)
2. Solubilité et caractères annexes : mouillabilité, dispersibilité.
3. Rétention d'eau : adsorption, épaississement, gonflement.
4. Coagulation, gélification, formation de films.
5. Moussage, foisonnement.
6. Émulsification, liaison des lipides.
7. Agrégation, fibrillation, extrusion, texturation (formation de films, de fibres, d'une pâte...)
8. Autres : compatibilité avec des additifs, absence d'activités gênantes (toxique, allergique, antibiotique...), fixation d'acides aminés.

Les propriétés 2 et 3 dépendent de l'affinité pour l'eau.

Les propriétés 5 et 6 sont liées aux propriétés de surface : la réduction des tensions interfaciales est en relation avec le caractère amphiphile des protéines dont les molécules s'orientent favorablement aux interfaces eau/air et eau/huile (ou graisse).

La propriété 7 est liée aux interactions protéine-protéine ; la propriété 4 l'est aussi, mais d'une manière plus complexe, avec modification de l'affinité pour l'eau.

Les propriétés techno-fonctionnelles dépendent à la fois de la structure primaire et spatiale des protéines, mais aussi des conditions de milieu. De là, des moyens pour modifier ces propriétés :

- Changement de pH.
- Changement de concentration en ions.
- Traitement thermique.
- Hydrolyse ménagée (chimique ou enzymatique).
- Modification chimique de la protéine (greffage de radicaux, condensation d'acides aminés, oxydation...)

Dans les chapitres de la deuxième partie sont traités les aspects technologiques caractéristiques des protéines présentes dans les différents aliments.

5.8 LA PROTÉOLYSE

5.8.1 Gastro-intestinale

Les protéines sont des aliments qui ne sont absorbés qu'après une dégradation en acides aminés. Dans la digestion humaine, ce sont des enzymes protéolytiques qui interviennent dans l'estomac et dans l'intestin (tableau 5.4) :

Tableau 5.4 PRINCIPALES ENZYMES PROTÉOLYTIQUES DU SYSTÈME DIGESTIF HUMAIN.

Nom	n° E.C.	M.M. (Da)	pH optimum	Spécificité (*métal du site actif*)	Observations
Aminopeptidase	3.4.11.1	300 000	8,5	large (*Zn*)	intestinale
Carboxypeptidase A	3.4.12.2	34 000	7,5	sauf Arg, Lys, Pro (*Zn*)	pancréatique (zymogène)
Carboxypeptidase B (protaminase)	3.4.12.3	35 000	8,0	Arg, Lys (*Zn*)	pancréatique (zymogène)
Dipeptidase	3.4.13.18	47 200	7,0	dipeptides hydrophobes de préférence	intestinale
Chymotrypsine A, B	3.4.21.1	25 000	8,0	Tyr, Trp, Phe, Leu	pancréatique (zymogène)
Trypsine	3.4.21.4	24 000	8,0	Arg, Lys	
Élastase	3.4.21.7	25 000	8,0	sauf chargés et aromatiques	
Entérokinase	3.4.21.9	195 000	6,0	Lys^6-Ile^7 du trypsinogène	intestinale
Pepsine A	3.4.23.1	34 500	2,0	Phe, Leu, Tyr	stomacale (zymogène)
Pepsine C (gastricine)	3.4.23.3	31 500	3,0	plus restreint que la pepsine A	
Chymosine (rennin)	3.4.23.4	30 700	4,5	Phe, Leu	abomasum des jeunes ruminants
Cathepsine D	3.4.23.5	58 000	3,5	plus restreint que la pepsine A	protéase intracellulaire

1.1. La chaîne polypeptidique est découpée en peptides par quatre principales **endopeptidases**, selon les règles précises de spécificité :

- Pepsine A, stomacale, rompt les liaisons –CO–NH– après un résidu d'acide aminé à chaîne latérale volumineuse et plutôt hydrophobe (Phe, Leu, Tyr), avec une zone de pH optimale très basse (pH 2,0).
- Trypsine, pancréatique, coupe la liaison peptidique après un résidu d'acide aminé à chaîne latérale basique (Arg, Lys), en milieu peu alcalin (pH 8,0).
- Chymotrypsine, pancréatique, coupe la liaison peptidique après un résidu d'acide aminé à chaîne latérale volumineuse et hydrophobe (Phe, Leu, Trp, Tyr).
- Élastase, pancréatique, coupe la liaison peptidique après un résidu d'acide aminé à petite chaîne latérale non chargée.

En réalité, ces enzymes sont sécrétées sous la forme d'un zymogène inactif. L'activation résulte d'une hydrolyse limitée et d'une élimination de peptides. Dans le cas du pepsinogène, l'activation est spontanée, en milieu acide (dans l'estomac) ;

dans le cas des zymogènes pancréatiques, l'activation se fait au niveau du duodénum par une action enzymatique.

La pepsine est le type des enzymes du groupe 23 des protéases ; elle a deux résidus d'acide aspartique dans le site actif (lieu de catalyse). Les trois enzymes pancréatiques sont très voisines l'une de l'autre ; elles appartiennent au groupe 21 qui ont la sérine et l'histidine dans le site actif ; les différences dans les spécificités résultent d'un élément de structure, la « poche », qui reçoit la chaîne latérale du résidu de l'acide aminé attaqué dans la protéine.

1.2. Des **exopeptidases** réduisent la longueur des chaînes polypeptidiques et des dipeptidases coupent la dernière liaison, qui n'est pas accessible aux autres enzymes. Deux types d'enzymes, attaquant une chaîne à l'extrémité, ont été étudiés :

- Carboxypeptidase A et B, pancréatiques, détachent les résidus d'acides aminés C-terminaux, à l'exception de la proline ; elles sont sécrétées à l'état de zymogènes inactifs ; le zinc est nécessaire à leur activité.
- Aminopeptidase, intestinale, détache les résidus d'acides aminés N-terminaux ; fonctionne elle aussi avec le zinc. C'est une grosse molécule (MM : 300 000), environ 10 fois plus « lourde » que les précédentes enzymes (de 25 000 à 35 000).

Ajoutons que de nombreuses enzymes sont localisées au niveau de la bordure en brosse des cellules épithéliales dont notamment une dipeptidylpeptidase IV (E.C. 3.4.14.5) et une prolyl-endopeptidase (E.C. 3.4.13.8) qui complètent l'action des enzymes protéolytiques citées ci-dessus.

5.8.2 Technique

La protéolyse est une opération technologique fréquente dans les industries alimentaires. On utilise des enzymes très variées :

- **Enzymes d'origine animale**, obtenues par extraction d'un organe :
  - chymosine (présure) extraite de l'estomac (caillette) des jeunes ruminants non sevrés ; utilisée en fromagerie ;
  - pepsine, extraite de l'estomac du porc et, plus récemment, du bœuf, même usage que la chymosine et production de plastéine (ci-dessous) ;
  - « pancréatine », mélange des protéases du pancréas animal ; pour des usages variés.
- **Enzymes végétales** : papaïne (E.C. 3.4.22.2) et ses succédanés ficine et bromélaïne, extraits respectivement du latex du papayer et du figuier et de la tige de l'ananas, ont des usages variés : stabilisant de la bière, attendrissage des viandes, biscuiterie sèche, etc. La papaïne a été proposée pour l'obtention de « plastéine », qui est le terme consacré aux protéines de composition modifiée par l'action de la protéase sur une solution concentrée ; c'est un réarrangement qui modifie certaines propriétés.
- **Enzymes microbiennes et fongiques**. On prépare au stade de l'industrie des fermentations à partir d'espèces non dangereuses variées, trois types d'enzymes :
  - protéases neutres, actives vers pH 6,5-7,5, utilisées principalement en tannerie (confitage et délainage), brasserie, boulangerie, etc. La subtilisine est la protéase neutre de *Bacillus subtilis* ;

- protéases alcalines, pH 10,5, très employées dans l'industrie des lessives ;
- protéases acides, pH 5,0-6,0, succédanés de la présure (*Endothia parasitica*, *Mucor miehei*, *Mucor pusillus*).

NB. Les applications technologiques de la plupart de ces enzymes sont traitées dans la deuxième partie de ce livre.

5.9 BRUNISSEMENT NON ENZYMATIQUE : LA RÉACTION DE MAILLARD

Dans divers aliments, peuvent se développer un ensemble très complexe de réactions aboutissant à la formation de pigments bruns ou noirs et modifiant d'autres qualités organoleptiques comme l'odeur, la saveur. Les acides aminés et les protéines participent à certaines de ces réactions par l'intermédiaire des groupements aminés libres. Ce sont ces réactions appelées « condensation de Maillard ».

5.9.1 Biochimie des réactions

a) Schéma général de la condensation de Maillard

Un glucide et un acide aminé donnent d'abord un composé d'addition qui se transforme en glycosylamine N-substituée. Après un réarrangement d'Amadori, on obtient une molécule du type 1-amino 1-désoxy 2-cétose (fig. 5.9).

À ce stade, trois évolutions sont possibles :

- Une déshydratation intramoléculaire peut survenir (voie 1). C'est la voie la plus importante et elle donne naissance à des substances du type furfurals et déhydrofurfurals, notamment au 5-hydroxyméthylfurfural. Ces arômes qui sont produits également lors de la décomposition thermique des glucides, ne sont donc pas spécifiques de la réaction de Maillard.
- Une scission des molécules en composés carbonylés dont certains sont dépourvus d'azote, comme l'acétol, le diacétyle, le pyruvaldéhyde, peut également être observée (voie 2). Les molécules aromatiques formées ne sont pas non plus spécifiques de ces réactions.
- Une déshydratation plus modérée peut se produire (voie 3). Elle donne naissance à des substances réductrices qui sont un mélange de réductones et déhydroréductones. Ces produits peuvent réagir avec des acides aminés intacts ; ils les décarboxylent et les transforment en aldéhydes caractéristiques des acides aminés concernés. Il s'agit de la dégradation de Strecker qui engendre ainsi des arômes caractéristiques de réactions de Maillard.

b) Réactivité des différents constituants

À l'état libre, presque tous les acides aminés offrent un comportement uniforme ; cependant, certaines expériences ont montré que le groupement carboxylique de l'acide aminé aurait un effet inhibiteur sur la réactivité du groupement aminé et cet effet dépend de la distance entre les deux groupements. Les peptides et les protéines

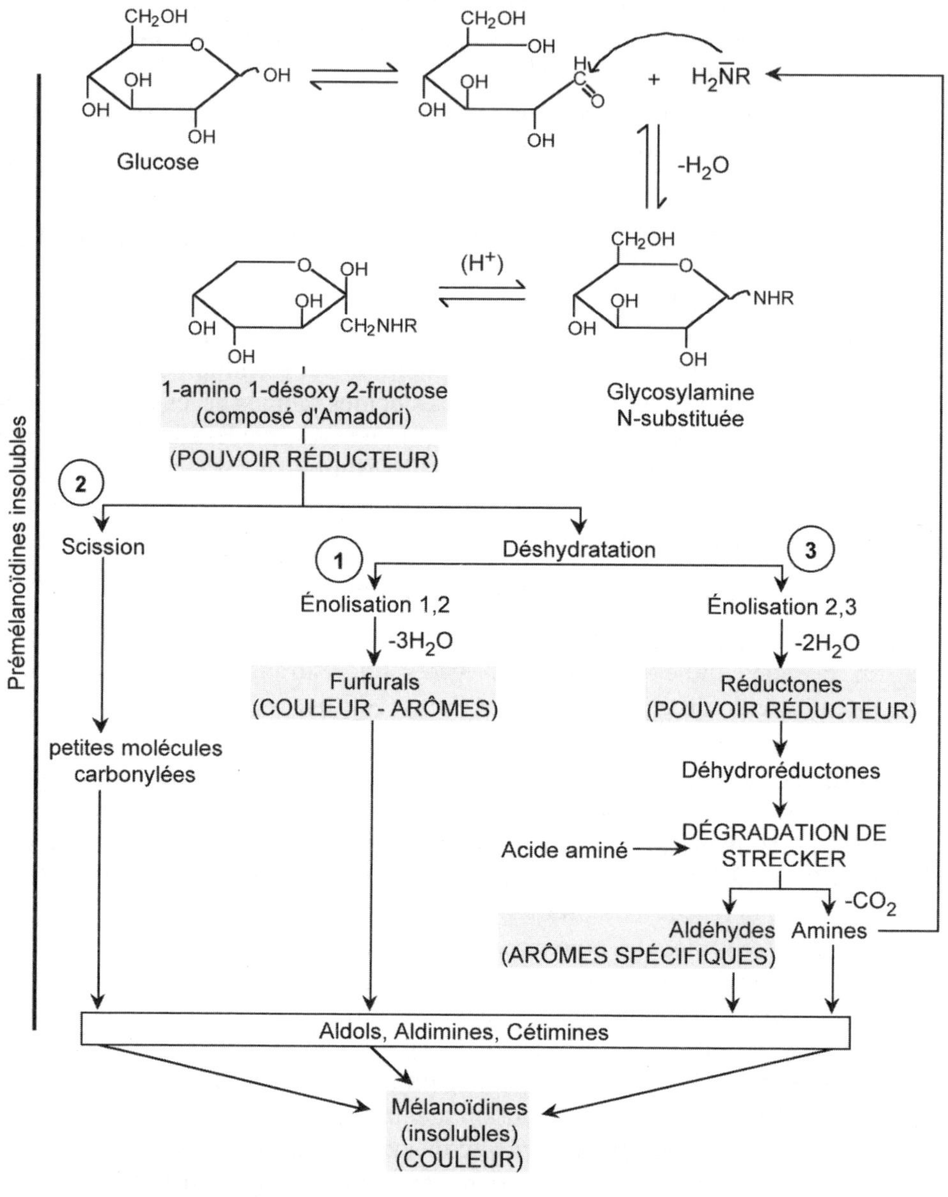

Figure 5.9 Schéma simplifié de la réaction de Maillard.

interviennent par leurs groupements NH_2 libres. Parmi les acides aminés inclus dans une chaîne polypeptidique, les basiques, notamment la lysine par son groupement ε-aminé, présentent une forte réactivité.

Dans la condensation de Maillard, la nature des glucides est un facteur plus important que celle des acides aminés. Il y a une plus forte réactivité des pentoses par rapport aux hexoses.

On trouve par ordre de réactivité décroissante :

ribose > xylose > arabinose > mannose > fructose > glucose

Les diholosides réducteurs (lactose, maltose) sont encore moins réactifs que les hexoses. Cependant, la nature de la protéine mise en jeu est capable de modifier également la réactivité du glucide.

En résumé, le comportement des produits alimentaires dépend essentiellement de leur teneur en glucides réactifs et de leur pH : les plus stables peuvent ainsi devenir sensibles à la réaction de Maillard par une addition de glucides réducteurs.

c) Facteurs influençant la réaction

La réaction est fortement stimulée aux températures élevées mais la chaleur n'est pas une condition indispensable pour le développement de la réaction de Maillard qui peut survenir aussi bien pendant les périodes de stockage. L'intensité de la réaction augmente d'une manière générale avec l'élévation du pH et la zone de pH comprise entre 6 et 8 est globalement la plus favorable.

L'eau possède toujours une influence défavorable tout d'abord par la dilution du milieu et surtout, étant l'un des produits formés par la réaction, par le rôle inhibiteur qu'elle joue. Des humidités relatives de 30 à 70 % correspondent en général aux meilleures conditions de la condensation de Maillard (chapitre 7, § 7.2.1.b).

Les métaux jouent un rôle non négligeable : certains cations inhibent la réaction comme Mn^{2+} ou Sn^{2+}, d'autres au contraire la catalysent : Cu^{2+} et Fe^{3+}.

5.9.2 Incidences de la réaction de Maillard en technologie alimentaire

Trois propriétés principales des produits formés au cours de la réaction de Maillard sont à relever :

- la couleur ;
- l'arôme et le goût ;
- le pouvoir réducteur.

a) La couleur

Les 1-amino 1-désoxy 2-cétoses (composés d'Amadori) sont incolores mais sont considérés comme des précurseurs de la couleur. En effet, quelle que soit la voie prise par la réaction de Maillard, elle se traduit finalement par une forte polymérisation des substances formées, à tel point qu'il en résulte des molécules insolubles, noirâtres et charbonneuses, dénommées mélanoïdines, qui constituent l'ultime étape de la réaction de Maillard. Par opposition, on dénomme globalement « prémélanoïdines » l'ensemble de molécules solubles formées durant le déroulement de la réaction.

Il faut préciser que la dégradation thermique des glucides (caramélisation) peut se dérouler simultanément avec la réaction de Maillard et est susceptible de donner naissance à des produits comparables à ceux mentionnés dans la figure 5.9. Le brunissement peut donc avoir une autre origine.

b) L'arôme et le goût

La réaction de Maillard provoque la formation de deux types de substances aromatiques : les furfurals et les réductones ainsi que les aldéhydes issus de la décomposition des acides aminés au moment de la dégradation de Strecker. Ces derniers sont spécifiques de ce type de réaction de brunissement non enzymatique.

La formation des arômes dépend de la nature des acides aminés entrant dans la réaction de Maillard mais également du stade exact atteint par la réaction ; chaque acide aminé est susceptible de fournir de nombreuses flaveurs, favorables ou préjudiciables sur le plan organoleptique. Elles contribuent, par exemple, pour une large part à la flaveur de la croûte de pain frais, de l'arachide grillée, du cacao, de certains fromages…

c) Le pouvoir réducteur des prémélanoïdines

Le pouvoir réducteur apparaît au cours d'une réaction de Maillard bien avant la couleur. Il a été démontré que des taux d'humidité bas et avant l'apparition du brunissement, le pouvoir réducteur était dû exclusivement aux composés d'Amadori.

Le pouvoir antioxydant des produits de la réaction de Maillard vis-à-vis des graisses végétales, en particulier de l'acide linoléique a été mis en évidence. Parmi les acides aminés, ce sont l'alanine et la proline qui se sont montrées les plus efficaces.

La réaction de Maillard produit également une variété importante de substances acides qui abaissent le pH.

Enfin, les prémélanoïdines exercent un effet catalytique sur la dégradation de Strecker, soit en provoquant directement la décarboxylation de l'acide aminé, soit en accélérant la formation des réductones déclenchant ainsi plus vite la dégradation.

Chapitre 6

Minéraux

En plus de l'eau et des macronutriments, les aliments contiennent également des matières minérales. Une vingtaine de minéraux présente un caractère essentiel chez l'Homme. Ils sont classés en 2 catégories :

- Les minéraux majeurs ou macroéléments qui sont le calcium (Ca), le chlore (Cl), le magnésium (Mg), le phosphore (P), le potassium (K) et le sodium (Na).
- Les oligo-éléments ou éléments en traces qui comprennent l'arsenic (As), le bore (B), le chrome (Cr), le cobalt (Co), le cuivre (Cu), le fer (Fe), le fluor (F), l'iode (I), le manganèse (Mn), le molybdène (Mo), le nickel (Ni), le sélénium (Se), le silicium (Si), le vanadium (V) et le zinc (Zn). Ces minéraux se trouvent en quantités inférieures à 5 g dans le corps humain.

Les apports quotidiens en éléments minéraux permettent de compenser les pertes inévitables ; une alimentation équilibrée et variée permet de garantir ces apports. Les éléments minéraux sont solubles dans l'eau d'où une perte plus ou moins importante en fonction des modes de préparation des aliments.

6.1 POINTS IMPORTANTS

En prenant en compte les données validées, les points importants des macro- et oligoéléments sont traités dans les paragraphes suivants, à savoir :

1. Quantité : apport, besoin (exprimés soit en masse, soit en milliéquivalent : mEq).
2. État : libre et échangeable, lié aux protéines et non échangeable.
3. Rôle : utile, indifférent, nuisible.
4. Régulation (mécanisme) et carence.

Tableau 6.1 VALEUR MINÉRALE DES ALIMENTS (MG POUR 100 G DE PARTIE COMESTIBLE).

	Riches		Moyens		Pauvres	
Sodium (Na ; Z = 23)	Charcuterie salée	1 000-3 000	Viande de boucherie	60-70	Pâtes crues	5
	Choucroute	600	Lait	50	Farine de blé, riz	3
	Conserves de poissons	400-750	Poissons de mer	75-100	Fruits	3
	Fromages affinés	400-850	Œufs	130	Chou, radis	10-15
	Pain	500	Épinards, céleri	100	Autres légumes	2-6
			Carotte, artichaut	50		
Potassium (K ; Z = 39)	Jambon	600	Viande de boucherie	300	Miel	5
	Lentilles	1 200	Viande de porc, lait	150	Beurre	15
	Fruits à amande	600	Légumes courants	200-300		
	Pomme de terre	500	Poissons	300		
			Pain	100		
			Fruits	150-300		
Calcium (Ca ; Z = 40)	Fromage : Comté	1 000	Lait	125	Pomme, pêche	7
	Fromage : Roquefort	700	Fromage frais	170	Fruits (autres)	25-50
	Poissons	300	Oignon, cresson	100-200	Viandes	15
			Poireau	60	Pain, pâtes	20
					Jambon	10
Magnésium (Mg ; Z= 24)	Cacao, soja	300-400	Maïs, avoine	125	Viandes	35
	Amandes	250	Pain complet	90	Poissons	20-30
			Pain blanc	60	Lait	12
			Légumes	4-80		
Phosphore (P ; Z=31)	Fromage : Comté	600	Lait, pain	100	Fruits pulpeux	20-30
	Soja	600	Pâtes crues	165	Beurre	15
	Fruits à amande	450	Légumes	80-120		
	Roquefort, lentilles	400	Viandes, poissons	200		

5. Corrélation avec des maladies.
6. Élimination : urinaire, fécale,…

Le tableau 6.1 donne la composition de quelques aliments caractéristiques de trois groupes de valeurs de 5 macroéléments : Na, K, Ca, Mg et P. Le chlore n'est pas cité, car il varie à peu près comme le sodium. Les deux aliments les plus courants, le pain et le lait, sont mentionnés cinq fois ; on voit que les variations ne sont pas en parallèle ; dans le pain, il y a 10 fois plus de sodium, mais 6 fois moins de calcium que dans le lait. Le tableau 6.2 donne des fourchettes de valeurs biologiques.

Tableau 6.2 APPORTS NUTRITIONNELS MINIMA ET LIMITE DE SÉCURITÉ EN CERTAINS MINÉRAUX ET OLIGOÉLÉMENTS (*).

	Apport nutritionnel minima	Limite de sécurité
Calcium (mg/j)	200-300 (enfants) 400 (adultes)	2 000-2 500
Cuivre (mg/j)	0,2-0,3 (enfants) 0,6 (adultes)	10-35
Fer (mg/j)	7-8 (enfants) 14-30 (femmes) 10-12 (hommes)	
Magnésium (mg/j)	34-110 (enfants) 150 (adultes)	750
Manganèse (mg/j)	0,75	4-10
Molybdène (μg/j)	17,5	200-400 (enfants) 600 (adultes)
Sélénium (μg/j)	4-10 (enfants) 20 (adultes)	90-250 (enfants) 150-300 (adultes)
Sodium (g/j)	0,57	3,15-3,5
Zinc (mg/j)	1,6-3,6 (enfants) 4-5 (adultes)	10-30 (enfants) 25-60 (adultes)

(*) Synthèse de valeurs recommandées par l'AFSSA (Agence française de sécurité sanitaire des aliments) et des organismes internationaux.

6.2 MACROÉLÉMENTS

6.2.1 Sodium

Dans le milieu extracellulaire, c'est le principal cation ; par litre d'eau, il y en a 14 fois plus que dans le milieu intracellulaire (140 et 10 mEq respectivement).

Les apports alimentaires varient considérablement selon les contrées ; cependant, la concentration est bien régulée pour des apports allant de 1 à 10. L'excès de l'apport en sodium est en corrélation avec l'hypertension artérielle chez l'Homme.

L'élimination urinaire est la seule qui se produise normalement, sauf lorsque le sujet a subi des exercices physiques intenses ou est placé dans une atmosphère chaude (pertes cutanées).

Les aliments végétaux naturels sont pauvres en sodium, en dehors de quelques espèces de légumes (bette, céleri, pissenlit, épinard) ; les fruits sont tous très pauvres. À noter que les conserves de légumes sont salées ; elles contiennent de 300 à 400 mg de Na pour 100 g. Les produits de charcuterie sont fortement salés et sont proscrits dans les régimes désodés. Ils sont cependant appréciés des humains qui ont un appétit spécifique pour le sodium.

Contrairement aux idées reçues, les poissons frais, même marins, n'ont pas une teneur élevée en sodium : 70 à 100 mg de Na pour 100 g. Il ne faut donc pas forcément les exclure des régimes sans sel ou même très contrôlés en sodium.

En résumé, le sodium de l'alimentation provient de plusieurs sources :

- le sodium présent naturellement dans les aliments : environ 20 % des apports totaux de sodium ;
- le sel ajouté lors de la fabrication pour donner du goût aux aliments, pour les conserver en empêchant les micro-organismes indésirables de se développer, ou encore pour ses propriétés technologiques (texture...) : environ 70 % des apports totaux ;
- le sel ajouté pour la cuisson et l'assaisonnement environ 10 %.

6.2.2 Potassium

Il se distingue beaucoup du précédent :

- il est essentiellement intracellulaire (plus de 90 % du total) ;
- il n'y a pas de carence d'apport ; on le trouve dans les légumes et dans la viande en quantités comparables ;
- il n'y a pas d'appétit spécifique ;
- la régulation du potassium sanguin n'est pas étroite.

L'élimination est presque entièrement urinaire, comme celle du sodium ; les sels diurétiques font éliminer à la fois K et Na. Il n'y a que très peu d'aliments naturels pauvres en potassium et moins dans les aliments en conserve que dans les aliments frais.

6.2.3 Calcium et phosphore

Ces deux éléments sont liés parce que leur absorption commune est favorable à chacun d'eux. Le rapport Ca/P idéal est voisin de 1,7. Les produits laitiers (lait, fromages, yaourt) sont très favorables à ce point de vue. Notons que les poissons sont généralement plus intéressants que les viandes pour l'apport en phosphore (au moins 250 mg pour 100 g), en calcium et en magnésium (pour ces deux nutriments : 20 à 30 mg pour 100 g de chair).

- **Le calcium** est surtout un constituant du squelette (la quantité de calcium osseux passe de 30 g à la naissance à 400 g à l'âge de 10 ans pour atteindre 1 kg environ à l'âge adulte) ; 99 % du calcium corporel est en effet contenu dans les os et le 1 % restant joue un rôle essentiel dans de nombreuses fonctions vitales de l'organisme (coagulation du sang, activité musculaire et cardiaque, pression artérielle, transmission de l'influx nerveux au muscle, fonctionnement de nombreuses enzymes...). La teneur en calcium du plasma sanguin est étroitement régulée à 100 mg/L.

Pour être absorbé par l'intestin, le calcium doit se trouver sous une forme soluble. Il est essentiellement absorbé dans le premier tiers de l'intestin grêle. Le calcium des produits laitiers est particulièrement bien absorbé. La plupart des végétaux (sauf le chou frisé) contiennent des substances rendant leur calcium insoluble et donc peu absorbable (phytates : son, céréales, soja, haricots ; oxalates : épinards, rhubarbe, cresson, oseille ; tannins : thé,...).

L'absorbabilité calcique chez l'homme est donc très variable : 25 à 33 % pour le lait et les produits laitiers ; épinards et cresson : 5 à 13 % ; chou frisé : 29 à 32 % ; eaux minérales sulfatées calciques : 32 %. Pour comparer les différentes sources, il faut tenir compte de la teneur en calcium des aliments, de la présence d'autres minéraux entrant en compétition avec le calcium (magnésium, ...), de l'absorbabilité du calcium mais aussi de sa biodisponibilité : si le calcium du chou frisé est aussi bien absorbé que celui du lait, ce chou en contient trois fois moins.

- **Le phosphore,** outre sa parenté avec le calcium dans le squelette, est important par son rôle dans les métabolismes. Son absorption dépend de la vitamine D ; mais la carence en phosphore ne paraît pas exister. Sa répartition, parmi les aliments, est meilleure que celle du calcium.

  Dans l'organisme, le phosphore est toujours présent sous forme de phosphates, tricalcique dans les os, phosphoprotéines, phospholipides et acides nucléiques dans la partie cellulaire. D'où l'importance des enzymes du cycle des phosphates, phosphatases et protéine-kinases.

  L'élimination urinaire est régulée par voie hormonale ; mais non par l'excrétion fécale.

6.2.4 Magnésium

Le magnésium joue un rôle important en tant que cofacteur dans de nombreuses réactions enzymatiques, dans la synthèse des protéines et des acides nucléiques et a un effet protecteur et stabilisant sur les membranes. Il est également considéré comme essentiel dans l'homéostasie des ions calcium, potassium et sodium.

L'évolution de l'alimentation provoque une diminution de l'apport (pain complet 90, pain blanc 60 mg pour 100 g). Les fruits oléagineux secs et le cacao sont des sources importantes de magnésium (plus de 100 mg pour 100 g).

Le contenu du corps humain est de 25 à 30 g, dont une moitié dans l'os, peu échangeable. La tolérance aux écarts est plus grande que dans les minéraux précédents.

6.3 SOURCES ALIMENTAIRES ET RÔLES DES PRINCIPAUX OLIGO-ÉLÉMENTS

Les oligo-éléments sont des métaux ou des métalloïdes jouant un rôle précis et essentiel dans les processus biologiques. Ils peuvent :

– être cofacteurs enzymatiques ;

– être cofacteurs hormonaux ;
– être nécessaires à des protéines structurales ;
– stabiliser la structure de nucléotides ou des acides nucléiques.

6.3.1 Fer

Le fer est sans doute parmi les micronutriments celui dont la couverture des besoins pose, dans l'espèce humaine, le plus de problèmes pratiques à résoudre. Les enfants (avant tout en période de croissance rapide), les femmes en âge de procréer et surtout les femmes enceintes constituent les principaux groupes à risques de déficience en fer.

Le corps d'un homme adulte contient en moyenne 3,8 g de fer et celui d'une femme 2,3 g. Environ 70 % de ce fer constitue le fer fonctionnel et 30 % le fer de réserve.

Le fer fonctionnel intervient dans plusieurs fonctions biologiques, en particulier dans le transport de l'oxygène par les globules et son stockage dans les muscles. Il est nécessaire au fonctionnement des protéines à groupement hème (hémoglobine, myoglobine, cytochromes) (voir chapitre 14, § 14.3 et 14.6), d'enzymes du métabolisme des catécholamines (adrénaline, dopamine, noradrénaline) et d'enzymes de réplication de l'ADN.

Le fer de réserve est mobilisé pour compenser les pertes de fer fonctionnel. Il est stocké dans le foie, la moelle et la rate.

La seule source de fer est d'origine alimentaire. L'alimentation apporte le fer sous deux formes : héminique (associé à un groupement hème) et non héminique (fer divalent ou trivalent) :

- Le fer héminique qui fournit de l'ordre de 15 à 25 % du fer alimentaire dans les régimes des pays développés, se trouve dans les viandes et poissons et présente une bonne biodisponibilité (20 à 30 % sont absorbés).
- Le fer non héminique est présent dans les céréales, les légumes, les fruits et les produits laitiers. Il représente l'apport complémentaire de fer dans l'alimentation mais sa biodisponibilité dépend de la présence dans le repas de substances qui la favorisent (acides organiques, acide ascorbique) ou la compromettent (tannins, phytates, certaines fibres…).

Plusieurs pathologies sont associées à l'excès de fer dans l'organisme ou surcharge en fer (environ 10 fois les valeurs normales). On observe ces pathologies chez les personnes atteintes d'une maladie : l'hématochromatose.

6.3.2 Cuivre

Le cuivre joue un rôle vital dans divers métabolismes. Il est connu pour intervenir notamment dans la qualité des cartilages, la minéralisation des os, la synthèse et la régulation de peptides neurotransmetteurs, l'immunité et le métabolisme du fer. Le cuivre qui entre dans la constitution de nombreuses enzymes, a un rôle important au niveau du métabolisme oxydatif du glucose et est donc à ce titre essentiel au fonctionnement du myocarde.

Les aliments riches en cuivre (teneur supérieure à 1 mg/100 g) sont les noix, le chocolat et, surtout, le foie, les crustacés et les huîtres. Relevons que les apports par des eaux douces circulant dans des canalisations en cuivre peuvent atteindre 1,4 mg/j !

6.3.3 Zinc

Cet oligo-élément entre dans la constitution dc nombreuses enzymes (ou comme cofacteur) qui jouent un rôle essentiel dans le métabolisme des acides nucléiques, des protéines, des glucides et des lipides. Il joue un rôle majeur dans la croissance et le développement, la maturation testiculaire, les fonctionnements neurologiques et l'immuno-compétence. Son impact physiologique le plus important se situe dans toutes les étapes de la synthèse protéique, dans l'activité des ARN et ADN polymérases ainsi que le déclenchement de la lecture du génome par l'intermédiaire des protéines « à doigts de zinc ». Le zinc joue également un rôle dans la protection contre les radicaux libres de l'oxygène et son déficit pourrait avoir un effet dans le risque de maladies cardiovasculaires et de cancers.

La teneur en zinc des aliments est très variable : les aliments les plus riches sont les poissons, les viandes et les céréales complètes.

6.3.4 Sélénium

Le sélénium ayant des propriétés proches du soufre remplace celui-ci dans la structure de la méthionine et de la cystéine (voir chapitre 5, § 5.1) ; les sélénométhionines et les sélénocystéines sont les formes prédominantes du sélénium alimentaire.

La sélénocystéine entre dans la constitution d'un petit nombre d'enzymes, comme la glutathion peroxydase, Cet oligo-élément entre dans la constitution de la glutathion peroxydase, enzyme qui protège la membrane cellulaire contre les altérations dues à l'oxydation. Le sélénium contribue au maintien de l'intégrité des muscles squelettique et cardiaque et du spermatozoïde ; il joue également un rôle dans le métabolisme hépatique des xénobiotiques et dans la détoxification des métaux lourds. Les déficiences sévères observées dans des zones dont la teneur en sélénium est très faible (Nord de la Chine, Nouvelle-Zélande, Finlande) peuvent entraîner des atteintes cardiaques, osseuses et neuromusculaires.

Les aliments riches en protéines (viandes, poissons, œufs) et à un degré moindre les céréales représentent l'apport principal en cet oligo-élément.

6.3.5 Chrome

La plupart du chrome présent dans les aliments se trouve sous forme de chrome trivalent qui est un oligoélément essentiel. La forme hexavalente est toxique à de plus faibles concentrations mais n'est normalement pas retrouvée dans les aliments. Nécessaire au métabolisme glucidique, lipidique et des acides nucléiques, le chrome est surtout connu pour jouer un rôle important dans l'homéostasie glucidique via un effort potentialisateur de l'insuline.

Le chrome est présent dans les aliments sous forme inorganique et organique. Le foie et les viandes, le jaune d'œuf, la levure de bière, les graines et les noix représentent les sources alimentaires les plus riches en chrome.

6.3.6 Iode

Élément déterminant dans la synthèse des hormones synthétisées par la glande thyroïde, une déficience dans l'apport alimentaire en iode aura pour conséquence non seulement des altérations dans la fonction de cette glande mais également dans le développement physique et mental des individus.

La teneur la plus élevée en iode est retrouvée dans les fruits de mer où elle peut atteindre 800 mg/kg. Les autres sources d'iode sont les œufs, le lait, la viande et les céréales.

6.3.7 Manganèse

Oligoélément essentiel à l'homme mais il devient toxique lorsque la consommation est trop importante.

Les besoins journaliers pour un adulte sont de l'ordre 1 à 2 mg. La limite de sécurité est comprise entre 4 et 10 mg par jour. Un excès de manganèse se traduit par des troubles du système nerveux.

Cofacteur d'enzymes importantes dans la lutte contre le stress oxydant (par exemple, la superoxyde dismutase), il entre également, chez les micro-organismes, dans la biosynthèse de la vitamine B_1 (thiamine) et de la vitamine E.

Ce micronutriment est présent dans le riz, l'avocat, les haricots, les épinards, les noix, les olives et le thé.

6.3.8 Molybdène

Le molybdène intervient au niveau du métabolisme des acides aminés soufrés et des purines.

Les sources alimentaires majeures sont le sorgho, les légumes feuilles, les légumes secs, les graines de céréales, le lait, les œufs et les abats.

6.4 ACTIVITÉS BIOLOGIQUES DES ÉLÉMENTS MINÉRAUX

Les différents métaux bioactivateurs dans le métabolisme de l'être vivant se situent dans le tableau de classification périodique entre le sodium et le zinc. Les complexes formés entre des molécules organiques et ces cations métalliques jouent un rôle dans différentes activités biologiques.

On peut les classer en quatre types :

- Le cation métallique, grâce à ses électrons de liaisons dans les orbitales les plus externes, peut former un **complexe « transporteur »** qui libère facilement la molécule transportée en présence d'un accepteur. Dans un tel complexe – par exemple, l'hémoglobine –, le cation métallique central ne change pas de valence lors de sa liaison avec le substrat.
- Le complexe enzyme-métal-substrat est un **complexe de transfert de charge**. Dans un tel complexe, le transfert de charge peut se produire transitoirement entre le substrat et le cation métallique par délocalisation des électrons mobiles à l'intérieur du substrat. Le transfert de charge peut également se produire entre deux molécules de substrats par l'intermédiaire des orbites du cation métallique central.

  Le cation métallique central est l'élément énergétique de la catalyse enzymatique et la partie organique qui constitue l'enzyme proprement dite « choisit » le cation métallique et son substrat selon sa stéréochimie. Notons que certains éléments métalliques sont indissociables, alors que d'autres sont dissociés de l'enzyme après la catalyse et de ce fait peuvent se lier à d'autres enzymes.

  L'un des intérêts de ce type de complexe est d'isoler dans le milieu cellulaire une réaction et ainsi plusieurs réactions enzymatiques peuvent se dérouler simultanément.

  Dans un certain nombre de mécanismes physiologiques, il existe un couplage entre des cations métalliques appartenant au même groupe chimique. Dans la plupart des cas, on observe un antagonisme entre les deux éléments : alors que l'un active la réaction, l'autre provoque une inhibition. Par exemple, les ions Mg^{2+} activent la libération des groupements phosphate par les transphosphorylases alors que les ions Ca^{2+} inhibent la réaction et même activent la réaction inverse.
- Les cations métalliques peuvent former avec des molécules organiques des **complexes « sandwichs »** dans lesquels ils les maintiennent en couches parallèles en donnant à l'ensemble une structure ordonnée. Par exemple, les ions Mg^{2+} permettent la transduction de l'énergie lumineuse en énergie électronique transmissible dans les couches chlorophylliennes. Cette énergie est ensuite transformée en énergie chimique nécessaire pour les réactions organiques. Les cations métalliques jouent, à l'instar des cations métalliques présents dans les semi-conducteurs, le rôle de « trous » positifs.
- Dans les **complexes échangeurs de cations**, les ions métalliques ayant la plus forte électroaffinité (représente l'énergie libérée lorsqu'un électron est additionné à un atome pour former un ion négatif) déplacent les autres. Ainsi, dans la pompe à sodium, les cations K^+, libérés dans la solution externe, vont déplacer les ions Na^+ dans la membrane neurale.

Chapitre 7

Eau

L'eau qui représente le constituant le plus important de tous les êtres vivants donne à la matière vivante sa fluidité ce qui permet et facilite les échanges et les mouvements dans la cellule. Elle représente 50 % du protoplasme et sert de véhicule aux sels, aux substances organiques et aux gaz en solution. La proportion de l'eau dans les tissus est très variable : 22 % dans les os, 69 % dans le foie, 75 % dans les muscles, 82 % dans les reins. La quantité d'eau dans les tissus est souvent en relation avec l'intensité de l'activité biologique de l'organe. Imbibant les tissus, elle participe et est indispensable aux phénomènes osmotiques et aux échanges thermiques.

La teneur en eau des aliments est très variable : 10 à 20 % dans les céréales, 60 à 75 % dans les viandes et chairs d'animaux, 80 à 96 % dans les fruits et légumes frais, 90 à 95 % dans les champignons comestibles.

L'eau n'apportant aucune valeur énergétique à l'aliment et étant de mauvaise conservation, il convient souvent de réduire sa teneur au maximum. Contrairement aux produits naturels, les denrées manufacturées risquent d'avoir une teneur en eau variable s'il n'y a pas une législation des teneurs en eau (*ex.* humidité maximale des beurres et margarines en France : 16 %), il conviendra donc de contrôler la teneur en eau des aliments au cours de leur transformation et lorsqu'ils sont commercialisés.

De plus, l'eau intervient sur les propriétés sensorielles des aliments (texture, saveur, comportement des arômes…) en agissant comme agent structurant, plastifiant ou encore comme agent dispersant dans le milieu réactionnel d'un grand nombre de réactions chimiques impliquées au cours de la conservation et de la transformation des aliments ou enfin comme milieu caloporteur lors de procédés de cuisson.

7.1 PROPRIÉTÉS DE L'EAU DANS LES ALIMENTS

7.1.1 Propriétés fondamentales de l'eau

a) Structure

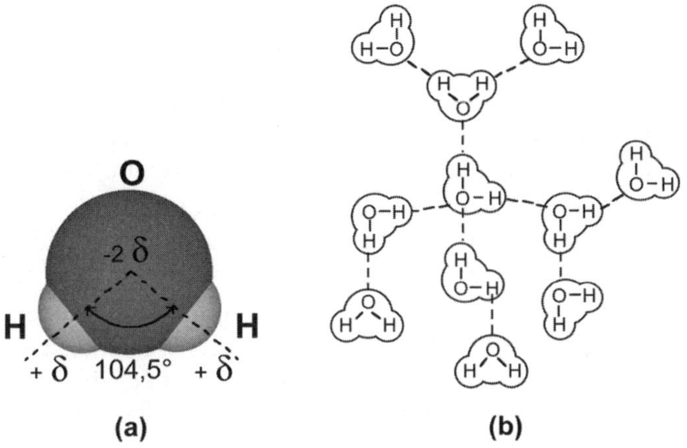

Figure 7.1 **(a)** Structure d'une molécule d'eau.
(b) Des molécules d'eau en solution interagissant entre elles à travers des liaisons hydrogènes, ce mode d'union peu rigide, facile à faire et à défaire, qui relie entre elles deux molécules d'eau (ou d'autres molécules) et qui correspond essentiellement à des attractions électriques.

Comme on l'observe sur la figure 7.1, la molécule d'eau possède – du fait de sa conformation – un caractère partiellement ionique avec séparation des charges. La molécule se comporte comme un « dipôle électrique ». Dans un champ électrique, les dipôles s'orientent et « neutralisent » partiellement le champ appliqué.

Ainsi, à la température ambiante la constante diélectrique de l'eau est de 80, ce qui veut dire que deux charges électriques opposées s'attirent dans l'eau avec une force 80 fois plus faible que dans l'air.

L'eau a un pouvoir solvant élevé des substances ioniques et polarisées (cristaux ioniques) :
- elle se fixe sur tous les ions en formant des hydrates ;
- elle se fixe par liaisons hydrogène sur les macromolécules hydrophiles possédant des groupes OH, NH_2... ;
- les substances non miscibles à l'eau peuvent former des liaisons hydrophobes.

b) Distinction entre eau libre et eau liée

Une partie de l'eau dosable n'a pas les mêmes propriétés que le reste (eau libre) car elle reste fixée sur les macromolécules par forces de Van der Waals et liaisons hydrogène.

Selon l'état de l'eau (libre, d'hydratation ou liée), les propriétés physiques et chimiques varient. Ainsi, l'eau liée a perdu son pouvoir solvant, elle échappe à la congélation car les énergies de liaisons eau-molécules sont supérieures à celles existant entre les molécules d'eau dans la glace.

c) Propriétés physiques et chimiques de l'eau intervenant en technologie alimentaire

Lors de la cuisson, de la stérilisation, de la concentration, de la déshydratation ou de la congélation des aliments, ce sont les propriétés concernant les changements d'état et les transferts de chaleur et de matière qui sont impliquées : chaleur spécifique, chaleur latente de fusion et de vaporisation, conductibilité thermique, viscosité…

À ce propos, il convient de rappeler que la propriété qui fait la différence fondamentale entre l'eau et la glace est la densité. La différence de densité est liée au problème du nombre de voisins oxygène d'un atome d'oxygène : 4 pour la glace et 4,4 pour l'eau.

Lors de l'introduction dans l'eau d'espèces chimiques et biochimiques différentes, ce sont les propriétés de solvant qui sont concernées : constante diélectrique, moment dipolaire, tension superficielle, propriétés colligatives. Il en résulte une élévation du point d'ébullition, un abaissement du point de congélation et de la tension superficielle, une augmentation de la viscosité.

7.1.2 Disponibilité de l'eau dans les aliments

a) Activité de l'eau

Les constituants biochimiques peuvent donc mobiliser partiellement l'eau en l'empêchant de se vaporiser et en diminuant sa réactivité chimique.

L'état de l'eau dans un aliment a autant d'importance que la teneur en eau. La « disponibilité » est définie par « l'activité » a_w, elle-même définie par l'abaissement de pression partielle de vapeur créé par l'aliment :

$$a_w = \frac{P_w}{P_w^0}$$

P_w = pression partielle de l'eau dans l'aliment ;

P_w^0 = pression partielle de l'eau pure à la même température.

En enceinte close, il y a égalité entre activité de l'aliment et pression partielle de vapeur exercée par l'aliment.

En fait :

$$a_w = \frac{\text{humidité relative d'équilibre (en \%)}}{100}$$

L'activité de l'aliment placé dans l'air équivaut à l'humidité relative à l'équilibre (HRE) de l'air.

La plupart des espèces chimiques abaissent l'activité de l'eau plus que la théorie ne le laisse prévoir : ceci est dû aux interactions avec l'eau et à la mauvaise dissociation des électrolytes. L'activité de l'eau dépend légèrement de la température. Cependant lorsqu'une solution diluée est congelée, l'activité de l'eau de la phase liquide résiduelle dépend uniquement de la température de congélation.

b) Comportement de l'eau dans les aliments

➤ Isotherme d'adsorption

C'est une courbe représentant à l'équilibre :
- la quantité d'eau retenue par un aliment en fonction de l'humidité à une température donnée ;
- la pression partielle de vapeur d'eau exercée par l'eau de l'aliment.

Relation entre isothermes d'adsorption et l'eau dans les aliments

L'isotherme d'adsorption (ou de sorption) peut être divisée en deux parties :
- Pour $0 < a_w < 0{,}2\text{-}0{,}3$, l'eau est fortement retenue à la surface des molécules du soluté sous forme d'une couche monomoléculaire d'eau fixée sur des groupes polaires ($-NH_3^+$ et $-COO^-$ des protéines, OH des glucides, eau de cristallisation des sels et de certains glucides). L'eau liée représente environ 3-10 g/100 g de poids sec.
- Pour $a_w > 0{,}2\text{-}0{,}3$, l'eau est faiblement liée.

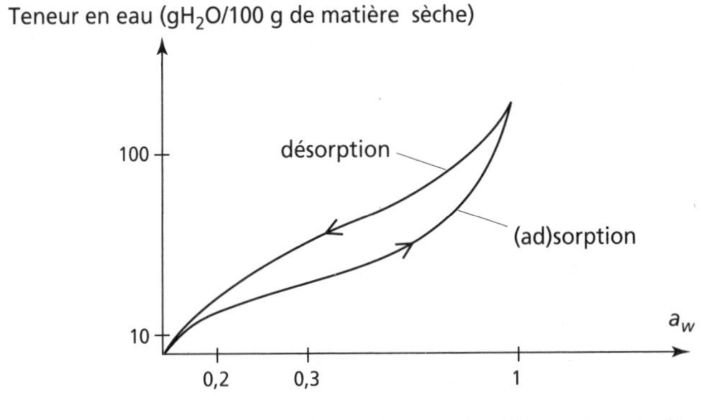

Figure 7.2 Isothermes d'adsorption et de désorption de l'eau.

Cependant, bien que libre, elle ne quitte pas facilement les tissus animaux et végétaux ; elle se trouve sous forme de gels et sa rétention est influencée par le pH, la force ionique, la nature des sels et certaines altérations.

Phénomènes d'hystérésis

Les courbes de sorption et de désorption ne coïncident pas ; en effet, lors de la désorption, l'équilibre s'établit, pour une même teneur en eau, à une pression de vapeur plus faible que lors de l'adsorption. Le phénomène d'hystérésis ne s'observe que pour des activités de l'eau supérieures à 0,2-0,3, c'est-à-dire lorsque l'eau est faiblement liée. De plus, ce phénomène décroît lorsque des cycles de sorption-désorption sont répétés sur le même échantillon.

Ce phénomène s'explique notammment par le fait que le diamètre des pores des tissus étant plus faible en surface qu'en profondeur, la pression de vapeur d'eau nécessaire au remplissage est plus élevée que celle à laquelle ils se vident. Ces pressions partielles dépendent du diamètre de l'orifice et de la tension superficielle.

Influence de la température sur les isothermes : chaleur de sorption

La variation de la pression partielle de vapeur d'eau de l'eau pure en fonction de la température est donnée par l'équation :

$$\frac{\mathrm{d}\ln(a_w)}{\mathrm{d}\left(\frac{1}{T}\right)} = -\frac{Q_s}{R}$$

avec, R = constante des gaz parfaits et T = température.

On peut donc déduire la chaleur d'adsorption Q_s pour une teneur en eau déterminée. Notons que Q_s s'accroît avec la déshydratation et devient très élevée pour la couche monomoléculaire d'eau liée.

➤ Intérêt des isothermes en technologie alimentaire

Ces courbes permettent :

- la prévision de l'activité de l'eau dans les mélanges complexes ;
- la prévision du comportement d'un aliment au cours d'un traitement technologique ou du stockage dans des atmosphères à humidité variable.

Prenons quelques exemples :

1. Réhydratation d'un produit déshydraté.

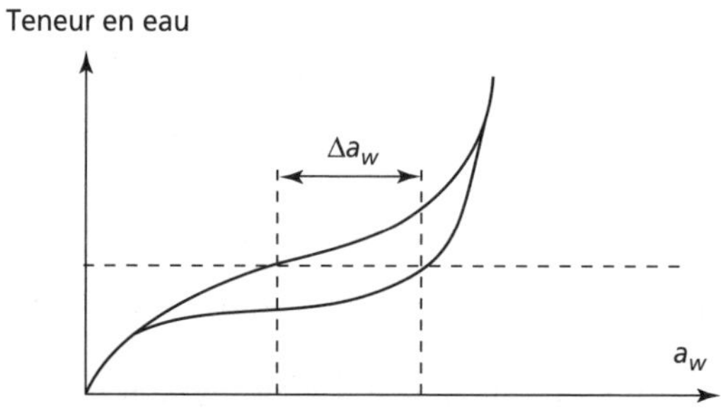

Figure 7.3 Réhumidification d'un produit déshydraté.

On constate que pour une même teneur en eau, le produit réhumidifié a une activité plus grande que le produit partiellement déshydraté. C'est notamment le cas des fruits et légumes qui sont des aliments riches en glucides et sels.

2. Prévision de l'influence des variations de température sur l'activité de l'eau d'un échantillon en emballage étanche (humidité constante).

À l'humidité constante et pour des activités de l'ordre de 0,4-0,5, une augmentation de température accroît l'activité.

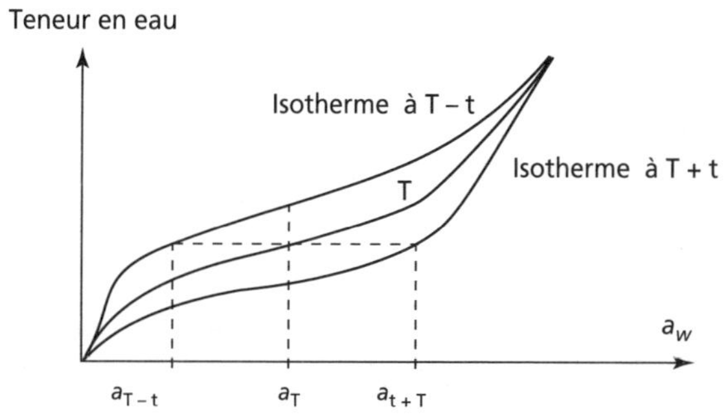

Figure 7.4 Influence des variations de température sur l'eau.

À activité constante (hygrométrie constante), une augmentation de température déshydrate le produit et inversement.

L'influence de la température sur a_w reste cependant faible. A relever que si pour la plupart des produits, a_w augmente avec la température, à teneur en eau constante, le comportement inverse est observé pour les produits riches en graisses.

3. Prévision de l'eau absorbée par un produit déshydraté si l'emballage est perméable à la vapeur d'eau.
4. Prévision de la stabilité des denrées alimentaires. Une stabilité maximale est en général obtenue lorsqu'il ne subsiste que la couche monomoléculaire d'eau (eau liée) ce qui correspond à une activité de l'eau de 0,1 à 0,2 (aliments lyophilisés).

➤ Influence de la composition et de l'état physique de l'aliment sur la fixation de l'eau

Le tableau 7.1 rassemble les valeurs de disponibilité de l'eau dans quelques produits alimentaires. On constate que la composition des aliments influence de façon notable ces valeurs. Ainsi, les protéines et l'amidon retiennent plus d'eau pour de faibles activités d'eau que les lipides et les substances cristallines. Les fruits déshydratés riches en glucides sont surtout hygroscopiques au-dessus d'une certaine activité ($a_w > 0,3$).

Tableau 7.1 DISPONIBILITÉ DE L'EAU (a_w) dans quelques produits alimentaires.

Viande fraîche	0,99
Pâté de foie, fromages à point	0,95
Saucisse de Francfort	0,93
Jambon de Paris	0,91
Pâtisseries fraîches	0,89
Porc fumé	0,87
Confitures	0,86
Saucisson sec (28-34 % d'humidité)	0,84

Tableau 7.1 Disponibilité de l'eau (a_w) dans quelques produits alimentaires. *(Suite)*

Lait concentré sucré	0,83
Aliments congelés	0,81
Jus de fruits concentrés	0,79
Cakes aux fruits	0,78
Miel	0,74
Viandes séchées (15-16 % d'humidité)	0,72
Sirops sucrés	0,70
Pâtisseries sèches	0,69
Céréales	0,66
Fruits secs, glaces	0,65

Pour ne développer que le comportement des protéines vis-à-vis de l'eau, des caractéristiques telles que l'hydrophobie et la charge électrostatique globale jouent un rôle important dans la structure, la stabilité et la solubilité des protéines. En conséquence, elles interviennent dans des propriétés technofonctionnelles aussi importantes que le pouvoir de rétention d'eau, moussant, gélifiant et émulsifiant des protéines (fig. 7.5).

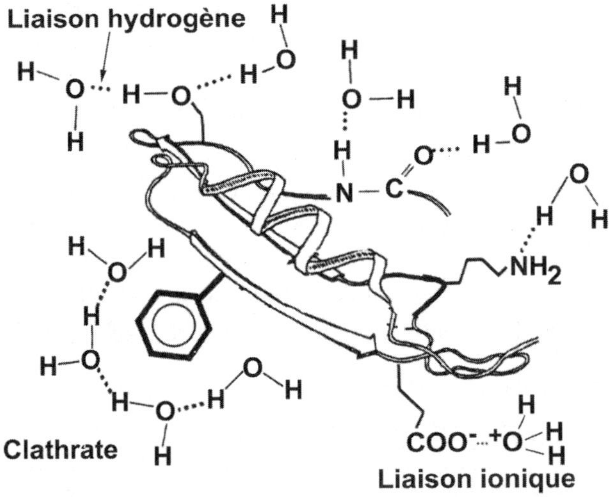

Figure 7.5 Interaction des protéines avec les molécules d'eau.

De même, l'état physique est un des facteurs influençant la fixation de l'eau. À activité égale (hygrométrie constante), le saccharose amorphe fixe plus d'eau que sous forme cristallisée. La transition entre ces deux formes au cours du temps (cristallisation du chocolat, du miel, des pâtes de fruits…) libère de l'eau et des substances volatiles solubilisées…

Par ailleurs, les traitements technologiques, les modifications du milieu font varier les teneurs en eau des aliments. Par exemple, le chauffage préalable des amidons améliore la gélatinisation par une absorption d'eau plus élevée ; les changements de pH et de force ionique provoquent des changements de la conformation des chaînes protéiques d'où un gonflement des gels... ou le minimum de rétention observé au pH isoélectrique.

Certains agents dépresseurs modifient l'activité de l'eau sans changer la teneur – par suite de la « mobilisation » d'une fraction – de celle-ci. L'addition de NaCl, saccharose, glycérol, propylène glycol abaisse l'activité. Ces additifs sont surtout utilisés dans les aliments à humidité intermédiaire (AHI) (15 à 35 % d'eau avec un a_w de 0,6 à 0,8) de longue conservation (biscuits, dattes, pâtes de fruits, saucisson...). Ils ont une grande stabilité, sans pasteurisation ni réfrigération ; on peut les conserver plusieurs mois en emballage adéquat. Ils présentent une structure souple et n'exigent aucune préparation avant consommation.

Selon une tendance actuelle, les aliments sont classés en trois catégories en fonction de la valeur de a_w :

- AHF : aliment à humidité faible : $a_w < 0{,}50$;
- AHI : aliment à humidité intermédiaire $0{,}5\text{-}0{,}6 < a_w < 0{,}8\text{-}0{,}9$;
- AHE : aliment à humidité élevée $a_w > 0{,}90$.

NB. On a pris l'habitude d'appliquer la notion d'a_w à des produits alimentaires comme, les produits à teneur en eau réduite, les préparations contenant une phase émulsionnée... Or, ces produits ne sont pas en état d'équilibre thermodynamique. L'utilisation de l'a_w dans ces conditions n'est pas rigoureuse d'un point de vue théorique, mais s'est révélée très intéressante au plan pratique. Dans ces conditions de pseudo-équilibre, il est recommandé d'utiliser alors le terme d'a_w apparente.

7.2 ACTIVITÉ DE L'EAU ET MODIFICATIONS DES ALIMENTS

La notion d'activité biologique de l'eau est primordiale en alimentation puisqu'elle permet de mettre en œuvre une stratégie de protection des aliments en contrôlant les détériorations physico-chimiques, les activités enzymatiques et la multiplication des populations microbiennes.

7.2.1 Altérations chimiques et enzymatiques

a) Réactions d'oxydations

Sur la figure 7.6, on observe trois phases :

- **a_w < 0,1-0,2**

L'oxydation est très élevée, les réactions se déroulent selon un processus général qui comprend :

- initiation par formation de radicaux libres sur les carbones adjacents aux doubles liaisons des acides gras insaturés (ou de tout groupe aliphatique insaturé ou aromatique) ;

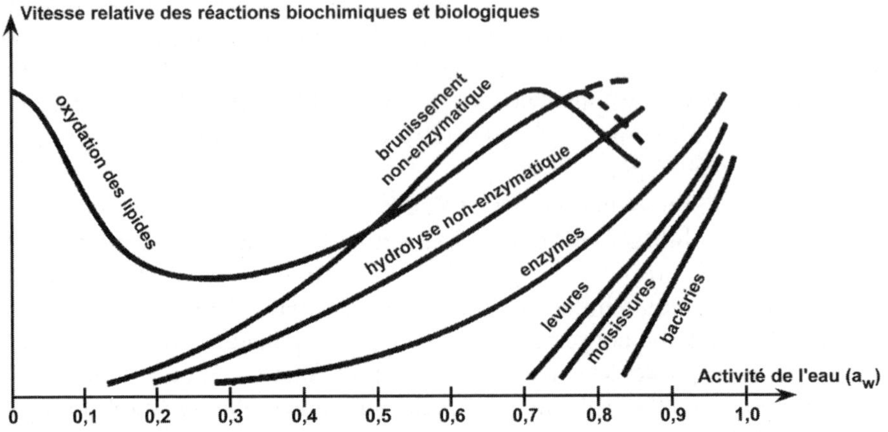

Figure 7.6 Vitesse de modification des aliments en fonction de l'activité de l'eau.

– fixation de l'oxygène sur ces radicaux libres avec formation de peroxydes ;
– formation de composés carbonylés après dégradation des peroxydes et scission de la chaîne carbonée.

Cela a pour conséquence la libération de composés volatils malodorants, la destruction de vitamines liposolubles, la formation de complexes, la baisse de solubilité et de digestibilité des protéines...

À l'humidité constante et pour des activités de l'ordre de 0,4-0,5, une augmentation de température accroît l'activité.

La stabilité maximale est obtenue lorsque la monocouche des molécules d'eau ($a_W \approx 0,2$) s'oppose au passage de l'oxygène jusqu'aux lipides ou entre en compétition avec les molécules d'oxygène pour occuper des sites d'absorption.

- **$0,2 < a_w < 0,5$**

Les peroxydes actifs sont en faible concentration car une forte proportion d'entre eux fixe de l'eau. Les antioxydants solubles sont mobiles et actifs alors que les catalyseurs métalliques sont peu actifs à cause de l'hydratation.

- **$a_w > 0,5$**

Les catalyseurs métalliques diffusent librement vers les sites d'oxydation et la catalyse l'emporte sur l'effet antioxydant. En conséquence, l'oxydation s'accélère.

- **$a_w > 0,9$**

Pour des activités très élevées, l'oxydation se ralentit ; cela est dû à l'effet de dilution (loi d'action de masse).

b) Réactions de condensations

Les plus importantes sont les réactions de brunissement non enzymatiques encore appelées réactions de Maillard. La vitesse maximale de la réaction est atteinte pour des activités comprises entre 0,5 et 0,7, car la mobilité des réactants est optimale dans cette zone.

Pour $a_w > 0{,}6\text{-}0{,}7$, la vitesse décroît (effet de la loi d'action de masse) car cela correspond à un triplement de la teneur en eau. L'eau freine également cette réaction pour une $a_w > 0{,}75$ car elle inhibe les réactions de déshydratation interne affectant les composés d'Amadori formés au cours des réactions de Maillard.

c) Réactions enzymatiques

Souvent les réactions ne démarrent que si $a_w > 0{,}1\text{-}0{,}2$ et si elles ont un cours parallèle aux isothermes (cas des hydrolyses).

L'activité enzymatique suit l'activité de l'eau à cause de la plus grande mobilité des réactants aux fortes teneurs en eau (cas des réactions en phase aqueuse).

De nombreux procédés de technologie alimentaire se doivent de maîtriser l'influence de l'a_w sur des enzymes comme les hydrolases ; citons, par exemple, la dégradation de l'amidon lors du brassage de la bière (chapitre 12, § 12.3.b), la protéolyse lors de l'affinage du fromage (chapitre 13, § 13.10.f).

Pour les lipases, il y a exception : elles sont actives pour des teneurs en eau très faibles ou nulles et à très basse température (cas du poisson congelé). En effet, le contact entre enzyme et substrat peut être réalisé sans eau. Aussi, les produits destinés à la déshydratation et à la congélation sont blanchis (destruction des enzymes comme les oxydases et les lipases surtout).

7.2.2 Développement des micro-organismes

Pour la plupart des micro-organismes, l'optimum de croissance est réalisé pour $0{,}92 < a_w < 0{,}99$. La stabilité microbienne est donc très grande dans les produits déshydratés ($a_w = 0{,}2\text{-}0{,}4$) ou à humidité intermédiaire ($a_w = 0{,}6$ à $0{,}8$) et dans les produits dont on a abaissé l'activité de l'eau par l'ajout de sel ou de saccharose (cas du fromage, du saucisson, des confitures).

Les activités d'eau minimales requises sont différentes selon les micro-organismes : 0,91 pour les bactéries, 0,88 pour les levures, 0,80 pour les moisissures. Cependant, certaines espèces peuvent présenter des valeurs minimales de a_w plus faibles pour la croissance ; ainsi, les bactéries halophiles, les moisissures xérophiles et les levures osmophiles se développent à partir d'une a_w respectivement égale à 0,75, 0,65 et 0,60.

Les bactéries pathogènes ou toxigènes ne se multiplient pas pour des activités d'eau inférieures à 0,85-0,90. Pour les moisissures, la limite inférieure est de 0,7 à 0,8, ce qui peut être dangereux s'il y a production de mycotoxines.

Rappelons qu'en plus de l'activité de l'eau, il faut également prendre en compte le pH et la température pour le développement des micro-organismes. La directive sanitaire de l'Union européenne sur les produits de charcuterie illustre cette observation ; la réfrigération n'est pas obligatoire quand l'une des trois conditions suivantes est réunie :

- $a_w < 0{,}91$,
- $a_w < 0{,}95$ et $pH < 5{,}2$,
- $pH < 4{,}5$.

En résumé, les conditions d'hydratation d'un aliment déterminent avec de nombreux autres paramètres du milieu (composition, température, pH...) la flore potentiellement présente.

Lors d'une diminution d'a_w, certains micro-organismes développent des stratégies d'adaptation consommatrices en énergie, ce qui ralentit leur croissance. Ces conditions sont donc favorables pour la conservation et la qualité sanitaire des produits alimentaires.

Chapitre 8

Vitamines

8.1 GÉNÉRALITÉS

Les vitamines sont des substances organiques, que l'organisme n'est pas capable de synthétiser, qui sont nécessaires à sa croissance et à son fonctionnement et qui doivent donc lui être apportées de façon régulière et harmonieuse par le régime alimentaire.

Elles appartiennent à des groupes chimiques très variés. On les classe artificiellement selon leur solubilité dans l'eau (vitamines hydrosolubles) ou dans les lipides (vitamines liposolubles). Cette distinction est cependant utile car elle permet de ne pas commettre trop de confusions sur les aliments où se trouvent les vitamines et de mieux comprendre tout ce qui touche à leur conservation ; en effet, les vitamines hydrosolubles passent dans l'eau lors d'opération comme le trempage, la cuisson... et ceci a des conséquences pratiques très importantes.

Il y a lieu de distinguer vitamine, produit chimiquement défini, et activité vitaminique que peuvent avoir, outre la vitamine, soit des provitamines, soit des dérivés actifs.

Les vitamines ont, le plus souvent, un rôle de cofacteur dans les systèmes enzymatiques et membranaires. L'absence d'une vitamine arrête la croissance et entraîne une maladie de carence spécifique. En réalité chez l'Homme, les carences pures sont exceptionnelles, notamment sous nos climats. Elles sont le plus souvent associées à un état de dénutrition qui a une part prépondérante dans l'installation des troubles. Enfin, il faut signaler qu'une grande consommation de médicaments expose à des interférences qui peuvent entraîner des signes d'avitaminose.

Le tableau 8.1 résume l'état de nos connaissances sur le rôle biologique, les besoins quotidiens et les principales sources alimentaires des vitamines.

Tableau 8.1 RÔLE BIOLOGIQUE DES VITAMINES ET APPORTS NUTRITIONNELS CONSEILLÉS PAR JOUR.

Vitamines	Appellations chimiques	Apports nutritionnels conseillés par jour*	Rôles biologiques	Principaux apports alimentaires
I. VITAMINES LIPOSOLUBLES				
Groupe A (fig. 4.10)	Rétinol ou axérophtol 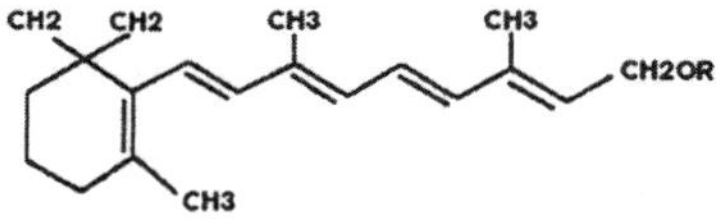 Acétate : R = $COCH_3$ Palmitate : R = $CO(CH_2)_{14}CH_3$	800-1 000 µg ou ER	Dérive du β-carotène (= provitamine A) Composé photosensible de la rétine (rhodopsine) Favorise la formation de mucopolysaccharides-des-sulfates Intervient dans la synthèse des stéroïdes sexuels. Joue un rôle au niveau des membranes cellulaires Vitamine de « croissance » Sa carence entraîne une perte de la vision crépusculaire ou héméralopie, une hyperkératinisation de la peau	Foie d'animaux, notamment de poissons, beurre, lait, fromages, œuf Sous forme de provitamines dans les caroténoïdes de nombreux légumes : laitue, épinard, carotte
Groupe D (fig. 4.11)	D_2 ou ergocalciférol 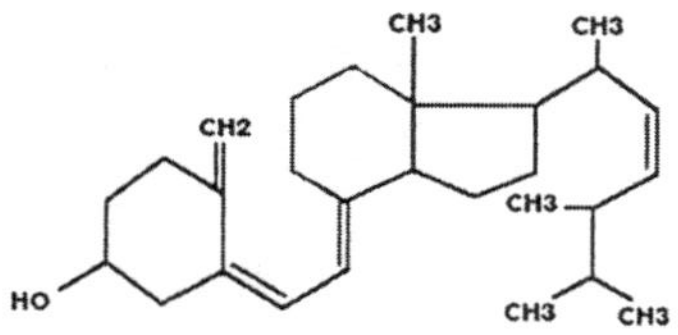 D_3 ou cholécalciférol 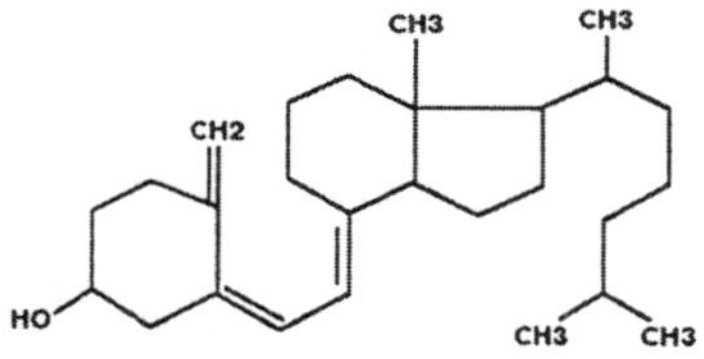	10 µg	Augmente l'absorption intestinale du calcium et du phosphore et la réabsorption tubulaire du calcium Mobilise le calcium osseux aux dépens de l'os ancien pour en favoriser le dépôt sur l'os jeune. Elle a le comportement d'une hormone hypercalcémiante Les états de carence (alimentaire et/ou d'ensoleillement) conduisent au rachitisme chez l'enfant, à l'ostéomalacie chez l'adulte À forte dose, la vitamine D entraîne des signes graves d'hypervitaminose : hypercalcémie, insuffisance rénale, hypertension artérielle…	Foie, poissons gras, lait, beurre

Tableau 8.1 RÔLE BIOLOGIQUE DES VITAMINES ET APPORTS NUTRITIONNELS CONSEILLÉS PAR JOUR. *(SUITE)*

Vitamines	Appellations chimiques	Apports nutritionnels conseillés par jour*	Rôles biologiques	Principaux apports alimentaires
I. VITAMINES LIPOSOLUBLES *(suite)*				
Vitamine E	α-tocophérol (β-, γ- et δ-tocophérol possèdent également une activité vitaminique) 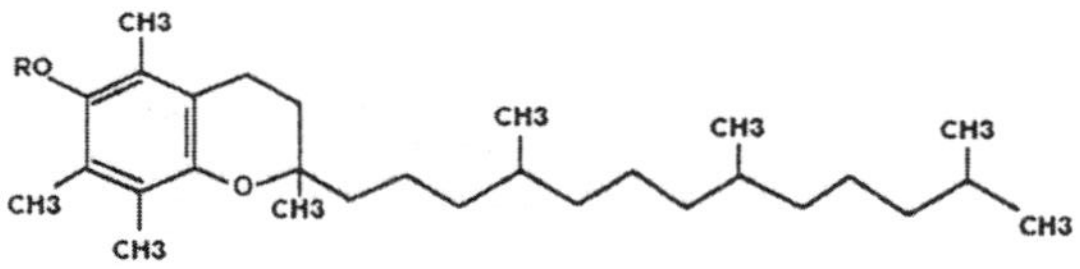 dl-α-tocophérol : R = H acétate de dl-α-tocophérol : R = $COCH_3$	12 mg ou UI	Puissant antioxydant qui protège les acides gras essentiels, les vitamines A et C et les membranes cellulaires. Les états de carence ne semblent pas exister chez l'homme et les effets thérapeutiques dans le traitement de la stérilité sont discutables et sans doute nuls. Pas d'hypervitaminose. Les apports conseillés augmentent avec la richesse du régime alimentaire en lipides.	Germes de céréales Organes verts des végétaux (salade, chou, épinard...). Foie, lait, beurre, œuf, lard.
Groupe K	K_1 ou phylloquinone K_2 ou difarnésylnaphtoquinone 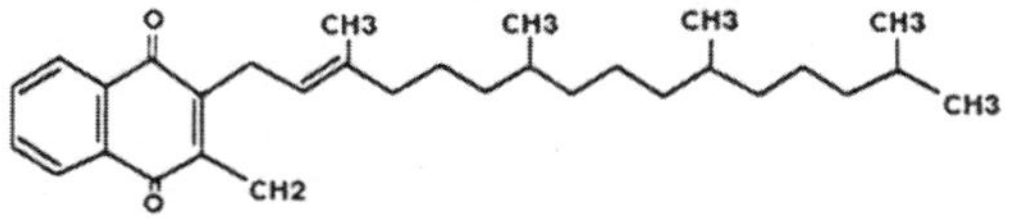	45 µg	Nécessaire à la synthèse des facteurs II, VII, IX et X du complexe prothrombique qui intervient dans la coagulation du sang. Vitamine anti-hémorragique.	Foie, viande. Épinard, chou vert, fraise.

Tableau 8.1 Rôle biologique des vitamines et apports nutritionnels conseillés par jour. *(Suite)*

Vitamines	Appellations chimiques	Apports nutritionnels conseillés par jour*	Rôles biologiques	Principaux apports alimentaires
II. VITAMINES HYDROSOLUBLES				
Vitamines du groupe B				
Vitamine B_1	Aneurine ou chlorhydrate de thiamine 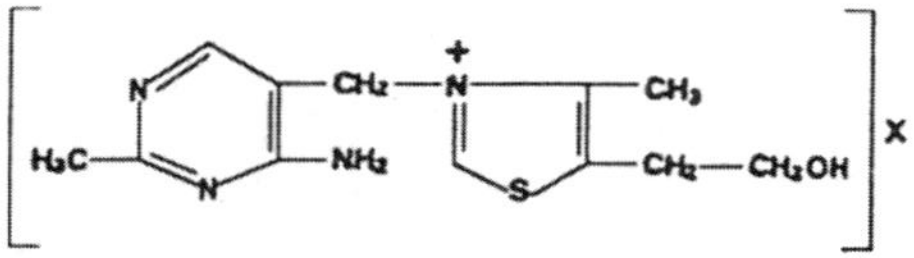 Chlorhydrate : X = Cl, HCl Mononitrate : X = NO	1,5 mg	Coenzyme (pyrophosphate de thiamine) de plusieurs décarboxylases. Intervient dans l'assimilation et le métabolisme des glucides. Sa carence entraîne le béribéri, des névrites et polynévrites.	Levure, graines de céréales, légumineuses, légumes secs, fruits secs et oléagineux, viande, abats, jaune d'œuf.
Vitamine B_2	Riboflavine ou lactoflavine 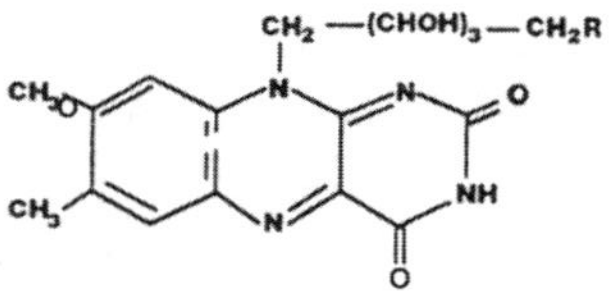 Riboflavine : R = OH	1,8 mg	Facteur de croissance. Entre dans la constitution de coenzymes transporteurs d'hydrogène. Intimement liée au métabolisme protéique. Sa carence entraîne une sécheresse des muqueuses, une conjonctivite, une part des symptômes du béribéri.	Levure, céréales, foie, lait, œuf, viande.
Vitamine B_3 ou Vitamine PP	Amide nicotinique ou niacine 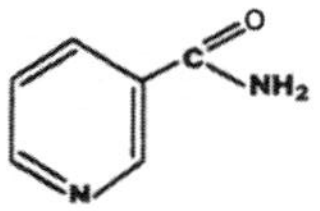 nicotinamide 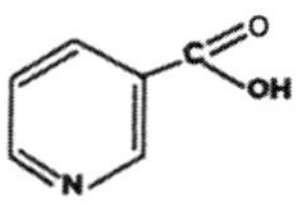 acide nicotinique	18 mg	Intervient dans les transporteurs d'hydrogène (NAD-NADP). Peut être supplée par l'association : vitamine B_2 + vitamine B_6 + tryptophane. Sa carence donne la pellagre qui associe diarrhée, démence et dermite.	Levure, blé, amande, poisson (surtout saumon), foie, viande.

Tableau 8.1 RÔLE BIOLOGIQUE DES VITAMINES ET APPORTS NUTRITIONNELS CONSEILLÉS PAR JOUR. *(SUITE)*

Vitamines	Appellations chimiques	Apports nutritionnels conseillés par jour*	Rôles biologiques	Principaux apports alimentaires
Vitamine B_5	Acide pantothénique —CH_2OH—$C(CH_3)_2$—CHOH—CO—NH—CH_2—CH_2—COOH	10 mg	Entre dans la constitution du coenzyme A. Très répandu dans la nature. Pas de carence connue.	Levure, foie, œuf, viande, poisson, céréales.
Vitamine B_6	Pyridoxine ou pyridoxal 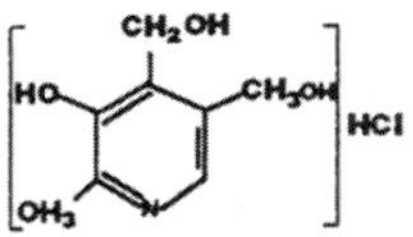	2,2 mg	Coenzyme de nombreuses enzymes en particulier de transaminases. Intervient dans l'élaboration des amines biogènes du système nerveux central. Intervient dans la saturation et la désaturation des acides gras. Entre dans la synthèse de la vitamine B_3 ou PP. Sa carence provoque des lésions cutanées, glossite, nausées, anémie et troubles nerveux.	Levure, germes de céréales, viande, foie, abats, jaune d'œuf, poissons, lait.
Vitamine B_8	Biotine 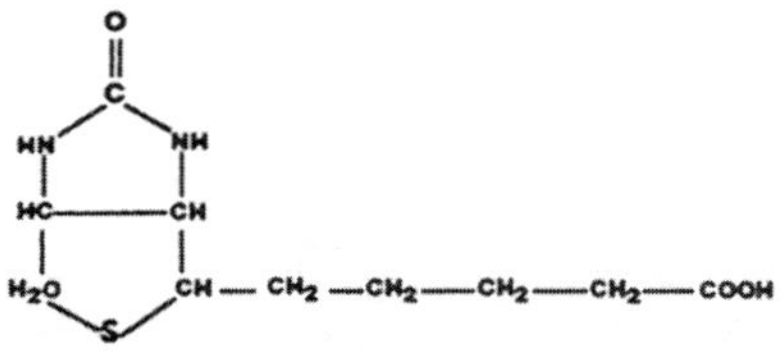	200 µg	Coenzyme dans des réactions de décarboxylation et de transcarboxylation. Intervient dans la synthèse des acides gras. Sa carence entraîne des troubles trophiques cutanés.	Foie, rognons, œuf, chocolat, légumineuses, champignons.
Vitamine B_9	Acide folique 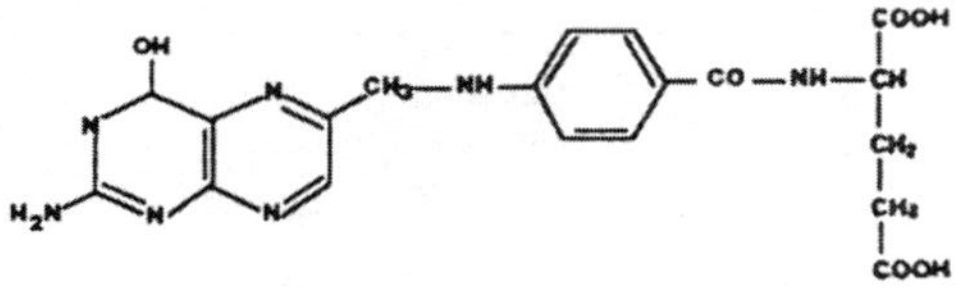	300 µg	Permet la synthèse de la sérine, des acides nucléiques, des noyaux puriques et pyrimidiques. Intervient dans le métabolisme de la tyrosine, de l'acide ascorbique, des vitamines B_9 et B_{12}.	Légumes verts, foie, rognons, viande, œuf.

Tableau 8.1 RÔLE BIOLOGIQUE DES VITAMINES ET APPORTS NUTRITIONNELS CONSEILLÉS PAR JOUR. *(SUITE)*

Vitamines	Appellations chimiques	Apports nutritionnels conseillés par jour*	Rôles biologiques	Principaux apports alimentaires
II. VITAMINES HYDROSOLUBLES (*suite*)				
Vitamine B_{12}	Cyanocobalamine 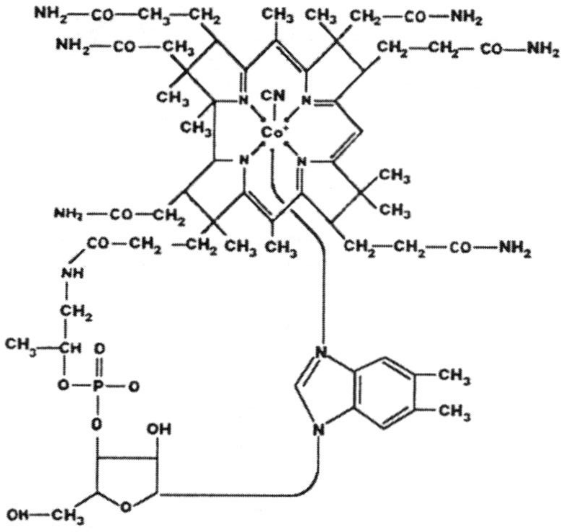	3 µg	Facteur extrinsèque du facteur antipernicieux. Intervient dans l'utilisation des glucides par le système nerveux central. Joue le rôle de coenzyme dans une réaction de transformation du coenzyme A. Sa carence bloque, comme celle des folates, la synthèse d'ADN.	Levure, viande, foie, rognons, poissons gras.
Vitamine C	Acide L-ascorbique 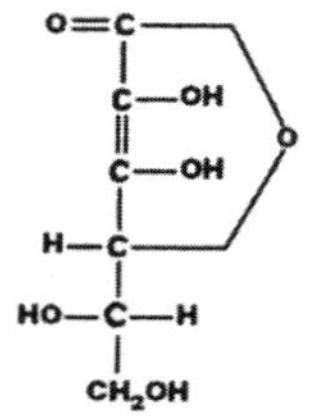	80 mg	Transporteur d'ions H^+ (équilibre acide ascorbique → acide déhydroascorbique). Indispensable à la synthèse du collagène. Réduit le fer vers l'état ferreux et facilite son absorption. Intervient dans la biosynthèse des glucocorticoïdes. Sa carence entraîne le scorbut avec asthénie, gingivorragies.	Végétaux frais.

* Apports nutritionnels conseillés par jour pour un homme adulte consommant 11 300 kJ (2 700 kcal).

8.2 UTILISATION DES VITAMINES

Tout d'abord, une remarque préliminaire sur les unités.

Les teneurs en vitamine ont longtemps été exprimées de deux façons : les unités pondérales et les unités internationales. Aujourd'hui, les experts recommandent l'utilisation des unités pondérales (mg ou µg) ou des unités molaires (µmol).

Dans le cas des vitamines A et E pour lesquelles il existe des dérivés ayant des activités différentes, on utilise l'équivalent-rétinol (ER) (1 ER = 1 µg de rétinol = 3,3 UI = 6 mg de β-carotène) et l'α-tocophérol-équivalent (α-TE) (1 α-TE = 1 mg d'α-tocophérol = 1,49 UI)). Ces équivalents correspondent à l'activité d'une unité pondérale d'un des dérivés et permettent d'homogénéiser les différentes expressions.

L'équivalent-niacine (1 équivalent-niacine = 1 mg d'acide nicotinique ou de nicotinamide) est également utilisé afin de tenir compte des apports que représente la synthèse endogène à partir du tryptophane (un équivalent-niacine correspond à 60 mg de tryptophane).

L'utilisation des vitamines comporte une zone nutritionnelle contenue dans les aliments courants ou ajoutée à des aliments particuliers et une zone médicamenteuse.

La zone nutritionnelle est caractérisée par l'équilibre souhaitable entre les vitamines et par leur niveau général d'apport. L'équilibre entre les vitamines s'impose au vu de leurs fonctions interdépendantes dans des réactions le plus souvent couplées. Chaque valeur n'est donc pas une « unité de compte » isolée.

L'apport nutritionnel conseillé doit être relativisé en raison de l'étendue de la zone de tolérance de chaque vitamine. Par exemple, l'écart entre 60 et 80 mg/j pour la vitamine C doit être apprécié par rapport à plus de 500 mg/j sans danger immédiat apparent. Pour certains groupes de population (enfance, grossesse, certaines affections chroniques...) des corrections entrant dans la zone nutritionnelle s'imposent. La prise d'aliments enrichis en vitamines doit permettre la couverture des besoins recommandés. L'adjonction de vitamines à un aliment dont la composante énergétique crée la satiété limite ainsi le risque d'un apport excessif.

Ceci n'est plus le cas dans la zone médicamenteuse qui est constituée par des vitamines pures, isolées ou groupées dont l'administration s'effectue à dose pharmacologique. Les doses utilisées sont souvent élevées, les modes d'administration très variés pour la prévention et le traitement d'affections cardio-vasculaires (A, E, C, B_3), nerveuses (B_1, B_9, B_{12}), squelettiques (D), hémorragiques (K)...

8.3 STABILITÉ DES VITAMINES

Dans la fabrication des produits alimentaires, on accorde de plus en plus d'importance à la conservation des vitamines et ce pour plusieurs raisons :

- Les nutritionnistes s'intéressent aux pertes provoquées par la transformation des aliments, afin de pouvoir évaluer la quantité de vitamines effectivement apportée à l'organisme.

- Les technologues se demandent dans quelle mesure les procédés couramment utilisés dans l'industrie alimentaire ont une incidence sur la conservation de ces substances, et le cas échéant, quelles modifications il faudrait apporter pour les optimiser.
- Les responsables du contrôle de la qualité doivent s'assurer que la teneur en vitamines indiquée se trouve effectivement dans le produit. En outre, des modifications de la teneur en vitamines servent souvent d'indicateur de la charge générale du produit.

Les vitamines appartenant à des groupes chimiques très variés, chaque composé pourra réagir différemment selon les conditions.

À titre d'exemples, nous citerons :

- la grande sensibilité des vitamines du groupe A vis-à-vis de l'oxygène et de la lumière tient à la structure polyénique de la chaîne latérale ;
- la structure de la vitamine B_1, composée de pyrimidine et de thiazol, est la cause de la sensibilité thermique de la thiamine ;
- la niacine (B_3) est quasiment indestructible par les procédés de traitement des aliments. Il peut y avoir des pertes éventuelles par lessivage ;
- la structure ène-diol caractéristique de l'acide ascorbique, est à la base de son action réductrice importante sur le plan technologique.

Lors de la fabrication, du stockage et de la préparation des produits alimentaires, les vitamines sont exposées à une série de facteurs physico-chimiques : température, humidité, pH, oxygène, lumière, activités enzymatiques… Comme chaque traitement d'aliments est basé sur des caractéristiques différentes, chacun des dits facteurs donne lieu à une multitude de combinaisons possibles.

Retenons que dans des préparations sèches, on peut obtenir, dans la plupart des cas, une excellente stabilité.

Chapitre 9

Pigments

En plus des substances responsables de la couleur d'un certain nombre d'aliments déjà évoquées dans les précédents chapitres, il en existe beaucoup d'autres.

Les principaux pigments naturels appartiennent à trois grandes catégories :

- les pigments porphyriniques parmi lesquels les chlorophylles, les pigments héminiques, (par exemple, myoglobine, hémoglobine traités dans le chapitre 14);
- les caroténoïdes, parmi lesquels on peut citer le β-carotène, précurseur de la vitamine A (chapitre 8), le lycopène (chapitre 4), les xanthophylles...
- les flavonoïdes et leurs dérivés.

Il convient également de mentionner : les tannins, bétalaïnes, quinones et xanthones...

Les colorants artificiels ajoutés aux aliments sont listés dans le chapitre 17.

Cette fonction chromogénique n'est pas la seule propriété de ces molécules. De nombreux pigments appartiennent également – comme la vitamine C, les tocophérols, certains oligo-éléments... – aux antioxydants alimentaires. Rappelons que les antioxydants sont des molécules d'origine exogène ou endogène dont la fonction est précisément de contrer les effets toxiques des espèces réactives de l'oxygène et de contribuer ainsi au maintien de l'intégrité cellulaire.

9.1 LES CHLOROPHYLLES

9.1.1 Structure

La chlorophylle a et la chlorophylle b, présentes dans les chloroplastes des végétaux supérieurs, sont des pigments dont la structure diffère très peu (figure 9.1). Les deux chlorophylles ont un noyau tétrapyrrolique semblable à celui de l'hème (figure 14.4), mais avec un atome de Mg^{2+} au centre. Une longue chaîne latérale hydrocarbonée phytyle (en C_{20}) confère à la molécule un caractère liposoluble.

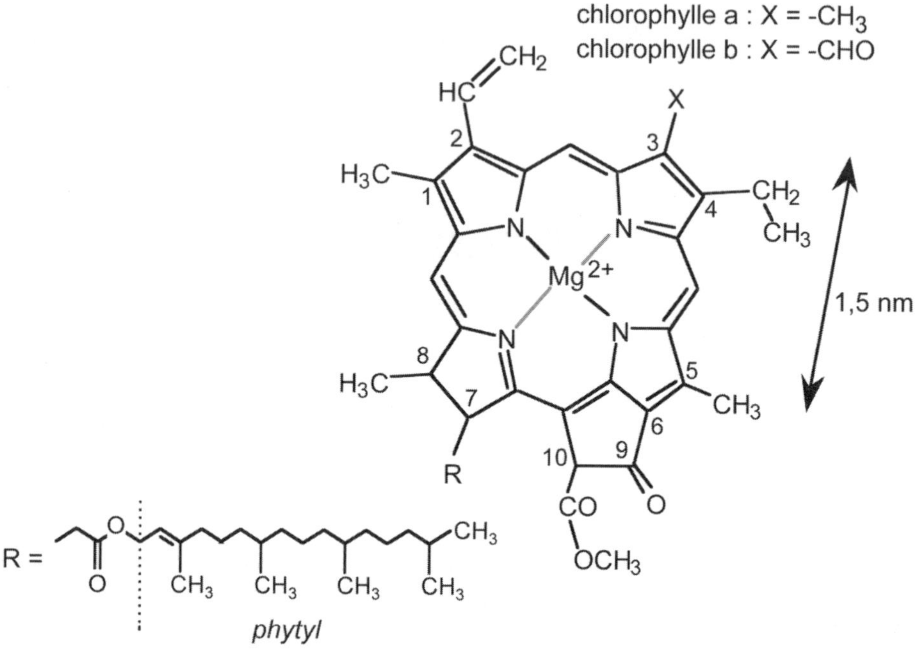

Figure 9.1 Structure des chlorophylles a et b.

La chlorophylle apparaît comme le pigment majeur responsable de la réaction photosynthétique car son spectre d'absorption – qui présente 2 pics à 430 et 680 nm – coïncide assez bien avec la courbe optimale d'efficacité de la lumière dans la photosynthèse en fonction de la longueur d'onde.

Les chlorophylles sont associées à certaines protéines des thylacoïdes – vésicules aplaties interconnectées des chloroplastes – pour former différents complexes pigments-protéines.

9.1.2 Dégradation

Plusieurs voies sont possibles :

- Le départ du magnésium est catalysé par un apport d'ions H^+ ainsi que par la chaleur; il s'observe, par exemple, lors de la cuisson dans l'eau ou la vapeur. L'action de la chaleur peut être atténuée en faisant appel à des traitements thermiques brefs à haute température ou en élevant le pH du milieu.
- La coupure du phytol est catalysée par la chlorophyllase ; cette enzyme assez thermorésistante se rencontre uniquement dans certains végétaux et ne serait activée que pendant la maturation.

- Différents types d'oxydation (enzymatique, photo-oxydation…) peuvent également se produire et l'ouverture oxydative du noyau tétrapyrrolique conduit à des formes incolores. Certains composés volatils accélèrent (éthylène) ou ralentissent (dioxyde de carbone) la dégradation de la chlorophylle.

Soulignons que les composés obtenus après le départ du magnésium (phéophytines) ou après la coupure du groupement phytol (chlorophyllines) peuvent également être oxydés pour donner de la phéophorbide puis des chlorines et purpurines de couleur brune. Ces réactions de dégradation sont résumées sur la figure 9.2.

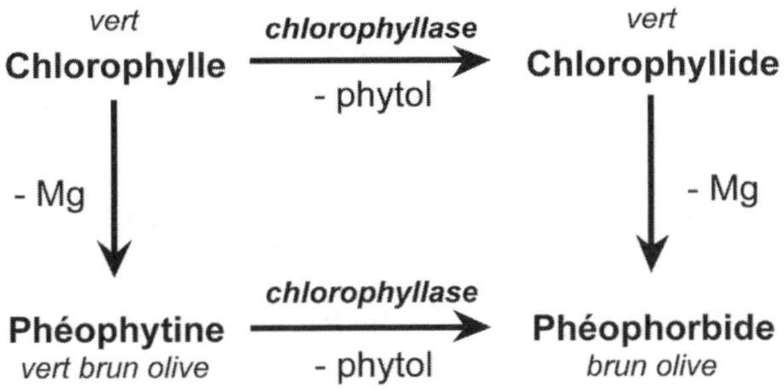

Figure 9.2 Réactions de dégradation de la chlorophylle.

9.2 FLAVONOÏDES ET DÉRIVÉS

Les flavonoïdes sont des polyphénols naturels contenus sous forme de dérivés glucosidiques dans de nombreux fruits et légumes et dans certaines boissons telles le thé, le vin et la bière.

9.2.1 Structure

Ces substances ont comme structure de base :

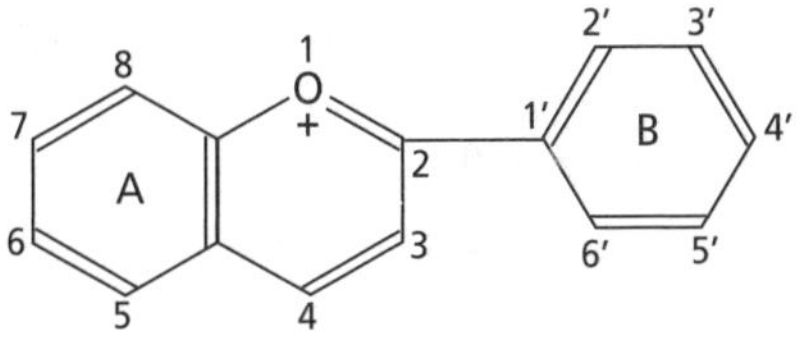

Figure 9.3 Structure de base des flavonoïdes.

Les différentes couleurs rouges ou violettes des anthocyanes, jaunes des flavones ou l'absence de couleur de certains flavonoïdes ne sont dues qu'à la délocalisation plus ou moins grande des électrons de l'hétérocycle central. À partir d'un certain niveau de délocalisation, le cation flavilium commence – comme on peut le constater sur les structures ci-après – à absorber dans le domaine visible donc se colore en jaune, puis orange, rouge et violet (les maxima d'absorbance sont indiqués entre tirets) (fig. 9.4).

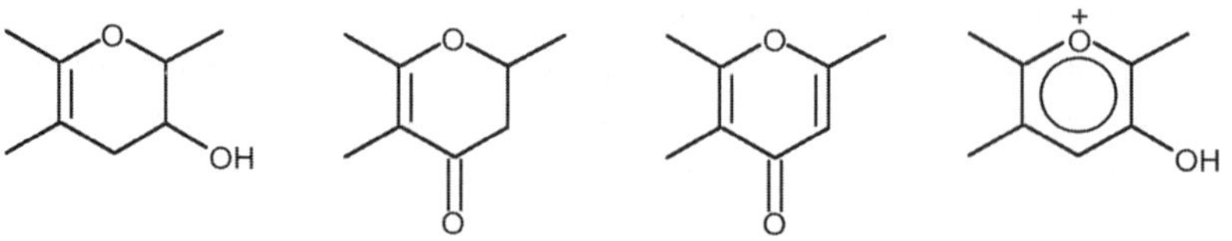

Catéchine	Naringine	Apigénine	Pélargonidine
(Flavonol)	(Flavonone)	(Flavone)	(Anthocyanidine)
- 275 nm -	- 290 nm -	- 269 et 336 nm -	- 520 nm -

Figure 9.4 Délocalisation des électrons de l'hétérocycle central des flavonoïdes et dérivés.

Parmi les nombreux pigments dérivant de cette structure, il convient de citer notamment :

- Les **anthocyanidols**. Au sein de ce groupe de colorants, six seulement sont importants en biochimie alimentaire. En plus de la présence d'un groupement OH sur les carbones 3, 5 et 7, ils se différencient entre eux par la substitution de groupements hydroxyl ou méthoxyl sur les carbones 3', 4' et 5' du noyau B.

  Ces composés rouges, bleus ou violets selon leur structure, se rencontrent généralement sous la forme d'anthocyanosides, c'est-à-dire liés à un ou plusieurs glucides. Ces pigments changent de teinte soit en fonction du pH, soit lorsque le groupement glucidique est séparé par hydrolyse.

  Certains flavonoïdes sont incolores, par exemple, le leucocyanidol. Par oxydation (chauffage en milieu acide), ces composés incolores subissent une transformation en anthocyanidols; la teinte vire au rose ou au rouge, (c'est ce qui se passe dans certaines variétés de pommes, poires, choux, fèves...). C'est pour cette raison que l'on préfère les appeler les proanthocyanidols.
- Les **flavonols** de teinte jaune en général – sont caractérisés par la présence d'un groupement carbonyle en position 4 et d'un groupement hydroxyle en position 3. Par différence avec les anthocyanidols, le groupement glucidique est le plus souvent relié en position 7. Parmi les flavonols les plus répandus, on trouve notamment le quercétol et le myricétol.
- Les **flavanones** qui ne comportent pas de groupement OH en position 3, présentent de fortes similitudes de structure avec les flavonols. Dans cette catégorie, il faut ranger les flavonoïdes responsables de la saveur amère de certains pamplemousses, citrons, oranges : la naringine (naringénol lié à du glucose et du rhamnose), l'hespéridine (chapitre 2, § 2.12.2).

9.2.2 Importance en technologie alimentaire

Le caractère électrophile de la structure de base de ces pigments explique leur grande réactivité. Les réactions qui peuvent souvent conduire à des composés incolores sont non recherchés dans l'industrie des fruits et légumes. Aussi, il est essentiel de maîtriser le pH, la température, les conditions pro- ou antioxydantes du milieu de stockage de ces produits alimentaires.

À titre d'exemples, on peut mentionner la réaction d'anthocyanidols rouges de la cerise avec l'étain des anciennes boîtes de conserves et l'apparition d'une teinte mauve ou encore le désulfitage des fruits par chauffage ou acidification qui permet de régénérer leur couleur naturelle.

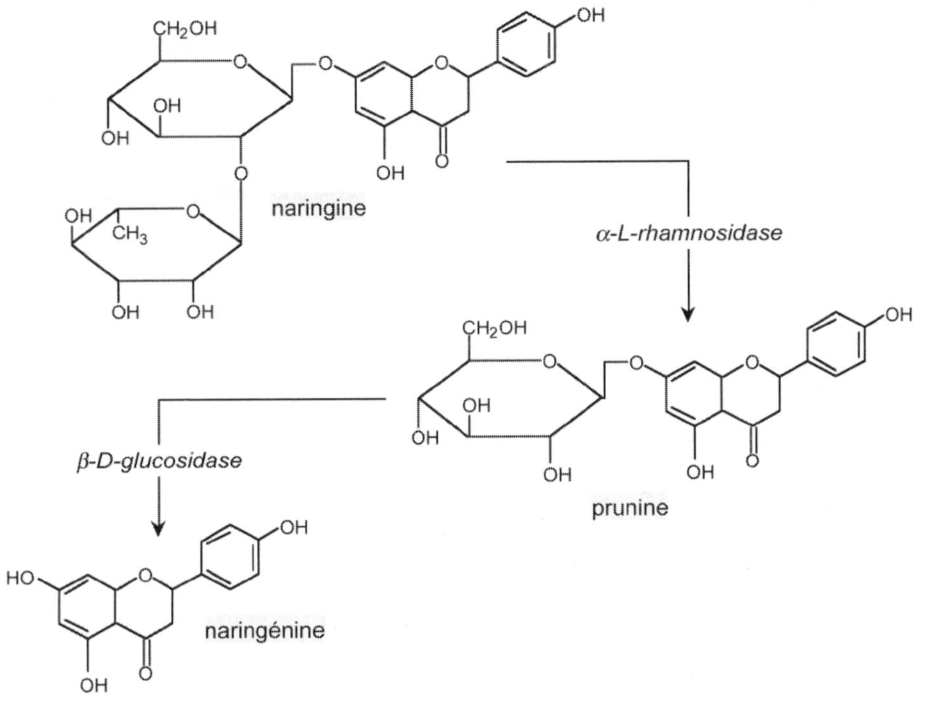

Figure 9.5 Désamérisation de la naringine.

Les glycosides des flavonols sont très répandus. Plus de la moitié des plantes supérieures en contiennent. Ainsi, par exemple, les polyphénols du thé vert sont de type flavonols ou catéchines en plus des acides phénoliques (acide gallique). Le thé noir contient des produits d'oxydation des flavonols des feuilles de thé par la polyphénoloxydase.

Les flavanones qui sont moins répandues, présentent cependant un grand intérêt. Ainsi, si l'on soumet la naringine présente dans la pelure d'un agrume à l'action d'une L-rhamnosidase, on obtient la prunine qui est moins amère. L'action d'une β-D-glucosidase sur ce flavonoïde permet d'obtenir la naringénine, composé non amer (fig. 9.5). L'α-L-rhamnosidase peut également agir sur l'hespéridine pour donner du dihydrochalcone hespéridine glucoside, substance à la saveur douce pouvant être utilisée comme édulcorant (tabl. 17.1).

9.3 AUTRES COMPOSÉS

À côté de ces grandes catégories de pigments, les aliments d'origine végétale contiennent de nombreux composés phénoliques qui, par transformation enzymatique, peuvent donner naissance à des polymères colorés, le plus souvent bruns ou noirs.

1. Les tannins sont un bon exemple de ce type de composés puisqu'on peut les distinguer en deux grands groupes : les tannins condensés (encore appelés catéchiques) dont la structure chimique est très voisine de celle des anthocyanidols et les tannins hydrolysables ou pyrogalliques qui résultent de l'estérification des cinq fonctions alcooliques du glucose par divers acides polyphénoliques (chapitre 12, § 12.4).

2. Les bétalaïnes ressemblent au niveau visuel aux anthocyanidols, d'où leur appellation impropre d'anthocyanidols azotés. Ils ont tous la même structure de base et la couleur résulte de la résonance entre les différentes structures mésomériques (fig. 9.6).

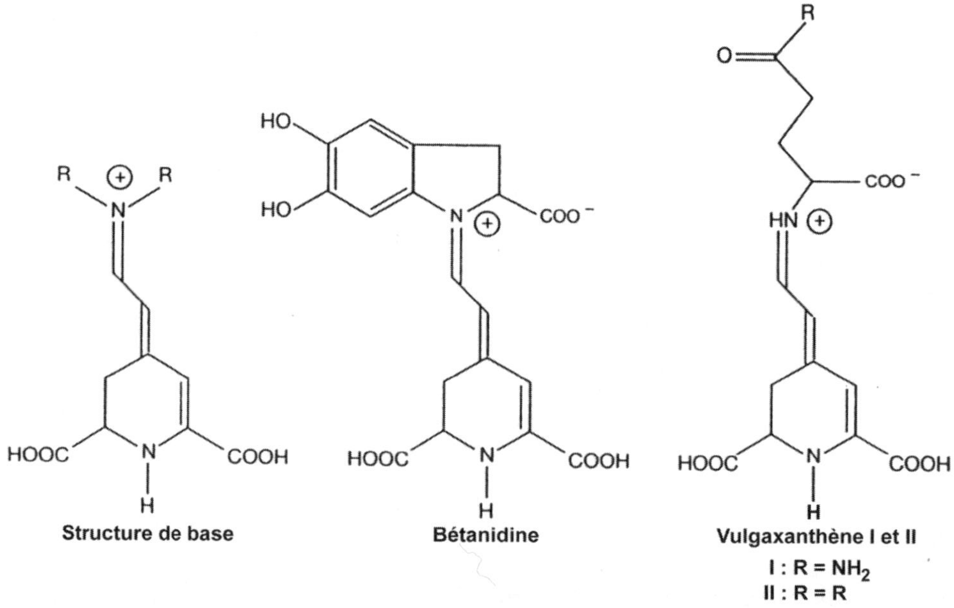

Figure 9.6 Structure des bétalaïnes.

Les bétalaïnes les plus connus sont ceux de la betterave rouge dont deux des pigments, les plus abondants, bétanidine et vulgaxanthène, sont représentés en figure 9.6.

3. Les quinones et xanthones représentent également un groupe de pigments très répandus dans les fleurs, champignons, algues et bactéries. Parmi les 200 composés identifiés, ce sont les naphtoquinones qui représentent le plus d'intérêt comme colorants ou purgatifs (fig. 9.7).

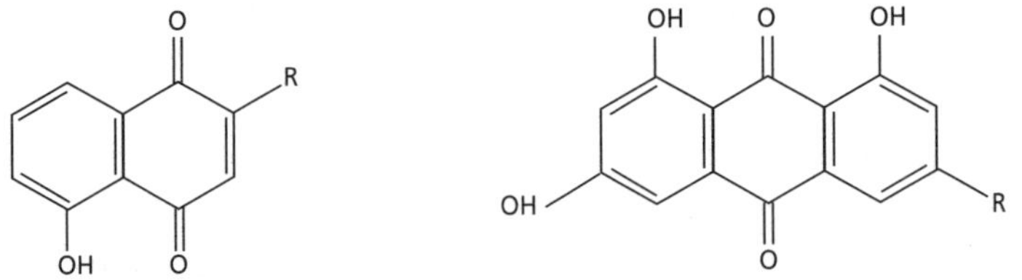

Naphtoquinone Anthraquinone

Figure 9.7 Structure de la naphtoquinone et de l'anthraquinone.

Les quinones peuvent provenir de l'oxydation enzymatique des polyphénols selon le schéma général :

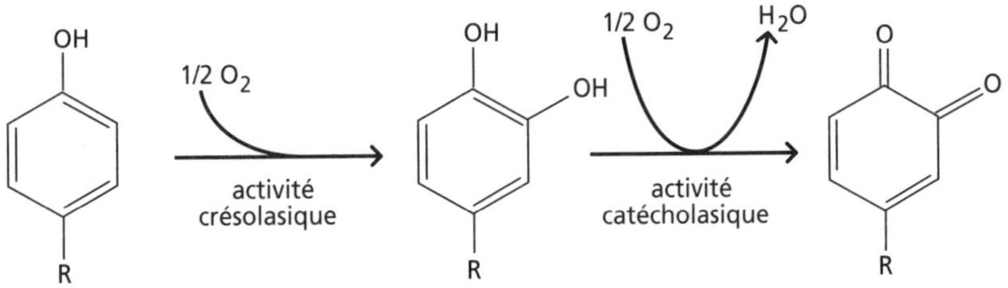

Figure 9.8 Schéma général de l'oxydation enzymatique des polyphénols.

4. Les pigments qui se forment par brunissement enzymatique sont désignés par le terme général de **mélanines**. Leur teinte finale est brun-noir mais on observe des teintes intermédiaires : rose, rouge, bleu-noir. La formation de ces polymères à partir des quinones, s'effectue sans l'intervention d'enzymes.

L'ensemble de ces réactions entraîne des problèmes de couleur avec certains fruits et légumes. Ainsi, lorsque les tissus de ces végétaux sont « malades » ou endommagés par chocs thermique ou mécanique, il se développe une teinte indésirable. Parfois, cependant un certain stade de brunissement est recherché, par exemple, lors de la maturation ou du séchage de certains produits végétaux (dattes, fèves de cacao, thé…).

NB. De nombreuses molécules appartenant au groupe des pigments (flavonols, flavonones, anthocyanidines, caroténoïdes, flavones, tannins,…) posséderaient des effets biologiques. Ces phytochimiques sont étudiés pour leurs effets anti-oxydants, antitumoraux, anti-inflammatoires dans des modèles cellulaires ou *in vitro*. L'extrapolation a des effets sur la santé humaine, nécessite encore de nombreuses investigations.

Partie 2

BIOCHIMIE DES PRINCIPAUX ALIMENTS

Chapitre **10**

Les céréales – Le pain

10.1 GÉNÉRALITÉS SUR LES CÉRÉALES

Les céréales sont un groupe de plantes cultivées appartenant, à l'exception du sarassin, à la famille des Poacées (anciennement graminées) dont les graines présentent de par leur abondance et leur composition un intérêt majeur pour l'alimentation de l'homme et des animaux. Les graines alimentaires appartiennent à une dizaine d'espèces végétales. Les plus employées sont : le blé, le maïs, le riz.

À celles-là, il faut ajouter les céréales d'une utilisation moins répandue :

– orge	– seigle	– sorgho	– méteil (mélange de blé et de seigle)
– avoine	– sarrasin	– mil	– triticale (hybride de blé et de seigle).

Le tableau 10.1 révèle les différences de composition entre les graines céréalières, qui sont surtout amylacées, et d'autres graines riches en protéines et en huile traitées dans le chapitre 11. Ces différences n'expliquent qu'en partie les utilisations qui en sont faites : la qualité des protéines est également prise en compte (tableau 10.2).

Les farines de céréales contiennent, à côté de l'amidon, des protéines de réserve insolubles dans l'eau. Dans le blé, ces protéines appartiennent à deux familles, les gliadines et les gluténines, que l'on ne retrouve pas ailleurs. Lorsqu'elles sont présentes en bonne proportion, elles permettent l'obtention d'une pâte extensible (propriété des gliadines) et élastique (propriété des gluténines) qui donnera le pain. Seules deux céréales se prêtent bien à la panification moderne, le blé tendre essentiellement, le seigle dans une moindre mesure; des hybrides de ces deux espèces ont d'ailleurs été obtenus. En outre, le blé dur convient bien à la fabrication des pâtes alimentaires.

Tableau 10.1 COMPOSITION MOYENNE DE GRAINES ET DE MICRO-ORGANISMES ALIMENTAIRES (% DE L'EXTRAIT SEC) (*).

	Protides (**)	Lipides	Glucides totaux (***)
Graines : *amylacées*			
Blé	12	6,5	79
Riz	9	2	82
Graines : *oléagineuses et protéagineuses*			
Arachide	28	50	15
Colza	30	40	20
Soja	38	21	25
Tournesol	35	45	5
Graines : *amylacées et protéagineuses*			
Fève	26	1,5	57
Haricot blanc	21	1,5	58
Lentille	26	1	56
Micro-organismes			
Spiruline	70	8	18
Levure (lactique)	50	10	33

(*) Les produits commerciaux ont une teneur en eau comprise entre 6 et 14 %.
(**) Y compris les acides nucléiques.
(***) Somme des glucides solubles (oses, oligosides et amidon) et des fibres; pour ces derniers, les teneurs trouvées dans la littérature sont très variables.

Tableau 10.2 FRACTIONS PROTÉIQUES DES CÉRÉALES (% DES PROTÉINES DE L'ALBUMEN).

	Blé	Seigle	Orge	Avoine	Riz	Maïs	Sorgho
1. Protéines communes hydrosolubles							
Albumines (solubles dans l'eau)	9	8	12	10	5	4	6
Globulines (solubles dans les solutions salines)	6	10	12	55	10	3	9
2. Protéines de réserve « insolubles » - gluten							
Prolamines (solubles dans l'éthanol 65-75 %)	45	42	52	12	7	55	48
Gluténines (solubles dans les solutions acides et basiques)	40	40	24	23	78	38	37

Les autres céréales ont des emplois alimentaires variés. Le plus commun est la préparation de boissons alcoolisées en deux temps : hydrolyse de l'amidon par une (ou des) amylase(s), fermentation du maltose ou du glucose par une levure ; ainsi se prépare le whisky et la bière (orge), la vodka (blé), le bourbon des États-Unis (seigle prédominant), le koji du Japon (riz), etc. Mais les usages les plus courants concernent la cuisine, soit directement en grains, soit en farine, en amidon (maïzena du maïs) ou en semoule, etc. Dans les pays développés, l'alimentation animale utilise une part croissante de la production de blé et surtout de maïs.

10.2 LE GRAIN

10.2.1 Fibres alimentaires

Avant l'emploi, les graines de céréales sont souvent traitées mécaniquement pour être débarrassées des couches externes formant l'écorce ou téguments. Cette partie est en effet riche en cellulose, en silice et en lignine ; elle est peu digeste, sinon inconsommable (« balle » du riz) ; elle renferme les fibres alimentaires. Son élimination favorise la digestibilité, mais elle appauvrit la farine en vitamines et en enzymes ; il peut y avoir un problème de santé dans le cas de forte consommation en céréales ; par exemple, la carence en vitamine B_1 dans le riz poli peut être la cause du béribéri (chapitre 8, tableau 8.1).

On attribue, aujourd'hui, un rôle essentiel aux fibres alimentaires : elles ont un rôle protecteur contre certaines maladies (diverticulose colique, cancer du côlon et du rectum, hernies abdominales et hiatales, hémorroïdes et varices, affections coronariennes et métaboliques). Dans certaines conditions en effet, les fibres agissent sur le transit intestinal et interviennent dans le métabolisme glucidique et lipidique (effets hypocholestérolémiant et hypoglycémiant).

Les teneurs en fibres des graines et des farines varient beaucoup selon les sources. On peut admettre des valeurs proches de 3 % de l'extrait sec, dans les farines complètes de blé et de soja.

10.2.2 Composition du grain de blé

Dans le cas du blé, les parties principales du grain ont les caractéristiques indiquées dans le tableau 10.3. La couche à aleurone, qui entoure l'amande d'albumen, est riche en protéines, en minéraux et en vitamines ; elle est en général éliminée avec le son lors du tamisage de la farine brute au taux habituel de l'extraction (en France, 75 à 80 % des grains moulus) ; en revanche, elle se trouve dans les farines « complètes », qui sont ainsi enrichies en acides aminés indispensables (Met, Val, Leu, Lys).

L'albumen étant plus lourd que l'écorce, le rendement en farine est plus important lorsque le poids spécifique du blé est élevé. Les farines sont également caractérisées par leur teneur en cendres, qui est d'autant plus basse que le taux d'extraction est plus faible : farine panifiable entre 0,5 et 0,6 %, farine de biscuiterie moins de 0,5 %.

Tableau 10.3 LES PARTIES PRINCIPALES DU GRAIN DE BLÉ (% DU POIDS SEC).

	Proportion	Protides	Lipides	Minéraux
Grain entier	-	12	2	2
Albumen (farine)	80	10	1,2	0,6
Aleurone (*)	8	18	8,5	15
Téguments (*)	8,5	6	1	3,5
Germe	3,5	25	10	4,5

(*) Formant le son.

Le constituant dominant de la farine de céréales est toujours l'amidon (chapitre 3). La farine de blé contient 12-14 % d'eau pour environ 75 % d'amidon. C'est pour le grain un élément de réserve, un peu comparable aux graisses chez les animaux. Il est réparti dans l'albumen en granules indépendants, dont le diamètre et la forme varient avec l'espèce ; dans le grain de blé, leur dimension varie de 2 à 35 µm. Les granules d'amidon sont visibles au microscope à faible grossissement ; ils sont caractérisés par la présence d'un « hile » plus ou moins marqué (voir fig. 3.1).

Les protéines de réserve se trouvent dispersées sous forme de globules plus petits (2 à 6 µm) ; ces « corps protéiques » sont, dans certaines espèces, dont le blé, soumis à une désorganisation. Dans le grain de blé mûr, les protéines de réserve sont à l'état de ciment autour des granules d'amidon.

Bien que ces protéines soient environ 8 fois moins abondantes que l'amidon, dans la farine, ce sont elles qui présentent le plus d'originalité et qui seront décrites ici.

10.3 PROTÉINES DE RÉSERVE

Appelées aussi « protéines du gluten » dans le cas des céréales qui donnent lieu au phénomène suivant : en pétrissant la farine sous un courant d'eau, on obtient une masse visqueuse et élastique, le gluten, qui se libère de l'amidon. La notion de « gluten » est quelque peu artificielle. Cette substance protéique se forme par modification des liaisons disulfure ; le pétrissage fournit l'énergie nécessaire. Elle n'apparaît que chez le blé et ses espèces proches (kamut, épautre) ainsi que chez le seigle. Les farines de ces céréales sont donc panifiables.

Le tableau 10.2 représente les proportions de ces protéines. On voit que les farines de blé, de seigle et à un moindre degré de sorgho ont des compositions voisines, avec des valeurs approximatives égales des deux types vers 40 %.

- **Prolamines :** protéines solubles dans l'éthanol assez concentré, dont le nom change avec l'espèce : gliadine du blé, hordéine de l'orge, sécaline du seigle, avénine de l'avoine, etc.
- **Glutélines :** protéines solubles dans les solutions acides ou alcalines diluées, ou dans les agents dissociants (urée, guanidine, SDS).

La composition en acides aminés (tableau 10.4), révèle, par comparaison avec la globuline, une teneur très élevée en glutamine, une teneur élevée en proline et une teneur très faible en acides aminés basiques (Lys, His, Arg). On peut en conclure que les protéines du gluten sont peu chargées à pH neutre (pHi proche de 7), et que les interactions électrostatiques n'ont pas un rôle important en panification. En revanche, la formation de liaisons hydrogène, surtout par la glutamine, est importante, associée aux interactions hydrophobes ; environ 74 % des chaînes latérales de chacune des deux protéines sont aptes à former ces liaisons et interactions dans l'établissement de la pâte.

On notera encore la teneur très faible en lysine, et la teneur faible en tryptophane. Dans certaines gliadines, comme la zéine du maïs, ces teneurs tendent vers zéro. Il en résulte des effets sur la santé des populations ; en particulier dans les régions où le maïs est à la base de l'alimentation (pellagre dans les Balkans).

Des mutants biochimiques de maïs et d'orge ont été obtenus dans lesquels le rapport gluténine/prolamine est fortement accru, ce qui provoque un accroissement de la teneur en lysine (de 3 à 4 % pour l'orge). Mais il faut signaler que les mutants ont une moindre production d'amidon et un rendement en grains abaissé.

On observe que la teneur en lysine est corrélée négativement avec la teneur en protéines du grain, et que cette dernière est corrélée négativement avec le rendement en grains.

Tableau 10.4 COMPOSITION DES PROTÉINES DU BLÉ (RÉSIDUS POUR CENT RÉSIDUS).

	Gliadine	Gluténine	Globuline
Glycine	3,1	7,5	9,5
Alanine	3,3	4,4	6,1
Valine	4,8	4,8	2,4
Leucine	7,0	6,5	9,0
Isoleucine	4,3	3,7	1,4
Phénylalanine	4,3	3,6	2,4
Proline	16,2	11,9	3,6
Tryptophane	0,4	1,3	-
Sérine	6,1	7,0	11,1
Thréonine	2,4	3,5	4,8
Tyrosine	1,8	2,5	1,6
Cystéine	3,3	2,6	13,4
Méthionine	1,2	1,4	0,4
Acide aspartique et asparagine	2,8	3,6	6,0
Acide glutamique et glutamine (*)	34,5	28,9	5,1
Arginine	2,0	3,0	10,6
Histidine	1,9	1,9	1,8
Lysine	0,6	2,0	10,6

(*) Presque entièrement sous forme de glutamine.

10.4 LES GLIADINES DU BLÉ

Elles présentent un grand polymorphisme, tel qu'on peut le voir sur les électrophorèses en gel de polyacrylamide ou par chromatographie HPLC en phase inverse qui révèlent de 17 à 25 constituants par variété de blé. Pour les 73 variétés françaises, 43 constituants se différencient par leur mobilité électrophorétique. Ces techniques sont utilisées couramment pour l'identification des variétés de blé et d'orge (voir § 10.6, fig. 10.1). Au point de vue biochimique, il n'existe pas une telle variété de séquences protéiques ; en fait, dans le blé il n'y a que 4 gliadines (α, β, γ, ω) dont la masse moléculaire varie de 18 000 Da à 75 000 Da et qui présentent le polymorphisme génétique suivant : de 27 à 38 000 Da pour les α-gliadines, de 27 à 41 000 Da pour les β, 18 000 pour les γ et de 65 000 à 75 000 pour les ω-gliadines.

Ces protéines sont très riches en glutamine et en proline, mais pauvre en acides aminés basiques. Toutefois, la composition en acides aminés des quatre groupes de gliadines diffère. Ainsi, les ω-gliadines présentent une richesse encore plus élevée en glutamine et en proline que les trois autres groupes. De surcroît, la plupart d'entre elles se distinguent des autres gliadines par l'absence d'acides aminés soufrés. Par ailleurs, la teneur en acides aminés basiques va en décroissant des α- vers les ω-gliadines. Toutes ces variations ont des répercussions au niveau des propriétés.

Du fait de la quasi-totalité des acides glutamique et aspartique sous forme amidée, et de la pauvreté en acides aminés basiques, les gliadines portent peu de charges. Elles se singularisent aussi de la majorité des autres protéines par le fait qu'elles associent une faible charge à une forte hydrophobicité. Ceci explique leurs propriétés de solubilité particulières telles que celle en milieu hydroalcoolique.

Par ailleurs, la forte teneur en proline provoque de nombreuses ruptures de structure secondaire à cause de la rigidité de cet acide aminé qui, en s'associant avec une proportion élevée de résidus apolaires donne aux gliadines une conformation non globulaire. À l'état natif, les ω-gliadines seraient sous forme de molécules semi-rigides avec un faible degré d'organisation.

Cette famille de protéines provoque chez certaines personnes la maladie cœliaque, dite aussi intolérance au gluten, qui est une réponse immunitaire originale survenant sur un terrain génétique particulier et qui se traduit par une modification de la muqueuse de l'intestin grêle. Au contact des prolamines de certaines céréales (gliadines du blé, hordéines de l'orge, sécalines du seigle et, dans une moindre mesure, avénines de l'avoine) cette muqueuse accumule un grand nombre de globules blancs, les lymphocytes B. Elle est ensuite envahie par les plasmocytes et on constate une atrophie des villosités de l'intestin grêle. L'intolérance au gluten pourrait concerner 1 individu sur 300 en tenant compte des formes latentes.

10.5 LES GLUTÉNINES

Les gluténines, le dernier groupe des protéines des graines, ont une teneur en résidus lysine, glycine, alanine, sérine et tyrosine fortement supérieure à celle des gliadines tandis que leur teneur en acide glutamique, proline et cystéine est inférieure.

Traditionnellement, on distingue selon leur masse moléculaire trois types de gluténines :

– celles ayant une masse moléculaire supérieure à 200 000 Da dont la composition est voisine des albumines et globulines ;
– celles dont la masse moléculaire est comprise entre 100 000 et 200 000 Da et qui contiennent une proportion élevée d'acide glutamique, de glycine ;
– celles dont la masse est inférieure à 50 000 Da et qui présentent une hydrophobicité voisine des gliadines. Elles en diffèrent par leur richesse plus forte en sérine et plus faible en cystéine.

Les interactions hydrophobes jouent un grand rôle dans la formation des agrégats de gluténines. À la structure secondaire et tertiaire des sous-unités vient se superposer une structure en agrégats. Il est établi que les grosses sous-unités sont liées par des liaisons covalentes dont principalement des ponts disulfures et les petites sous-unités par des liaisons non covalentes.

En tenant compte de leurs propriétés biochimiques et de leur origine génétique, la classification des protéines du grain de blé a été revue. L'appellation « prolamine » est réservée aux seules protéines de réserve dont les polypeptides sont solubles – mais pas forcément extractibles complètement – dans des solutions alcooliques (éthanol à 65-75 %) avec l'aide ou non d'un réducteur des ponts disulfures et d'acide acétique. Les prolamines ont été séparées en trois groupes :

– les prolamines riches en soufre ;
– les prolamines pauvres en soufre ;
– les prolamines de masse moléculaire élevée.

Tableau 10.5 CORRESPONDANCES ENTRE LES ANCIENNES ET NOUVELLES APPELLATIONS DES PROTÉINES DE RÉSERVE DU BLÉ.

	Ancienne appellation	Nouvelle appellation
Gliadines	ω	Prolamines pauvres en soufre
Gliadines	α, β ou γ	Prolamines riches en soufre
Gluténines	FPM	
Gluténines	HPM	Prolamines de masse moléculaire élevée

10.6 LE POLYMORPHISME BIOCHIMIQUE DES PROTÉINES VÉGÉTALES

Étant donné l'intérêt économique des protéines végétales, l'amélioration des rendements et de la valeur nutritionnelle des plantes cultivées doit être un objectif permanent. Pour atteindre ce but, le sélectionneur doit agir sur la composition protéique afin d'obtenir les propriétés favorables de qualité. Il est donc nécessaire de connaître quels sont les gènes qui contrôlent les protéines, leurs teneurs respectives et comment elles agissent sur la qualité.

Or, on s'est rendu compte que le polymorphisme biochimique des protéines est beaucoup plus important qu'on ne le supposait il y a quelques années. À cela, il faut ajouter que la technique électrophorétique sous-estime la variabilité réelle d'un facteur 2 en moyenne.

Cependant, l'utilisation de cet outil analytique, même imparfait, a permis de résoudre le problème de l'identification des variétés chez de nombreuses espèces ou d'établir des relations entre des caractères agronomiques divers et des formes multiples. Par exemple, les protéines de l'orge ont fait l'objet de nombreux travaux en raison de leur importance pour la malterie-brasserie. Les trois classes de protéines majeures de l'albumen de l'orge, appelées hordéines ont été identifiées en zone D (100 000-110 000 Da), C (55 000-85 000 Da) et B (28 000-50 000 Da). Les protéines ont leurs gènes de structure localisés dans les locci hord-3 pour les protéines zone D, hord-1 pour les protéines zone C et hord-2 pour les protéines zone B. Ces trois locci sont situées sur le chromosome 5 de l'orge. Le polymorphisme de ces protéines dans chaque zone permet une identification d'écotypes et de variétés d'orge (fig. 10.1).

Quand le déterminisme génétique des gènes de structure de toutes les protéines des céréales sera connu, il restera à connaître la chronologie de la biosynthèse de ces

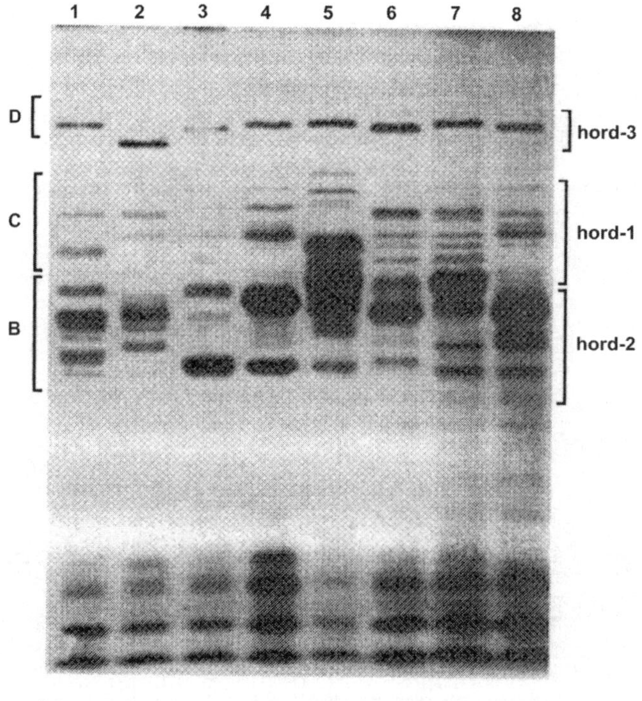

Figure 10.1 Électrophorégramme de protéines d'orge en gel de polyacrylamide (concentration 13 %) en présence de sodium dodécyl sulfate.

Variétés d'orge : 1. - Hymmalaya; 2 - Lyallpur; 3 - Maris Canon; 4 - Chiro Chinco; 5 - Népal; 6 – Intensiv I; 7 - Escourgeon noir; 8 - Italia Nackte.

(Document aimablement fourni par MM. Montembault et Moll. Laboratoire Tépral.)

molécules. D'une façon générale, on peut affirmer que les protéines de réserve des céréales sont synthétisées avec un certain temps de latence après la fécondation de l'ovule puis suit une période d'accumulation rapide jusqu'à la maturation de la graine. Il en serait de même chez les Fabacées.

Il n'est pas possible dans le cadre de cet ouvrage de se demander quelle est la signification de ce polymorphisme biochimique. Disons seulement que l'hétérogénéité génétique représente certainement un avantage sélectif.

10.7 LE PAIN

Le pain est le résultat de la mise en œuvre de farine, d'eau, de levure, de sel et de divers additifs ou auxiliaires technologiques.

10.7.1 La farine

Le pain est obtenu aujourd'hui essentiellement avec la farine de blé (on ne dit plus froment). La principale céréale secondaire employée en panification est le seigle. Une place à part peut être réservée aux farines d'épeautre (*Triticum spelta*) et de sarrasin (ou blé noir appartenant aux céréales mais faisant partie de la famille des Polygonacées) qui, au travers des siècles, ont été utilisées pour entrer dans la composition du pain. Comme les autres farines de céréales (avoine, maïs, orge), elles n'entrent généralement que dans la fabrication de pains spéciaux. Il existe de nombreuses variétés, rattachées à deux espèces :

- blé tendre (*Triticum aestivum*), dont la farine sert en boulangerie, biscuiterie,... le plus cultivé en Europe ;
- blé dur (*Triticum durum*), dont on fait la semoule, les pâtes alimentaires, le couscous,... cultivé dans les pays chauds, mais aussi en France où la production se développe. Il est plus riche en protéines et son amande est plus dure, vitreuse, se cassant en semoule au lieu de se pulvériser en farine.

Le critère variétal est une garantie. Sur les plus de 70 variétés de blé tendre cultivé en France, certaines choisies en raison de leur rendement élevé ne conviennent pas pour la panification.

La composition de la farine de blé a été donnée précédemment (tableau 10.3) ; à cela, ajoutons la présence d'enzymes : les amylases α et β (chapitre 3) et la lipase (facteur de rancidité) en quantités appréciables et, en faible proportion, des protéases (endo et exo) activées par des réducteurs de –S–S–, et une lipoxygénase qui oxyde notamment les doubles liaisons non conjuguées, comme dans l'acide linoléique.

La teneur en protéines des farines de blé destinées à la fabrication de produits de cuisson à base de céréales varie de 7,0 à 15,0 % environ (évaluée par la teneur en azote multiplié par 5,7 et rapportée à la matière sèche de la farine). Elle est fonction de la teneur en protéines des blés mis en mouture, de la répartition de celles-ci dans le grain et du taux d'extraction de la farine par rapport au grain. Cette teneur peut être augmentée par l'adjonction de gluten de blé.

10.7.2 La préparation de la pâte

La pâte lisse et homogène est formée au cours du pétrissage rapide (20-25 minutes). Les proportions moyennes sont ainsi comptées : farine 100 kg, eau 64 kg, sel 35 g par litre, levure 33 g par litre. La levure peut être remplacée par du levain.

Les levures appartiennent à l'espèce *Saccharomyces cerevisiae* spécialisées pour la boulangerie et cultivées sur mélasses de sucrerie (les levures de bière et les levures de grain ne sont plus employées). Leur activité fermentaire est maximale vers 30 °C ; au-dessus de 47 °C, les levures périssent rapidement.

La farine de fèves peut être incorporée à la farine au moulin (1 %), en vue d'améliorer la qualité du pain. Il s'agit notamment d'accroître la quantité de lipoxygénase (E.C. 1.13.11.12), qui joue le rôle d'agent oxydant par les hydroperoxydes qu'elle produit. C'est un moyen d'améliorer les farines « faibles », c'est-à-dire celles qui résistent mal au pétrissage, qui ne donnent pas une pâte assez ferme et un volume suffisant de pain. En outre, la farine de fève active le blanchiment de la pâte. Le mécanisme d'action est résumé figure 10.2.

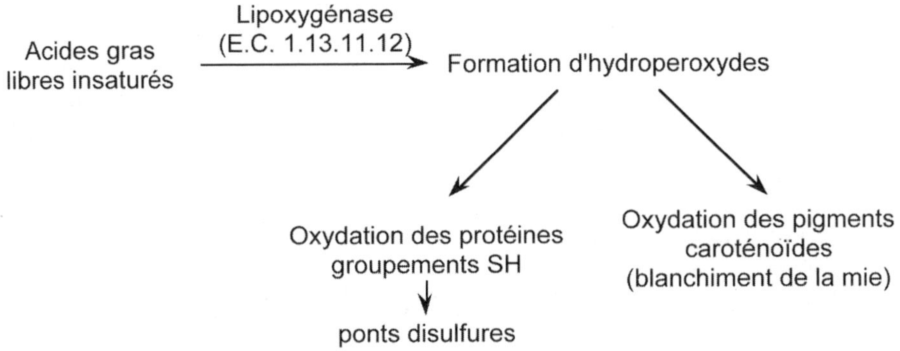

Figure 10.2 Action de la farine de fève lors de la panification.

L'acide ascorbique est ajouté avec l'eau dans le pétrin en vue d'accroître la ténacité du gluten (0,002 % de la farine).

De nombreux autres « améliorants de panification » ont été proposés ; en général, interdits en France et permis ou tolérés dans d'autres pays. C'est le cas des États-Unis où les minotiers fabriquent de véritables « mix » constitués de farines enrichies d'adjuvants variés, lécithine de soja, vitamines, etc.

La pâte obtenue est un mélange complexe comprenant plusieurs phases ; deux sont continues : le réseau de gluten hydraté, qui confère une forte cohésion, et la solution formée par l'eau libre ; deux autres sont discontinues : les grains d'amidon enchâssés dans le gluten et l'air inclus au cours du pétrissage.

Le rôle des protéines a été souligné plus haut. Les gliadines et les gluténines, principaux constituants protéiques des farines, forment une phase continue au sein de la pâte boulangère (au contraire des granules d'amidon et des alvéoles gazeuses) et lui confèrent donc ses propriétés viscoélastiques. Les gliadines contribuent ainsi à sa viscosité et à sa plasticité ; les gluténines assurent sa ténacité et son élasticité. Si l'on excepte les activités enzymatiques, les protéines solubles ne jouent qu'un rôle mineur. Cette présentation succincte du rôle des différentes familles protéiques au cours de la formation de la pâte décrit de façon imparfaite une réalité beaucoup plus complexe.

NB. La fabrication traditionnelle du « pain au levain » comportait l'addition d'un fragment de pâte plus ou moins aigrie, produite les jours précédents. Ce n'est donc pas un ensemencement par une souche de levure seule, mais par un mélange de micro-organismes, dont des ferments lactiques. La texture et le goût du pain (plus acide) en étaient quelque peu différents. Une tendance à la reprise de ce mode de fabrication se dessine de nos jours.

10.7.3 Fermentation panaire

Elle se fait en deux temps, dans un milieu qui n'est pas strictement anaérobie :

1. La levure fermente les glucides libres de la farine (environ 1 %). Pendant ce temps, la β-amylase attaque les granules d'amidon endommagés au cours de la mouture ; il se forme du maltose et des dextrines limites. L'α-amylase scinde les chaînes en dextrines, lesquelles donnent un nouveau substrat à la β-amylase. Il est permis, dans certains pays, d'ajouter des amylases microbiennes pour accélérer cette phase d'amylolyse ; en France, on ne peut ajouter que du malt. Dans les blés germés, il y a trop d'amylase, donc trop de coupures de laisons glucidiques ; il se forme ainsi une pâte collante, friable et poreuse.

2. La levure peut alors se développer grâce aux oses libérés. Dans la fermentation proprement dite, il se produit du gaz carbonique, de l'alcool et des acides organiques : acétique, lactique, propionique, pyruvique.

Le « pointage » est le nom donné à la fermentation initiale en cuve, où l'alcool domine. Ensuite vient l'« apprêt » dans les pâtons avant l'enfournement ; c'est le CO_2 qui l'emporte ; le volume du pain triple durant cette période. La durée totale de la fermentation est de 4 heures en moyenne, mais elle peut varier suivant le mode de panification mis en œuvre et notamment le type de pétrissage et la dose de levure.

10.7.4 La cuisson

Elle se fait vers 250 °C durant 20 à 30 minutes dans un four à atmosphère saturée en eau.

Il se produit les transformations suivantes :

- Accroissement brusque du volume du pain par la production accélérée de CO_2 et la saturation en gaz de la pâte ; en même temps, il se forme en surface un film précurseur de la croûte. Ces deux changements s'arrêtent lorsque la température interne s'élève vers 60 °C, alors que l'alcool produit s'évapore.

- Les protéines du gluten se dénaturent et coagulent à partir de 70 °C ; elles perdent leur affinité pour l'eau, qui s'oriente vers l'amidon. Cette eau joue un rôle à côté du CO_2, dans la structure alvéolaire du pain.
- Formation de la croûte et répartition concomitante de la vapeur d'eau dans la mie lorsque la température atteint 90 à 100 °C. La température de la mie reste un peu en dessous de 100 °C.
- Dextrinisation puis caramélisation à partir de 110 °C, enfin apparition de produits de torréfaction en surface. La température de la croûte atteint 170 à 230 °C. La réaction de Maillard entre groupement $-NH_2$ des protéines et groupement –CO d'un ose réducteur intervient dans la coloration (chapitre 5, § 5.9).
- Au cours de la cuisson, l'amidon se modifie vers 70 °C en passant de l'état semi-cristallin à l'état amorphe (empois) ; il devient plus hydrophile. L'amylolyse, d'abord fortement accélérée cesse ensuite lorsque la β-amylase est inactivée (vers 75 °C). L'α-amylase est plus thermorésistante ; son activité disparaît vers 85 °C. Si l'activité de ces enzymes est trop grande, l'excès de petites molécules (dextrines et maltose) rend la mie collante et la croûte très colorée.

10.7.5 Refroidissement du pain

Le pain chaud est refroidi lentement, de manière à ce que sa fraîcheur dure de 12 à 18 heures. C'est donc un produit fragile ; il rassit, même en atmosphère humide (ce n'est pas une simple dessiccation). Il se produit une « rétrogradation » de l'amidon qui débute dès que la température tombe à 60 °C ; l'état colloïdal est modifié, avec mise en liberté d'eau d'hydratation ; l'amylopectine se replie, avec des chaînes associées, prenant un nouvel état semi-cristallin d'une rigidité augmentant progressivement. Parallèlement, le ramollissement de la croûte est la conséquence de la migration d'eau provenant de la mie.

La rigidité du pain rassis peut être atténuée par réchauffage vers 60 °C ; on provoque ainsi la dissociation de liaisons faibles avec en particulier une libération de molécules d'arôme adsorbées sur la mie séchée.

Divers additifs ont été préconisés pour freiner le rassissement ; en particulier, les agents tensioactifs, comme les monoacylglycérols, qui formeraient un complexe avec l'amylose et empêcheraient sa diffusion. Le terme « assouplisseurs » a été employé pour ces agents qui donnent une mie exagérément souple. On a également proposé des hydrocolloïdes (dextranes, carboxyméthylcellulose), la lécithine, etc.

10.8 PÂTES ALIMENTAIRES

Les pâtes alimentaires résultent de la dessiccation d'un pâton non fermenté, moins hydraté que celui du pain et obtenu à partir de semoule fine de blé dur : 20 à 25 L d'eau pour 100 kg de semoule. Le blé tendre est interdit en France ; alors que des pays étrangers permettent son adjonction. Il confère alors un goût de pain aux pâtes alimentaires.

La pâte est ensuite soumise à un laminage ou un tréfilage, puis au séchage ; elle a finalement la composition moyenne suivante :

▶ eau : 9 % ▶ protéines : 13 % ▶ lipides : 1,5 % ▶ glucides : 76 %.

Pendant longtemps les pâtes alimentaires ont été séchées à une température modérée, vers 60 °C ; actuellement on pratique le séchage à haute température : 90 et 100 °C.

Le poids augmente beaucoup après la cuisson, de 3 à 5 fois.

On fait aussi des pâtes aux œufs, qui sont enrichies en protéines (32 %) et appauvries en glucides (57 %).

Chapitre **11**

Légumineuses - protéines végétales - protéines d'organismes unicellulaires

11.1 COMPOSITION

Dans le tableau 10.1, est consignée la composition sommaire de graines de céréales et de légumineuses. Ces données sont complétées par celles du tableau 11.1 qui concernent diverses graines et des tubercules ayant un intérêt alimentaire, et qui sont classés selon leur teneur en protéines. La composition des légumes a été donnée dans le tableau 1.1 et leur forte humidité (petit pois 75 %, laitue 95 % d'eau) a alors été soulignée.

Les graines de légumineuses ont en général une teneur en protéines voisines de 25-30 % du poids sec ; mais celle-ci s'élève nettement chez d'autres végétaux, comme le soja et le coton. Les deux autres catégories de composés varient beaucoup plus ; la féverole et le pois sont amylacés ; le tournesol et l'arachide sont oléagineux. Le colza a une composition équilibrée, aussi bien entre les trois principales catégories de composés qu'en ce qui concerne la composition en acides aminés essentiels, ce qui est rare chez les végétaux. Il faut souligner le fait que les autres graines et les tubercules sont moins favorables sous cet angle, le facteur limitant étant le plus souvent la méthionine et, parfois, la lysine.

Le tableau 11.1 indique également la présence de facteurs gênants dans les graines et tubercules crus. Leur élimination est recommandée, mais cela provoque des complications techniques (concentration par voie humide) et l'augmentation du prix de revient.

Tableau 11.1 COMPOSITION MOYENNE DE GRAINES ET TUBERCULES (% DE L'ES).

	Protéines	Lipides	Glucides (totaux)	Facteurs gênants
Graines				
Coton	50	30	12	Gossypol
Soja	40	20	35	Antitrypsine, α-galactosides, hémagglutinine
Tournesol	30	45	22	Polyphénols (*)
Féverole	30	2	60	Vicine, antitrypsine
Arachide	25	50	16	
Colza	25	38	30	Acide érucique
Pois	25	2	70	Antitrypsines, acide phytique
Tubercules				
Pomme de terre	9	0,4	82	Solanine
Igname	9	1	82	
Manioc	3,5	1	85	

(*) peuvent être antinutritionnels à haute dose.

Les parties vertes de végétaux ne sont pas mentionnées dans le tableau ; elles contiennent de 1 à 4 % de protéines et 3 à 7 % de glucides dans le produit frais (à 80-90 % d'eau). C'est une source potentielle de protéines, mais qui n'est pas utilisée pour l'alimentation humaine ; on peut en dire autant des feuilles d'arbres.

Les lipides sont traités dans le chapitre 16 (§ 16.3.2), les amidons ont été examinés dans le chapitre 3 (§ 3.2). Le présent chapitre sera essentiellement consacré aux protéines qui sont fort différentes des protéines céréalières vues dans le précédent chapitre, puisqu'il s'agit essentiellement de globulines.

11.2 LE SOJA - FRACTIONNEMENT

1. Au cours des 20 dernières années, la production mondiale de soja a doublé. Et cette tendance devrait se confirmer à l'avenir en vue de la croissance escomptée de la population mondiale et de son corollaire, l'augmentation de la consommation de viande. C'est une légumineuse (Fabacée) herbacée annuelle, d'origine asiatique, dont la culture industrielle s'est étendue, il y 60 ans, aux États-Unis et au Brésil. Des adaptations aux conditions climatiques et pédologiques européennes ont conduit à l'extension de sa culture sur ce continent.

Le tableau 11.2 présente la composition moyenne des graines de soja et des produits qui en sont extraits ; le plan du traitement industriel étant présenté dans la figure 11.1. La farine déshuilée correspond à un tourteau ; elle est très utilisée pour l'alimentation des animaux ; elle doit subir d'autres traitements pour pouvoir être employée dans l'alimentation humaine, avec un double but : élimination de constituants toxiques (cf. § 11.3) et enrichissement en protéines, qui est la partie noble.

Ces traitements peuvent être appliqués à d'autres graines (pois, féverole, ...), à condition de connaître la solubilité des protéines en fonction du pH; le point isoélectrique (pI) étant le plus souvent acide, et la solubilisation, du côté alcalin. On désigne ces procédés sous le vocable extraction par « voie humide ».

2. On appelle improprement « lait de soja » le produit obtenu par extraction à l'eau des graines broyées, éventuellement après gonflement dans l'eau. La solution laiteuse est séparée par filtration. Sa stérilisation (115-120 °C pendant 15 à 20 min) améliore le goût et permet sa conservation. Ce produit est utilisé surtout dans les contrées orientales; il n'a, bien entendu, de commun avec le lait que son aspect.

Tableau 11.2 COMPOSITION MOYENNE DE PRODUITS PROVENANT DU SOJA.

	Humidité	**Protéines**	**Lipides**	**Glucides**	**Cendres**	**Fibres**
Graines de soja	6	38	19	32(*)	5	-
Farine complète	5	41	21	25	5,5	2,5
Farine déshuilée	5	53	1	34	5	3
Protéine « concentrée »	5	70	0,5	16	5	3,5
Protéine purifiée (isolat)	4	93	0,1	-	3	0,2

(*) Glucides et fibres.

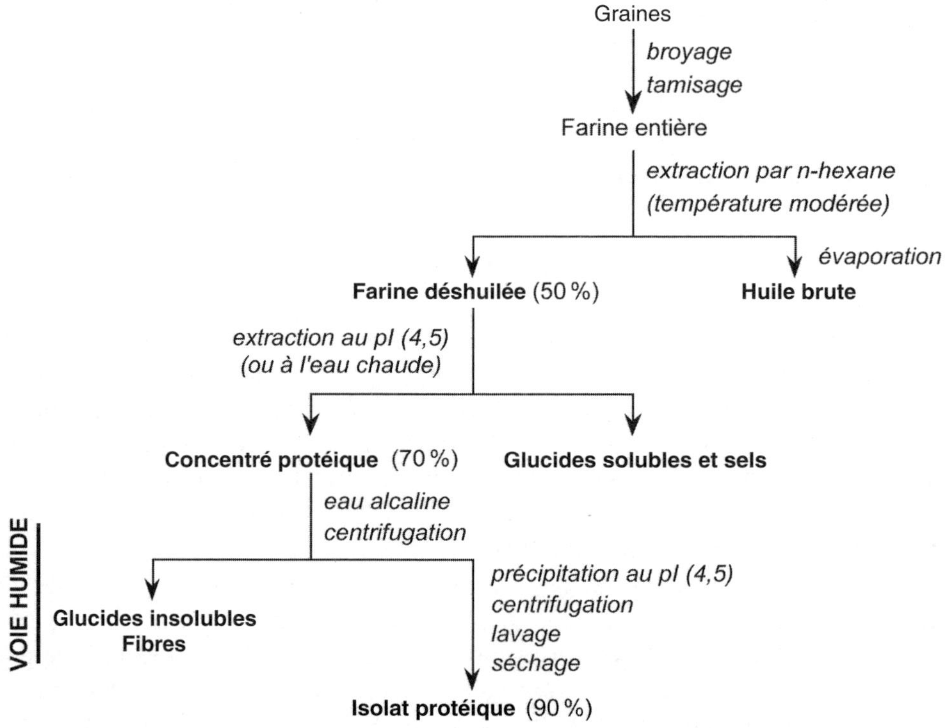

Figure 11.1 Schéma de traitement industriel du soja.

11.3 LES CONSTITUANTS DE LA FARINE DE SOJA

11.3.1 Glucides

On en distingue deux catégories :

- **Polysaccharides insolubles** : pectines, arabinogalactanes, hémicellulose, cellulose (formant des fibres avec la lignine).
- **Oligosaccharides solubles** comprenant principalement le saccharose et ses dérivés α-galactosides qui sont des oses non digestibles, car l'Homme n'effectue pas la biosynthèse de α-galactosidase (1-6) (E.C. 3.2.1.22) (voir chap. 2, § 2.10.1). Le stachyose à quatre résidus d'oses est souvent dominant, au moins dans le soja où il forme 5 % de la masse ; puis on trouve le raffinose, 2 % et les autres oses. En fait, une partie de ces glucides n'est pas soluble, car on en retrouve dans les protéines purifiées.

La conséquence de l'absorption de ces oses est la flatulence, résultant d'une fermentation par la microflore intestinale de l'Homme. C'est pourquoi on cherche à les éliminer de la farine déshuilée. Le traitement par l'éthanol à 80° est efficace, mais coûteux.

11.3.2 Lipides

L'huile de soja est plutôt destinée à l'assaisonnement ; sa richesse en acide α-linolénique (6,5 %), peu stable au cours du chauffage, la font déconseiller pour les cuissons. Les acides gras dominants sont l'acide linoléique (50 %) et ensuite l'acide oléique (25 %). Cette forte insaturation peut être la cause de l'apparition d'une flaveur rance au cours d'un stockage mal maîtrisé du soja.

11.3.3 Protéines

On les répartit habituellement en quatre classes correspondant au fractionnement par ultracentrifugation, identifiées par le coefficient de sédimentation : 2S, 7S, 11S, 15S. Aucune ne correspond à une substance pure ; sauf la fraction 11S qui contient surtout une des deux globulines du soja, la glycinine, et qui représente environ 40 % du total protéique. La fraction 7S (35 %) contient l'autre globuline, la conglycinine, en proportion comparable et les substances biologiquement actives ; enzymes (β-amylase, lipoxygénase, cytochrome C) et hémagglutinine ayant une spécificité envers la D-galactosamine N-acétylée (c'est une « lectine »).

Les fractions mineures (10 à 15 % chacune) contiennent, pour 2S, les inhibiteurs trypsiques de faible masse moléculaire et, pour 15S, des polymères lourds de masse moléculaire de 500 000 Da et plus. Ces fractions ont une forte affinité pour des petites molécules hydrophobes dont certaines sont des constituants d'arômes.

11.4 LES GLOBULINES DU SOJA

11.4.1 Inhibiteurs de trypsine (fraction 2S)

Ce sont de petites globulines qui ne précipitent qu'imparfaitement à pH 4,5 ; de ce fait, le concentré protéique n'en renferme qu'un tiers environ. On les désigne usuellement par les lettres STI (*Soybean Trypsin Inhibitor*) ; elles se trouvent en assez forte proportion (6 à 8 % des protéines totales). Ces substances présentent une résistance élevée aux traitements thermiques, aux acides et aux protéases.

Le plus abondant est l'inhibiteur de Kunitz, dont la MM est de 21 700 Da. Il contient deux ponts –S–S– dans sa structure. L'autre inhibiteur, de Bowman-Birk, a une MM de 7 900 Da mais il a 7 ponts –S–S– ; il ne représente que 0,4 % des protéines. Ils forment tous deux un complexe équimoléculaire inactif avec la trypsine.

D'autres facteurs antinutritionnels existent dans le soja, notamment celui à activité antichymotrypsique. Tous provoquent l'inhibition de la croissance des animaux. Ils sont à réduire ou à éliminer dans le cas de l'alimentation humaine. On trouve des inhibiteurs voisins des précédents dans d'autres légumineuses mais en quantité plus faible (haricot, pois).

11.4.2 Glycinine (fraction 11S)

C'est la globuline la plus insoluble du soja, notamment à basse température (0 °C) où on peut la séparer de la conglycinine 7S. Elle ne renferme pas d'oses.

La MM indiquée par l'ultracentrifugation, 350 000 Da environ, est celle d'un polymère formé de 12 sous-unités, dont 6 sont basiques (B) et 6 sont acides (A) (fig. 11.2). Dans chaque série A ou B, on distingue deux groupes I et II. Les masses moléculaires varient de 31 000 à 38 000 pour A et de 18 000 à 20 000 pour B. En fait, on se trouve en présence de six sous-unités reliant A et B par un pont disulfure (A–S–S–B). La structure primaire est connue. La dénaturation thermique commence vers 70 °C.

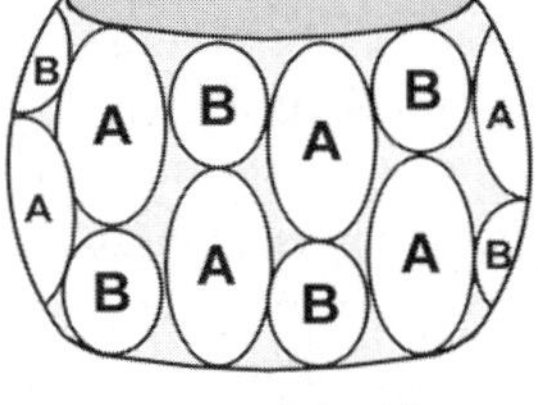

A : sous-unité acide
B : sous-unité basique

Figure 11.2 Représentation schématique de la molécule de glycinine.

La dissociation des sous-unités est facilement obtenue, à force ionique faible, en présence d'agents dissociants (urée concentrée), d'agents réducteurs, ou même simplement en milieu acide ou alcalin, ou encore par chauffage. À force ionique élevée, la structure est stabilisée. On retrouve le même phénomène dans la glycinine, légumine ou arachine des autres légumineuses. C'est un fait important, pour des protéines de réserve, qui devront assurer la croissance de l'embryon, de maintenir une structure quaternaire compacte dans les « corps protéiques ».

11.4.3 Conglycinine

Elle forme l'essentiel de la fraction 7S, soit 30 à 35 % des protéines ; c'est une glycoprotéine qui contient environ 5 % de mannose et de glucosamine. La masse moléculaire de 170 000 Da environ correspond à 3 sous-unités de caractère acide α, α' et β. La caractéristique de ces composés est de ne pas contenir de cystéine ; de plus, la sous-unité β est également dépourvue de méthionine. Les associations moléculaires ne se font donc pas par ponts disulfures.

La dissociation en ses sous-unités se fait en milieu acide ou alcalin. À un pH intermédiaire, de 5 à 10 et à faible force ionique, la conglycinine se trouve à l'état dimère (6 sous-unités) ; à force ionique plus élevée ($\mu = 0,5$) la dissociation se produit.

Également ici, les autres légumineuses ont une globuline 7S semblable à la conglycinine du soja (phaséoline des haricots, vicilline des pois,...).

11.5 LA FÉVEROLE

Avec 30 % de protéines et un rendement de 900 kg de protéines à l'hectare, la culture de cette graine est intéressante.

La teneur en lysine est élevée : 6 % des protéines, mais la déficience en acides aminés soufrés est à relever comme dans le cas du soja.

La composition de la farine de féverole est proche de celle du soja en ce qui concerne les protéines, légumine et vicilline. On y retrouve en particulier les anti-enzymes (antitrypsine, antichymotrypsine,...) et les hémagglutinines. Parmi les α-galactosides, c'est le verbascose qui est dominant, avec 3 % de la farine sèche, et ensuite viennent le stachyose 1 % et le raffinose 0,2 %.

L'isolat protéique est fabriqué simplement, à partir de la farine de graines décortiquées :

1. Extraction par 10 volumes d'eau à pH 7 à 9, agitation et centrifugation ou filtration ;

2. Précipitation de l'extrait liquide à pH 4,5 (eau acidifiée par HCl), lavage, séchage.

On peut séparer la légumine qui précipite seule en présence de chlorure de calcium (0,1 M) ; la vicilline reste en solution.

La présence de glucosides (vicine et convicine) dans la fève, qui passent en solution lors de la cuisson, est responsable du « favisme » ; on désigne ainsi une anémie hémolytique qui était connue surtout dans le bassin méditerranéen où la fève était consommée crue.

11.6 PROTÉINES DES FEUILLES

C'est surtout la luzerne qui a été étudiée, en raison de son potentiel protéique élevé, environ 2 000 kg/ha. Le fractionnement se fait de la façon suivante (tableau 11.3) :

1. Obtention du jus vert par éclatement de la luzerne fraîche et passage sous presse pour séparer le jus des tourteaux. Le jus vert retient 50 % des protéines ; il est concentré et séché sur tambour.

2. Précipitation des protéines par chauffage du jus vert. Avec un chauffage progressif, on peut séparer les deux types de protéines : les protéines vertes se séparent en premier lieu ; ensuite précipite un mélange ; enfin vers 80-85 °C, les protéines blanches floculent. Ces dernières ne contiennent ni cellulose, ni chloroplastes ; elles sont pratiquement délipidées.

Tableau 11.3 COMPOSITION DE LA LUZERNE ET DES PROTÉINES DE LUZERNE (% PRODUIT DESSÉCHÉ).

	Eau	Protéines	Lipides	ENA(*)	Cellulose	Minéraux
Luzerne déshydratée	7	20	3,5	38,5	20	10
Concentré protéique vert	10	45	9	18	1,8	16
Protéines blanches	10	77	1	4,5	-	4,5

(*) Extractif non azoté (glucides moins les fibres).

On peut obtenir des protéines blanches plus pures, à 90 % de protéines, par trempage initial de la luzerne dans l'eau sulfitée à pH 10 et à 50 °C, suivi d'une séparation centrifuge et d'une précipitation thermique. La précipitation acide, pH 4,0-4,5 a également été essayée avec succès.

Ces produits sont utilisés pour l'alimentation animale. Les protéines blanches ont été proposées pour l'alimentation humaine. Ces protéines sont d'un prix plus avantageux que les autres protéines végétales. La teneur en lysine est presque satisfaisante, environ 5 % de la protéine. Les produits verts, contenant de la xanthophylle (dans la fraction lipidique), conviennent bien aux volailles.

11.7 LA POMME DE TERRE

On distingue, selon la période de culture, les pommes de terre de primeur et les pommes de terre de conservation. Les pommes de terre féculières sont destinées à être broyées pour en extraire l'amidon.

Le tubercule de pomme de terre contient environ les trois-quarts de son poids en eau, une quantité élevée de glucides, un faible taux de substances azotées et très peu de lipides (cf. tableau 11.1). Toutefois, la composition est très influencée par la variété, les conditions pédoclimatiques et les techniques de production ; des écarts importants peuvent être observés pour chacun des constituants.

Les glucides sont synthétisés en grande quantité dans les plantes sous l'action de la photosynthèse. Ils constituent la principale source d'énergie pour la respiration et sont à l'origine de la formation de nombreux constituants cellulaires glucidiques et non glucidiques. En plus de l'amidon (70 % de l'E.S.), le tubercule contient du saccharose (1 %), du glucose et du fructose (2 %), de la cellulose (3 %) et des pectines (2 %).

Le « sucrage » des pommes de terre (correspondant à une hydrolyse de l'amidon) pendant la conservation dépend de la variété, de la maturité des tubercules au moment de la récolte, de la température et de la durée de conservation. Il est contrôlé par trois mécanismes distincts :

- la disponibilité en saccharose à la récolte, liée a l'état de maturité,
- le stockage à des températures inférieures à 10 °C,
- le vieillissement physiologique (« sucrage de sénescence »).

11.8 TRAITEMENTS DE CONSERVATION ET DE PRÉPARATION CULINAIRE

Les légumes sont des aliments de haute valeur nutritive, susceptibles de contribuer à la prévention de maladies chroniques graves comme les maladies cardiovasculaires et certains cancers.

Les principales raisons de ces effets favorables sont :

- une densité calorique généralement faible ;
- des protéines souvent bien équilibrées ou pouvant donner lieu à des associations équilibrées ;
- une fraction lipidique riche en acides gras polyinsaturés ;
- une fraction glucidique riche en fibres ;
- des vitamines nombreuses et abondantes ;
- la présence de phytochimiques (chap. 9).

Sur le plan des traitements technologiques, il existe une opposition entre les facteurs antinutritionnels qui ne sont détruits que par un traitement thermique conséquent et les propriétés fonctionnelles des protéines, qui exigent un traitement doux, ou pas de traitement du tout, sans dénaturation.

Le couple temps/température des traitements de conservation (blanchiment, surgélation, appertisation) et de préparation culinaire a été optimisé de façon à conserver une grande valeur nutritive aux légumes. Par exemple, les techniques de cuisson ont fortement évolué lors des trois dernières décennies par l'emploi de la vapeur, du sous-vide…

11.9 TEXTURATION DES PROTÉINES VÉGÉTALES

Ce paragraphe concerne principalement les protéines de soja, mais il peut également s'appliquer à d'autres protéines que l'on trouve sous une forme non texturée, c'est-à-dire sous une forme soluble et non masticable. Les protéines texturées peuvent avoir certaines propriétés physiques voisines de celles des viandes et être aptes à les remplacer, au moins en partie (hamburger, boulettes, raviolis, charcuterie...). Pour le soja texturé, les proportions dans la partie carnée vont de 50 à 80 %, en comptant les produits humides à 26 % d'extrait sec.

Les procédés de fabrication sont résumés dans le tableau 11.4, avec la qualité obtenue. Le procédé d'extrusion thermoplastique est le plus utilisé, il donne des morceaux spongieux, composés de fibres orientées dans la direction d'écoulement, et qui, après réhydratation, ont une structure masticable.

Tableau 11.4 PROCÉDÉ DE TEXTURATION (SOJA).

État	Matière première	Technique	Structure
Morceaux fibreux	Farine ou concentré protéique, avec glucides, peu de lipides, solution concentrée (80 %)	Extrusion thermoplastique haute pression et température (15 000 kPa, 175 °C), fort cisaillement	Sèche, spongieuse, fibres orientées
Fils, fibres	Isolat protéique (90 % de protéines dans l'extrait sec). Solution à 20 % de protéines.	Solution à pH >10, filière à trous de 0,1 mm. Bain acide et salé	Fibres comprimées et chauffées
Films	Solution concentrée de protéines. Lait de soja.	Coagulation sur séchoirs à rouleaux. Évaporation en surface.	Fils minces

Le procédé d'obtention des films à la surface du lait de soja chauffé est un procédé traditionnel au Japon. Le filage est un procédé plus coûteux car il exige des isolats protéiques assez purs ; on peut d'ailleurs l'appliquer à des protéines variées ayant une masse moléculaire supérieure à 10 000 Da.

Des agents oxydants ont été proposés pour aider la mise en solution de la matière première ; ils ne sont cependant pas à recommander en raison de la baisse de la valeur nutritive qui en résulte.

Au cours de ces procédés de texturation, les modifications physico-chimiques – résumées d'une façon schématique – entraînent la rupture des granules ou corps protéiques par dépliement de la structure spatiale et leur orientation dans un sens parallèle à la direction du flux.

11.10 PROTÉINES ISSUES DE MICRO-ORGANISMES

Les micro-organismes (bactéries, levures, champignons) interviennent dans la préparation d'aliments humains et animaux en agissant par leurs enzymes et ils sont utilisés pour la production industrielle de molécules organiques, dont beaucoup sont des métabolites banaux (éthanol, acide acétique, acide citrique, glycérol, lysine, acide glutamique, acide ascorbique, etc.). De ce fait, il paraissait évident de tester la valeur nutritionnelle des cellules de ces micro-organismes industriels.

Dès le début de l'ère pastorienne, les micro-organismes commensaux ont été cultivés sur divers substrats (mélasses, bagasses, lactosérums, liqueurs sulfitiques, etc.) en vue de la valorisation des sous-produits et de l'obtention de biomasses. Les biomasses étaient surtout utilisées dans l'alimentation animale comme apport de vitamines, de sels minéraux et de protéines.

Une recherche intense sur la culture des biomasses s'est développée depuis 1960. Elle a porté sur les levures d'alcanes, les bactéries oxydant le méthanol, les spirulines croissant sur milieux carbonatés, les champignons susceptibles de métaboliser différents types d'effluents. Des ateliers pilotes, puis quelques usines se sont implantés dans différents pays. Les essais nutritionnels réalisés sur de nombreuses espèces animales ont mis en évidence la valeur nutritionnelle élevée et l'innocuité des biomasses obtenues.

11.10.1 Micro-organismes et substrats

a) Micro-organismes producteurs

On distingue cinq groupes d'organismes producteurs de protéines alimentaires :
- les levures cultivées sur substrats conventionnels ;
- les levures d'alcanes ;
- les algues uni- et multicellulaires ;
- les bactéries ;
- les champignons filamenteux.

- Les **levures de boulangerie** sont depuis longtemps utilisées comme additifs dans l'alimentation humaine et animale ; elles n'ont pas pour l'heure dépassé ce stade.
- Les **protéines des levures d'alcanes** ont été expérimentées sur de nombreuses espèces animales et ont donné de bons résultats. En revanche, les essais réalisés sur l'Homme n'ont pas été convaincants. En effet, le taux élevé d'acides nucléiques (8 à 12 %) et la faible digestibilité des membranes de levures, paraissent gêner l'incorporation de ces micro-organismes, dans l'alimentation humaine. Pour surmonter ces difficultés, il y a deux solutions :

- limiter la consommation à 20 g par personne et par jour ;
- présenter sur le marché les protéines extraites des levures et non les levures elles-mêmes.

Quoi qu'il en soit, les levures d'alcanes demeurent une source potentielle importante de protéines pour l'alimentation animale.

- Les **algues cyanophycées multicellulaires** (spirulines) qui se développent spontanément à la surface de certains lacs riches en bicarbonates, rentrent depuis longtemps dans l'alimentation de certaines populations d'Afrique (Tchad) et d'Amérique (Mexique). La valeur alimentaire des protéines de spirulines est bonne et les rendements de production sont élevés (8 à 16 g de matière sèche par m^2/j), dans les conditions de température et d'ensoleillement favorables.
- Les **bactéries.** La plupart des micro-organismes essayés, utilisent des sources de carbone bon marché : ils oxydent le méthane, le méthanol, l'éthanol et les alcanes ;

la valeur nutritive de leurs protéines mérite d'être confirmée. Une utilisation limitée de bactéries obtenues sur méthanol est faite dans l'alimentation animale.

- Les **champignons filamenteux** sont fréquemment utilisés lors de technologies alimentaires traditionnelles ; il est donc normal de connaître la valeur alimentaire de leurs protéines. Des essais nutritionnels ont été effectués sur animaux avec différents champignons (*Penicillium*, *Aspergillus*, *Monilia*, *Rhizopus*, *Fusarium*, *Helminthosporium*, *Trichoderma*). Les résultats ont été dans la plupart des cas décevants.

b) Milieux de culture

Les substrats utilisés sont très divers ; méthanol, substrats amylacés ou cellulosiques, liqueurs sulfitiques, lactosérum (tableau 11.5).

Bien entendu, il s'agit de choisir des milieux de culture abondants et peu coûteux en permettant d'utiliser les déchets de certaines industries (amidonneries, sucreries…) évitant ainsi une pollution.

En plus, des variations du rendement protéique, les différents milieux présentent des avantages et inconvénients. Ainsi, les N-paraffines et méthanol sont des substrats dont la fermentation nécessite un grand apport en oxygène. Or, comme ce sont des milieux anaérobies, il est nécessaire de faire intervenir des systèmes d'aération puissants et les dégagements de chaleur lors des fermentations de ces deux substrats sont tels qu'il faut employer des systèmes de refroidissement. Avec la fermentation des liqueurs sulfitiques, il y a élimination de dioxyde de soufre qui est un inhibiteur de croissance (plus de 50 ppm, il est toxique pour les bactéries, mais influe peu sur les levures).

Tableau 11.5 RENDEMENTS DE PRODUCTION DE PROTÉINES PAR DIFFÉRENTS MICRO-ORGANISMES UNICELLULAIRES.

Micro-organisme	Source de carbone et d'énergie	Rendement (*)	Protéines (**) (N × 6,25)
Cellulomonas alcaligenes sp.	Bagasse	0,45-0,50	87
Methylomonas clara	Méthanol	0,50	80-85
Methylophilus methylotrophus	Méthanol	0,50-0,75	72
Candida lipolytica	n-Alcanes	0,88	65
Candida utilis	Liqueur sulfitique	0,39	55
Kluyveromyces fragilis	Lactosérum	0,55	54
Saccharomyces cerevisiæ	Mélasses	0,50	53
Aspergillus niger	Extrait de graine de caroube	0,45	35
Gliocladium deliquescens	Résidus de grains de maïs	0,60	45
Pœcilomyces varioti	Liqueur sulfitique	0,55	55

(*) Exprimé en g de matière sèche par g de substrat.
(**) Exprimées en %.

L'emploi des substrats amylacés nécessite une clarification pour éliminer les boues (mélasses) et une puissante réfrigération. Quant aux substrats cellulosiques, il faut – avant emploi – effectuer une hydrolyse chimique ou enzymatique.

En conclusion, pour une bonne rentabilité et un rendement protéique satisfaisant, il est nécessaire d'adapter telle souche à tel substrat. Pour ce faire, il convient de passer par des transformations des différents micro-organismes à l'aide de sélection de mutants, de manipulations génétiques.

11.10.2 Extraction et obtention de concentrés protéiques

Pour une bonne utilisation des protéines d'organismes unicellulaires, il est nécessaire après culture et récupération des cellules de les sécher afin d'obtenir une bonne qualité biochimique. La paroi cellulaire fait obstacle aux enzymes de la digestion donc elle doit être dégradée (première étape) et si les produits cellulaires sont utilisés dans les aliments, il est nécessaire de réduire le taux élevé d'acides nucléiques. Pour l'alimentation humaine, il est parfois nécessaire de préparer des isolats protéiques.

Selon les niveaux de pureté croissants, on distingue les farines à concentration inférieure à 70 %, les concentrats à 70-85 % et les isolats dont la concentration en protéines est supérieure à 85 %.

a) Séchage-dégradation des parois cellulaires

Il a été montré que la valeur nutritionnelle des levures était augmentée après un traitement à haute température ou une désintégration des cellules (par exemple, dans un traitement d'une suspension de levures à 10 % à des températures de 70 °C à 110 °C).

Pour dégrader la paroi, on opère un séchage de suspension cellulaire (séchage par procédé Spray ou dans un séchoir à cylindres). La digestibilité obtenue après passage dans le séchoir à cylindres est supérieure à celle obtenue par le procédé Spray ou par lyophilisation. Ceci est dû au fait que les parois étant dénaturées, les enzymes digestives peuvent mieux agir.

b) Réduction du taux d'ARN

Les cellules séchées, sans aucun traitement, sont utilisées pour l'alimentation animale. L'utilisation des protéines d'organismes unicellulaires dans l'alimentation humaine nécessite en plus du séchage, d'autres traitements, comme la réduction du taux d'ARN. Les teneurs en ARN chez les micro-organismes vont de 2 (micro-algues) à 25 % (levures et bactéries).

Pour les micro-organismes à faible teneur en ARN, l'extraction de l'acide nucléique ne s'impose pas.

La réduction du taux d'ARN doit se faire, pour des raisons économiques, après la phase de croissance (incubation). La diminution de la teneur en acides nucléiques est réalisée par voie physico-chimique ou enzymatique. Dans le traitement physico-chimique, l'ARN est hydrolysé par des solutions acides à des températures élevées, cette hydrolyse est rapide et ne touche pas les protéines. Le procédé enzymatique fait intervenir la ribonucléase A pancréatique bovine. Le rapport enzymes/levures est de 1/10 000 (en poids) et le pourcentage d'ARN passe de 7,5-9 à 1,5-2 ; avec un minimum de perte en protéines.

Pour l'alimentation humaine, l'extraction de l'ARN et la dégradation des parois décrites ici de façon succincte sont insuffisantes, il importe de préparer des concentrats et isolats de protéines.

c) Préparation de concentrés protéiques

Les protéines peuvent être extraites avec un bon rendement des levures, des micro-algues et des bactéries.

Un maximum d'extrabilité a été atteint avec de la soude à 0,3 % et un pH entre 11 et 11,5 : 70 à 90 % de l'azote total est dissous et séparé par centrifugation des fragments cellulaires. À partir de cet extrait, on peut précipiter les protéines (environ 50 à 70 % de l'azote total).

Toutefois, l'ARN peut aussi précipiter avec les protéines et il est donc nécessaire de mener de front avec la précipitation, une séparation ARN-protéines.

De façon schématique, il existe trois procédés différents d'obtention de concentrés protéiques :

- **Procédé I** : Pour des micro-organismes à faible teneur en acides nucléiques, seule une solution alcaline (NaCl 1,5 %) et un pH de 9,5 et puis un chauffage à 80 °C, 8 secondes sont nécessaires pour faire précipiter les protéines (70-80 %) (et seulement 2 % d'ARN) le surnageant contient environ 50 % d'ARN soit 75 % de l'ARN total.
- **Procédé II** : Au cours de l'incubation (50 °C, 20 min), l'ARNase endogène est activée et l'ARN dégradé. Pendant l'incubation, une partie des protéines précipite mais on ajoute HCl pour précipiter toutes les autres protéines.
- **Procédé III** : La première étape consiste après la dégradation à séparer les fragments cellulaires par pH alcalin puis après cette séparation, le pH est ajusté entre 5 et 7. L'ARNase (endogène) est activée.

Pendant cette étape, les protéines précipitent et l'addition du $CaCl_2$ renforce cette précipitation. Le produit obtenu contient près de 75 % de protéines et moins de 1 % d'ARN.

Au cours des procédés I et II, il n'y a pas de séparation des fragments de paroi cellulaire. Cette séparation est nécessaire seulement si les parois cellulaires sont nuisibles d'un point de vue nutritionnel ou quand certains sous-produits peuvent être extraits des parois.

Les parois cellulaires des levures contiennent des glycannes, des mannanes et 10 % de protéines dont la présence n'altère pas les propriétés du produit ; tout comme celle des micro-algues ou des champignons. En revanche, pour les bactéries, une séparation est nécessaire car les parois contiennent des substances indésirables comme les D-amino-acides. L'extraction d'un concentré protéique n'est valable que si le produit obtenu répond à une certaine qualité nutritionnelle et possède les propriétés fonctionnelles désirées ; par exemple, les parois cellulaires des levures, en boulangerie, n'affectent pas les qualités du pain, si elles sont ajoutées.

Les procédés I et II ont pour conséquence une baisse de la solubilité du concentré protéique et une hausse des propriétés de gonflement (levures boulangères).

11.10.3 Valeur nutritionnelle et utilisations

Dans l'ensemble, les différents extraits ont une composition en acides aminés assez satisfaisante sauf en ce qui concerne les acides aminés soufrés, l'histidine pour les bactéries et micro-algues, la lysine est faiblement représentée chez les bactéries. Cependant, on observe une variation importante de cette composition suivant le substrat utilisé et le micro-organisme.

Les essais biologiques sur des rats ont montré que les régimes à base de protéines d'organismes unicellulaires complémentés au moyen de protéines végétales sont presque aussi performants qu'un régime témoin de farine de poisson. De plus, ces protéines peuvent être une source importante de vitamines. Enfin les traitements technologiques ont une grande influence sur la valeur nutritionnelle de ces préparations ; par exemple, lors de l'élimination des acides nucléiques, on provoque une carence en potassium.

Chapitre 12

Boissons fermentées

12.1 LES FERMENTATIONS

L'histoire montre que tout commence avec l'invention d'un vin, d'une bière, d'une forme de levain ou de tout autre produit essentiel issu de la fermentation ; tout, c'est-à-dire l'émergence d'une culture permettant à l'homme de se libérer un tant soit peu de l'emprise des forces de la nature !

Depuis fort longtemps, la fermentation est le moyen de conservation de boissons désaltérantes ; ce fut presque le seul avant que d'autres techniques ne se développent.

L'éthanol est un agent efficace de garde pourvu que sa concentration soit suffisante ; de plus, il n'est pas réellement toxique pour l'homme à doses modérées (moins de 0,6 g/kg/j).

La concentration en éthanol s'exprime usuellement en % en volume (mL d'alcool pur dans 100 mL) ; en France, c'est le degré Gay-Lussac (°GL) ; pour obtenir la teneur en alcool pur (en g pour 100 mL) à 20 °C, il faut multiplier le degré Gay-Lussac par la densité de l'éthanol, soit 0,81.

La sensibilité des micro-organismes à l'alcool est évidemment très variée. La stérilité absolue n'est atteinte qu'à la concentration de 16 °GL. C'est une valeur élevée pour une boisson courante ; mais le vin à 10 °GL se conserve bien pour une consommation pas trop éloignée, surtout en récipients clos. La présence de gaz carbonique (CO_2) accentue la préservation à température ambiante ; ainsi, la bière à 3 ou 5 °GL est de bonne conservation, même si elle n'a pas été pasteurisée.

L'acidité, produite surtout par la fermentation lactique, est peu utilisée pour les boissons, exception faite pour le yaourt fluide et les produits lactés similaires, si toutefois on les considère comme appartenant encore à cette catégorie. Ces deux fermentations ne se distinguent, sur le plan biochimique, que par la réaction finale, comme le montre la figure 12.1, à partir de l'acide pyruvique.

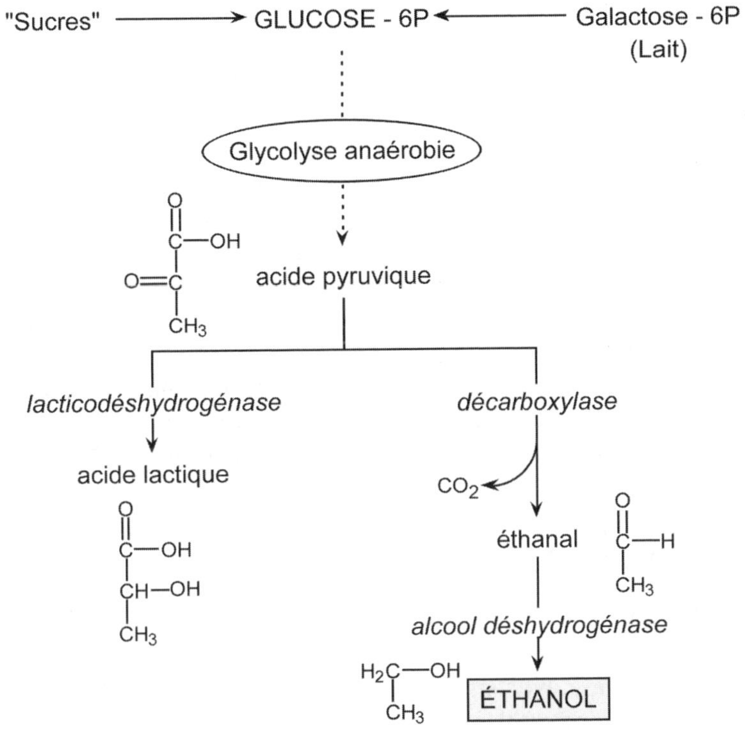

Figure 12.1 Schéma de fermentation.

La fermentation alcoolique est en général le fait de levures de la famille des *Kluyveromyces* ou de celle des *Saccharomyces*, qui sont respectivement sporulées et non sporulées.

Elle se produit aux dépens d'hexoses et de diholosides ; tous sont transformés en glucose-6P pour entrer dans le cycle de la glycolyse anaérobie. L'ensemble de la fermentation se traduit par l'équation suivante :

$$C_6H_{12}O_6 \rightarrow 2CH_3\text{–}CH_2OH + 2CO_2 + \text{énergie}$$

Les hexoses peuvent venir des diholosides, qui sont hydrolysables par beaucoup de levures ; mais ces dernières ne peuvent pas remonter plus haut. Pour obtenir de l'alcool à partir des matières amylacées, il faut effectuer au préalable une hydrolyse qui est en général enzymatique ; les amylases sont souvent formées au cours de la germination des graines de céréales (chapitre 3 § 3.3).

12.2 LE VIN

12.2.1 Préparation

Ce terme n'est applicable qu'au produit de la fermentation alcoolique du raisin ou du moût du raisin. Les glucides sont principalement le glucose et le fructose (presque à concentration égale dans le grain à maturité) ; il y en a de 150 à 250 g/L de jus (on compte qu'il faut 17 g/L de sucre pour avoir 1 °GL) ; ce qui donne après fermentation complète de 9 à 15 °GL ; soit de 73 à 122 g/L d'éthanol. L'addition de saccharose à la vendange est permise pour certains vins (chaptalisation).

Les raisins blancs ne peuvent donner que du vin blanc (on dit « blanc de blanc »).

Les raisins rouges à jus blanc donnent un vin blanc si le pressurage de la vendange avec séparation des parties solides, est immédiat, avant le départ de la fermentation. Les raisins rouges à jus blanc ou rouge, donne du vin rosé ou du vin rouge si la fermentation a lieu sur l'ensemble non pressé du jus et des pellicules ; celles-ci contiennent les pigments rouges ou anthocyanes (chapitre 9) qui passent en solution lorsque l'alcool se développe. Pour le vin rosé, la dissolution est limitée (10 à 15 heures de macération).

Le foulage provoque l'éclatement des grains de raisin, sans séparation de liquide. L'élimination des rafles et le raccourcissement de la fermentation donnent des vins moins astringents. Le chauffage de la vendange, pour accroître la couleur, ou du vin, pour assurer sa conservation, sont des opérations autorisées.

12.2.2 Composition

On distingue trois parties :

1. **Eau** de 830 à 900 g/L.
2. **Substances volatiles**, avec principalement l'éthanol, accompagné d'alcools mineurs : méthanol, propanol, isobutanol, alcool isoamylique. L'éthanol varie, en France, de 9 à 14 °GL (de 73 à 113 g/L) ; la teneur en méthanol dépend de la nature des cépages, de 0,03 à 0,2 g/L ; les alcools supérieurs sont plus réguliers, de 0,25 à 0,60 g/L (un peu plus haut dans les vins rouges que dans les vins blancs). Le méthanol provient de l'hydrolyse des pectines ; le propanol, l'isobutanol et l'alcool amylique résultent de la désamination de certains acides aminés du raisin. Les constituants du « bouquet » (arôme, goût particulier de chaque vin) sont des esters organiques qui se placent en partie dans la catégorie des substances volatiles.
3. **L'extrait sec**, ou matières sèches, se situe autour de 20 à 22 g/L pour les vins rouges, et de 14 à 15 g/L pour les vins blancs, en France. Il rassemble deux types de composants :

- Les matières minérales provenant du moût sont dominantes : du potassium (0,4 à 1,5 g/L), des sulfates (0,03 à 3 g/L), des phosphates (0,03 à 0,90 g/L) et des chlorures (0,01 à 0,60 g/L). On y trouve aussi, en plus faible quantité : Na, Ca, Mg, Fe, Mn, d'une part, et les bromures, iodures d'autre part. Il est à noter qu'une partie des cations, le potassium surtout, se trouve à l'état de sels d'acides organiques, l'acide tartrique et malique sont les deux acides naturellement dominants dans le raisin.
- Les matières organiques qui proviennent en partie de la fermentation ; la plus abondante est le glycérol (4 à 15 g/L) ; ensuite viennent de l'acide succinique, l'acide lactique. Mais elles peuvent provenir aussi du moût, comme les polyphénols tels que les tannins des pellicules et pépins, des substances azotées variées

(acides aminés, peptides), des gommes et pectines, des matières colorantes (vin rouge), etc.

En outre, le vin renferme des vitamines, principalement du groupe B_2 ; il est pauvre en vitamines C et B_1 et il est naturellement privé des vitamines liposolubles (A, D).

Le vin est une boisson acide (pH 3,5) dont l'acidité est masquée par l'alcool ; les acides organiques qui prédominent sont métabolisés dans l'organisme, ce qui fait que l'action est alcalinisante.

Il est à noter que l'acide malique (HOOC–CH(OH)–CH_2–COOH) peut être transformé, par décarboxylation, en acide lactique au cours d'une fermentation secondaire.

Les vins effervescents contiennent du gaz carbonique dissous en quantité variant entre 2 à 6 g/L, ce qui exige une surpression pouvant dépasser trois bars à température ordinaire. Dans la méthode champenoise, c'est une fermentation nouvelle qui provoque la formation de CO_2 ; elle est obtenue par addition d'une certaine quantité de sucre lors de la mise en bouteille ; son développement est lent ; pour le champagne, on compte deux ans et plus.

> **NB.** On tire des boissons comparables au vin d'autres fruits : le cidre des pommes et le poiré des poires sont obtenus en France. Leur composition varie beaucoup. La richesse alcoolique ne dépasse pas 6,5 °GL. L'acide malique est le plus abondant des acides organiques. La poire apporte du sorbitol.

La composition minérale est souvent modifiée par l'addition de NaCl pour régulariser la clarification, ce qui accroît bien entendu les quantités de chlore et de sodium, qui sont très faibles dans le moût sauf dans les régions littorales.

12.3 LA BIÈRE

C'est une boisson très ancienne, qui est aujourd'hui fabriquée dans la plupart des pays du globe. Elle est obtenue à partir de matières amylacées, en trois phases principales.

12.3.1 Maltage

a) Le but principal

C'est le développement des enzymes, surtout de la β-amylase (chapitre 3 § 3.3), au sein d'une céréale lors de la germination. C'est le malt d'orge qui est utilisé, le plus souvent, en brasserie.

À côté, il se forme des « cytases » qui désagrègent les membranes et des protéases qui libèrent des acides aminés ; ceux-ci sont assimilés par l'embryon et ils serviront plus tard au développement de la levure.

b) Le but secondaire

C'est la friabilité du grain et une contribution à la saveur finale.

Le malt est de l'orge germée ; les amylases qui résultent de la germination, produiront plus tard les oses fermentescibles (phase inutile dans la fabrication des vins), principalement le maltose. En plus de la synthèse d'α-amylases et du passage de la β-amylase d'une forme inactive à une forme active, de nombreuses autres enzymes apparaissent (protéases, oxydases, hémicellulases...). Ces enzymes vont agir durant la germination (dégradation des parois cellulaires de l'endosperme) et durant le brassage (amylolyse). Le maltage comporte trois étapes : le trempage (2 jours), la germination (5 jours) et le touraillage (24 heures). Cette dernière opération est une dessiccation à l'air chaud (autour de 80 °C) se traduisant par l'arrêt de la germination, le développement de pigments et d'arômes, dus à la réaction de Maillard (voir chap. 5, § 5.9). Ces composés aromatiques jouent un rôle essentiel dans les caractéristiques organoleptiques de la bière prêt à être consommée. Les radicelles sont éliminées ensuite (dégermage), car elles nuiraient à la qualité.

La malterie est aujourd'hui séparée de la brasserie ; elle peut approvisionner un groupe d'usines.

12.3.2 Brassage

Dans le procédé de fabrication de la bière, les enzymes endogènes du malt ne vont agir qu'au cours du brassage. C'est l'étape au cours de laquelle l'amidon et les protéines vont être hydrolysés par ces enzymes en « sucres » fermentescibles et composés azotés.

Le but principal est l'hydrolyse de l'amidon du malt et, si la « capacité enzymatique » est suffisante, de produits amylacés non maltés et moins coûteux, les grains crus (maïs, manioc, riz...) ; elle n'est pas totale car il est nécessaire de garder des dextrines qui donnent du « corps » à la bière.

La saveur amère de la bière est obtenue au cours du brassage par addition de cônes femelles de houblon.

Les opérations suivantes sont réalisées :

- **Concassage** sur un moulin à serrage progressif ; la mouture n'est pas homogène et comporte gruaux, farine, enveloppe.
- **Brassage** dans de grands récipients, autrefois en cuivre et aujourd'hui en acier inoxydable (« cuve matière »). La mise en suspension ou « empâtage » se fait dans l'eau à 40-50 °C, avec contrôle de la viscosité et du pH qui est réglé vers 5,5. La liquéfaction du brassin se fait en élevant la température vers 62-64 °C. C'est une phase importante ; il semble que la « décoction » convient mieux, pour le moelleux de la bière, que l'« infusion ». Cette dernière est un simple chauffage en masse, alors que la décoction est un chauffage par paliers, avec ébullition séparée de courte durée d'une partie du liquide. En fin de brassage, l'hydrolyse de l'amidon est vérifiée par le test à l'iode dont la couleur doit être jaune ; on parle de saccharification.
- **Filtration** pour éliminer les résidus insolubles ou « drèches », qui sont destinées à l'alimentation du bétail, et donner le jus sucré appelé moût.
- **Cuisson et houblonnage** (150 à 400 g de cônes par hectolitre du premier bouillon) ; une ébullition prolongée (1 à 2 heures) assure la stérilité. Une seconde filtration sépare la « cassure » et le moût est refroidi à 6 °C avant ensemencement.

12.3.3 Fermentation

Elle est provoquée par des levures sélectionnées du genre *Saccharomyces*, qui agit en deux temps :

a) Fermentation principale

Dans les « cuves de fermentation », à 10-15 °C, pendant 1 semaine environ pour la fermentation basse, qui est de loin la plus répandue. Pendant 1 à 2 jours, la levure se développe en masse, puis il se forme une mousse blanche d'abord, puis brune ensuite (à cause des tannins). On contrôle l'« atténuation » du moût au saccharomètre, qui mesure la densité, et non pas par le degré alcoolique.

Un coup de froid facilite le dépôt de la levure, avec l'espèce *S. carlbergensis.*

> **NB.** La fermentation haute est très peu utilisée ; elle est plus courte (3 à 4 jours) et jusqu'à 20-25 °C ; la levure reste en surface.

b) Fermentation secondaire ou « garde »

La bière est décantée et « traversée » dans des tanks hermétiques où elle va rester durant 3 à 8 semaines à une température abaissée à 0-1 °C. Elle s'enrichit en gaz carbonique ; le maltotriose fermente ; H_2S disparaît. Ici, il y a risque d'altération due à la formation de diacétyle (CH_3–CO–CO–CH_3) dont le seuil de perception est bas : 0,2 ppm. La présence de ce métabolite dans la bière est en effet indésirable alors qu'elle est recommandée dans d'autres aliments comme le beurre.

La filtration finale sur Kieselguhr encore appelé « diatomées » ne donne pas une bière stérile ; une pasteurisation à 65 °C est recommandée.

La fermentation alcoolique a lieu pour toutes les bières, même les bières légères (« light ») à moins de 3 % d'alcool et les bières sans alcool, qui en réalité en contiennent de 0,5 à 1 °GL. La production de la bière sans alcool se fait aussi par arrêt de la fermentation à température basse. L'alcool est réduit par le procédé d'osmose inverse, qui est une technique de séparation sous haute pression et sur membrane semi- perméable dont le tamisage moléculaire est compris entre 10^{-3} et 10^{-4} micromètres.

12.3.4 Composition

L'extrait sec des bières courantes est proche de 40 g/L, soit beaucoup plus que dans les vins (22 pour les rouges et 15 pour les blancs) ; ceci est dû à la teneur élevée en dextrines, autour de 22 g/L, et en glucides réducteurs, 9 g/L (en maltose).

La teneur en alcool varie beaucoup selon le type de bière ; en moyenne, on trouve 2,5 °GL (soit 20 g d'éthanol) pour la bière bock et 5,5 °GL (44 g d'éthanol) pour la bière de luxe. Certaines bières commercialisées atteignent 10 °GL (81 g d'éthanol).

La bière contient des vitamines hydrosolubles, surtout celles du groupe B (6 g/L de vitamine B_3 ou PP).

12.4 LE TROUBLE DE LA BIÈRE

C'est une altération qui n'est pas gênante sur le plan hygiénique mais qui l'est pour la dégustation ; il faut produire une bière qui, même après réfrigération, conserve son aspect brillant et sa couleur dans les verres.

Trois facteurs influent sur la formation du trouble : 1) protéines de haute masse moléculaire, 2) tannins, 3) oxygène de l'air. Il est nécessaire d'agir sur au moins deux de ces facteurs pour obtenir un bon résultat. Le plus souvent, on élimine l'oxygène et on réduit la taille des protéines.

Les phénomènes sont de deux ordres :

- **Oxydation** qui touche les deux autres facteurs et qui se traduit par le trouble à la réfrigération, le brunissement de la couleur, le goût plus âpre avec réduction de l'arôme apporté par le houblon. Il faut évidemment réduire au maximum l'introduction d'air lors des transvasements ou du soutirage, compte tenu du fait que le CO_2 ne protège qu'imparfaitement contre l'oxydation. On peut aussi utiliser des substances adjuvantes antioxydantes, comme l'acide ascorbique (vitamine C de synthèse), qui ne semble modifier ni les propriétés physico-chimiques ni le goût de la bière.
- **Formation de complexes** peu solubles ou tout à fait insolubles par la combinaison des protéines et des tannins ; il en résulte la formation d'un trouble persistant.

Les tannins non condensés ont la forme de dérivés d'un ose, principalement du glucose avec de 1 à 5 substituants polyphénoliques acides. La structure de base de ces substances ainsi que celle de deux acides est représentée figure 12.2.

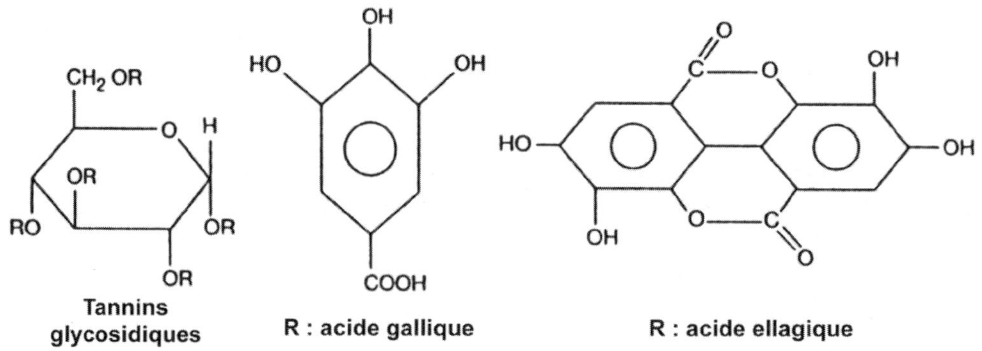

Figure 12.2 Structure des tannins non condensés.

Ils peuvent s'unir aux liaisons peptidiques des protéines par des liaisons hydrogène, qui au cours du temps et par oxydation, deviendront des liaisons covalentes.

L'hydrolyse limitée des grosses protéines par des endopeptidases est un moyen de lutte. On a en particulier, proposé la papaïne à l'état de solution concentrée, cette enzyme végétale est issue d'un fruit tropical : la papaye (*Carica papaya*).

12.5 SUBSTANCES AMÉRISANTES DU HOUBLON (*HUMULUS LUPULUS*)

1. Les cônes femelles du houblon, séchés à 70 °C, apportent des résines qui ont trois actions dans la bière :

– correction du goût (amertume) à l'aide d'isohumulones ;
– pouvoir antiseptique, surtout sur les bactéries Gram$^+$;
– effet sur la stabilité de la mousse par formation de colloïdes tensioactifs après cuisson.

La lupuline contient les résines amères et des huiles essentielles plus ou moins volatiles (plus ou moins éliminées au cours de la cuisson). Seules les résines molles apportent les propriétés précédentes ; elles sont solubles dans l'hexane et d'autres solvants organiques (par exemple, le CO_2 supercritique) ; elles sont constituées des fractions α et β. Les résines dures (fraction γ) sont insipides et insolubles dans l'hexane.

Le rapport moyen des fractions est $\alpha/\beta/\gamma = 7/10/4$.

2. La fraction α est la plus amérisante ; elle est constituée de dérivés du phloroglucinol, qui est le triphénol 1-3-5. On y trouve principalement l'humulone et la cohumulone qui sont des dérivés iso de chaînes à 4 et 5 carbones, comme le montre la figure 12.3.

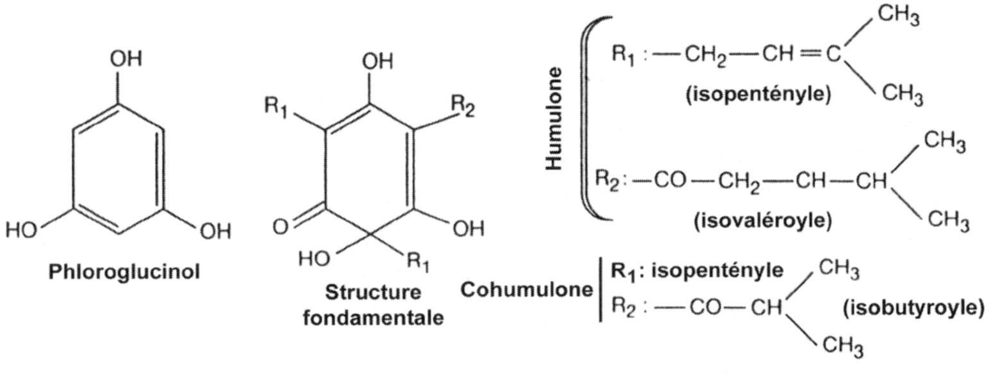

Figure 12.3 Structure de l'humulone et de la cohumulone.

Ce sont des substances acides faibles (pKa 4,6-4,7) qui subissent des transformations variées et complexes (hydrogénolyse, oxydation, isomérisation) et qui aboutissent à des résidus amers et non amers.

3. La fraction β a une composition plus complexe, mais des propriétés voisines. La structure de la lupulone est donnée dans la figure 12.4.

Ces substances, en présence de métaux, forment des complexes non cristallins (Cu, Fe,...). Le plomb en solution précipite la fraction α, mais non pas la fraction β.

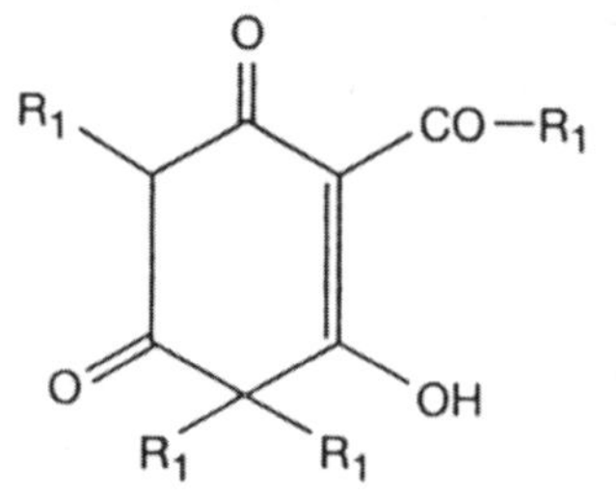

Figure 12.4 Structure de la lupulone.

12.6 BOISSONS AROMATIQUES ET RAFRAÎCHISSANTES

Dans les temps anciens, et particulièrement à l'ère romaine, on avait pris l'habitude d'aromatiser les vins afin de mieux les conserver.

Au début des années 1980, des produits, nés aux États-Unis, du mélange de vin et de sirop carbonaté et aromatisé, ayant un taux d'alcool d'environ la moitié de celui du vin de base portent le nom de « Wine Cooler ». La prolifération de ces boissons sur les marchés mondiaux a fait qu'on donna à cet ensemble de produits le nom commun de « Cooler », désignant des boissons aromatisées, rafraîchissantes à base de vin, de bière ou de cidre. L'appellation « cocktails » – parfois préférée – n'a pas une résonance plus française !

En plus des constituants de base comme le vin, le cidre ou la bière, ces boissons contiennent notamment du sirop de sucre, des produits aromatiques, des additifs éventuels et du dioxyde de carbone. Sans oublier de mentionner les micro-nutriments apportés par les jus de fruits ou les extraits de ceux-ci : éléments minéraux, vitamines dont la plus importante est la vitamine C.

Les « Coolers » se présentent donc comme des boissons rafraîchissantes, énergétiques et vitaminées avec parfois un taux d'alcool important mais en partie masqué ! Ils ciblent généralement une population jeune moins attirée par les boissons alcoolisées classiques.

12.7 L'ALCOOL. ASPECTS BIOLOGIQUES

L'alcool est un nutriment ; il est oxydé dans le foie en acide acétique et en dégageant 7 kilocalories/g, mais cette chaleur n'est pas réglée par le mécanisme de thermorégulation et il n'existe pas de formes de stockage de cette énergie, à l'exception de la petite partie de l'éthanol qui est transformée en lipides.

À dose modérée, l'éthanol est un facteur de protection vasculaire ; il semble que la morbidité cardiovasculaire soit inversement proportionnelle à la consommation alcoolique moyenne, pour des populations ayant des régimes comparables. En revanche, les effets négatifs sont beaucoup plus nets lorsque la prise est plus élevée.

Les valeurs à retenir de l'alcoolémie (quantité d'éthanol par litre de sang) sont rapportées dans le tableau 12-1. La limite légale ne se trouve pas au même niveau dans différents pays. L'ivresse se manifeste vers 1 g/L ; elle se traduit par la perte du contrôle des actes et un allongement du temps de réaction. Au-dessus de 3 g/L environ, le sujet est dans un état de coma profond avec abolition de la sensibilité ; si aucune assistance n'est donnée, le risque mortel est grand.

Tableau 12.1 ALCOOLÉMIE HUMAINE.

	g/L	mM/L
Limite légale en France	0,5	10,9
Phase d'excitation	1	21,7
Phase d'incoordination	2	43,4
Phase comateuse	≥ 3	≥ 65

Il faut ajouter que la résorption de l'alcool est rapide dans l'organisme humain. Le contenu du tube digestif est en équilibre avec le sang entre 45 minutes (alcool bu à jeun) et 1 heure (alcool dans un repas). L'alcoolémie, pour un même poids et une même dose d'alcool, est plus élevée pour les femmes que pour les hommes.

Chapitre 13

Laits et produits laitiers

13.1 GÉNÉRALITÉS

1. Le terme « lait », sans qualificatif, désigne le lait de vache qui est principalement étudié dans ce chapitre. Les laits de chèvre et de brebis sont également exploités, mais servent surtout à la préparation de fromages. Dans certaines régions du monde, on utilise encore le lait d'une dizaine de mammifères domestiques (bufflonne, jument, yack, chamelle, etc.). Mais il faut souligner le fait que la prédominance du lait de vache est écrasante à l'échelle mondiale.

Le tableau 13.1 présente la composition moyenne du lait de vache de race laitière. On voit que c'est un liquide très aqueux mais dont la composition en glucides, lipides et protides est remarquablement équilibrée en matière sèche (M.S.) (respectivement 1,5, 1,0 et 1,0) avec en plus une variété de sels minéraux, de vitamines et d'enzymes. L'énergie apportée est de 65 kcal environ pour 100 g de lait.

Par rapport au lait de vache, on observe des différences de composition dans le lait d'autres espèces, comme le montre le tableau 13.2. Les valeurs pour les monogastriques sont indicatrices, car il existe des variations individuelles importantes. Le lait humain est plus riche en glucides, mais beaucoup plus pauvre en sels minéraux et en protéines que le lait de vache ; de plus, la proportion de caséine est faible.

2. Le lait est un mélange, sur le plan physique autant que sur le plan chimique. Par l'application de la force centrifuge, on sépare successivement :

- La matière globulaire, sous forme de crème plus ou moins jaune, se sépare du lait écrémé blanc, d'une manière aisée (quelques milliers de « g », ou un simple repos prolongé à température modérée). La crème a la même structure que le lait entier ; lorsqu'elle est agitée (barattée), le beurre se sépare du « babeurre ».

Tableau 13.1 COMPOSITION DU LAIT DE VACHE.

	Composition (g/L)	État physique des composants
Eau	**905**	Eau libre (solvant) plus eau liée (3,7 %)
Glucides (lactose)	**49**	Solution
Lipides	**35**	Émulsion des globules gras (3 à 5 μm)
Matière grasse proprement dite	34	
Lécithine (phospholipides)	0,5	
Insaponifiable (stérols, carotènes, tocophérols)	0,5	
Protides	**34**	
Caséine	27	Suspension micellaire phosphocaséinate de calcium (0,08 à 0,12 μm)
Protéines « solubles » (globulines, albumines)	2,5	Solution (colloïdale)
Substances azotées non protéiques	1,5	Solution (vraie)
Sels	**9**	Solution ou état colloïdal
de l'acide citrique (en acide)	2	
de l'acide phosphorique (P_2O_3)	2,6	
de l'acide chlorhydrique (NaCl)	1,7	
Constituants divers (vitamines, enzymes, gaz dissous)	**traces**	
Extrait sec total	**127**	
Extrait sec non gras	92	

Tableau 13.2 COMPOSITION BIOCHIMIQUE DE DIVERS LAITS (G POUR 100 G).

	Extrait sec (total)	Matière grasse	Lactose	Sels minéraux	Matières azotées (totales)
Monogastriques					
Femme	11,7	3,5	6,5	0,2	1,5
Jument	10	1,5	5,9	0,4	2,2
Polygastriques (Ruminants)					
Vache	12,5	3,5	4,7	0,8	3,5
Chèvre	13,6	4,3	4,5	0,8	4
Brebis	19,1	7,5	4,5	1,1	6
Bufflonne	17,8	7,5	4,7	0,8	4,8

- Les caséines se séparent par ultracentrifugation (= 35 000 g) du lait écrémé sous une forme « micellaire » structurée. À plus haut pouvoir centrifuge, on sépare les albumines et globulines. Le lait est donc une suspension de matières protéiques dans un lactosérum, qui retient le lactose et les sels minéraux. Il est à noter que l'ultrafiltration permet des résultats comparables.

3. Le lait normal est synthétisé dans la mamelle saine. En cas de maladie locale (mammite), le liquide extrait a une composition anormale ; elle tend vers la composition du sang ; un tel lait est impropre à tous usages. Au tout début de la lactation, après le vêlage, la mamelle sécrète un lait anormal, très riche en immunoglobulines, oligo-éléments, facteurs de croissance (2 à 4 fois plus élevés que dans le lait normal) dénommé le colostrum, qui ne peut être utilisé que pour la nourriture du veau.

L'injection aux vaches de l'hormone BST (somatotropine bovine) accroît la production laitière en réduisant la part des besoins d'entretien. Si l'utilisation de ce procédé a lieu assez tard après la fécondation, il n'a aucune influence sur la santé des animaux ni sur la composition du lait. La labilité de cette hormone la rend inoffensive pour le consommateur.

4. Les minéraux du lait ne forment qu'une faible partie de la matière sèche mais ils sont intéressants par leur contenu en calcium (1,25 g/L) et en phosphore (1 g/L), qui est beaucoup plus élevé que celui du sang. Cela provient du fait qu'une partie importante de ces deux éléments, environ les 2/3, se trouve sous forme colloïdale, n'influant que très peu sur la pression osmotique. La production d'une vache moyenne, produisant 5 000 litres de lait par an, exporte 10 à 12 kg d'acide phosphorique et 8 à 10 kg de calcium. Le lait est la plus importante source de calcium dans la nutrition humaine (chapitre 6, § 6.2.3).

Le lait de vache contient du potassium (1,5 g/L) et trois fois moins de sodium (0,5 g/L). Dans les laits mammiteux, la teneur en sodium est plus élevée.

5. Le pH du lait de vache fraîchement trait se situe un peu en dessous de la neutralité ; vers 6,6-6,7. Celui du lait de femme est un peu au-dessus, vers 7,2 ; cela tient surtout à sa faible teneur en caséine (protéine phosphorylée).

Une faible diminution du pH a des effets importants sur l'équilibre des minéraux (formes solubles et insolubles) et sur la stabilité de la suspension colloïdale de caséine.

13.2 LE LACTOSE ET LES OLIGOHOLOSIDES

1. La fraction glucidique du lait de tous les mammifères (sauf de la lionne de mer !) est constituée principalement de lactose : β-D-galactopyranosyl (1 $\rightarrow$ 4) D-glucopyranoside α ou β (chapitre 2, § 2.9). Seulement 1,0 à 1,6 g/L sont des oligosides libres ou combinés aux protéines. Dans le colostrum de vache cette teneur passe à plus de 3 g/L. Le lait de femme contient au moins 10 g d'oligosides renfermant, à côté du lactose, le L-fucose, la N-acétylglucosamine et un acide neuraminique ; ces substances ont des activités biologiques variées, notamment un facteur de croissance de

Lactobacillus bifidus, bactérie presque unique de l'intestin des enfants nourris au sein ; c'est une des premières causes de la supériorité du lait maternel sur le lait de vache.

2. Il existe un **point critique de cristallisation** du lactose à partir de solutions concentrées. Au-dessus de 94 °C, c'est le lactose β-anhydre qui se forme (on ne connaît pas de lactose β-hydraté). Au-dessous de 94 °C, le lactose α-hydraté (1 H_2O) cristallise ; c'est la forme habituelle du lactose sec ; la forme α-anhydre apparaît par dessiccation sous vide avec un chauffage modéré.

En solution, la mutarotation amène le mélange β/α à 1,63 (15-20 °C). Au chapitre 2, les propriétés physiques de chaque anomère sont rapportées et la faible solubilité du lactose : 170 g/L à 15 °C est à souligner. Dans les autres laits comme le lait de femme, on observe le même équilibre entre les deux formes α et β.

3. Les cristaux de lactose α, formés naturellement, sont relativement gros et très durs. Dans le lait concentré sucré, ils causent le défaut « sableux ». C'est pourquoi on favorise, par ensemencement de la masse avec des cristaux de lactose, la formation de très petits cristaux (moins de 0,01 mm).

L'élimination rapide de l'eau par dessiccation peut entraîner la formation de lactose vitreux, qui correspond à une solution hyperconcentrée en présence d'air humide ; les particules tendent à s'agglutiner (formation de grumeaux). L'industrie sait favoriser la cristallisation et améliorer la solubilité des poudres de lait ou de lactosérum.

4. Les deux **réactions de dégradation** physico-chimique du lactose qui intéressent la pratique sont :

- La décomposition par la chaleur : vers 100 °C, après un long chauffage, il se forme un complexe entre la caséine et le lactose ainsi qu'une glycosylation des protéines majeures du lactosérum ; vers 120 °C apparaît un brunissement ; au-dessus de 120 °C, le lactose se décompose en substances variées, notamment l'hydroxyméthylfurfural et l'acide formique. La conséquence en est l'activation de la croissance de certaines bactéries lactiques.
- La réaction de Maillard (voir chapitre 5, § 5.9), entre la fonction réductrice du lactose et les fonctions azotées libres des acides aminés, en particulier la lysine qui, dès le début des réactions (formation d'un composé d'addition) est bloquée donc inutilisable par l'homme, entraîne une baisse de la valeur nutritive. Ces réactions sont accélérées par le chauffage ; elles s'accompagnent de plusieurs modifications, en particulier de l'apparition de la coloration brune et l'augmentation du pouvoir réducteur. Dans le lait en poudre, à température ambiante, les réactions sont lentes, mais redoutables. Les moyens de lutte sont : maintien en atmosphère sèche, basses températures, élimination du fer et du cuivre du matériel (catalyseurs des réactions).

5. La fermentation lactique est la plus importante modification biochimique du lactose. Les bactéries lactiques vraies produisent l'acide lactique presque pur, sans gaz, selon la voie de Meyerhof-Embden :

$$C_{12}H_{22}O_{11},H_2O \rightarrow 2C_6H_{12}O_6 \rightarrow 4CH_3\text{–CHOH–COOH}$$

La présence constante d'acide lactique dans le lait et les produits laitiers a conduit à exprimer l'acidité en degré Dornic (°D). 1 °D = 1 mg d'acide lactique dans 10 mL de lait, soit 0,1 g/L ou 0,01 % d'acide lactique.

Ces bactéries sont fréquemment trouvées dans le lait. À côté d'elles existent des bactéries donnant une fermentation hétérogène, avec production de 50 % environ de CO_2 et d'autres substances fixes ou volatiles.

Dans le lait de consommation, l'acide lactique est gênant ; le lait « tourne » lorsque la teneur atteint 0,5 % à 20 °C. Dans les produits dérivés, notamment la crème, le beurre, les fromages, le yaourt, l'acidification lactique contrôlée est indispensable, avec production de faibles quantités de substances aromatiques : diacétyle CH_3–CO–CO–CH_3, éthanal CH_3–CHO.

13.3 LES LIPIDES. ASPECTS CHIMIQUES

13.3.1 La matière grasse

La matière grasse proprement dite, ou lipides neutres, constituée de glycérides ou acylglycérols, est très prédominant : 98 %. Elle est solide à température ambiante (c'est une graisse) ; elle est presque entièrement libre, et se trouve en fine dispersion dans les globules gras.

- les lipides polaires sont surtout des phospholipides ; ils ne forment que 1 % du total ; ils sont principalement sous forme liée dans la membrane globulaire ;
- les lipoïdes insaponifiables, insolubles dans l'eau, mais de nature très différente, constituent le reste. Ils rassemblent principalement les carotènes et les stérols, qui comprennent les vitamines A et D.

13.3.2 Les triacylglycérols

Les triacylglycérols ou triglycérides représentent plus de 98 % des lipides neutres, à côté de diacylglycérols (1,5 %) et de monoacylglycérols (0,3 %). Les radicaux acides gras R sont extrêmement variés et nombreux.

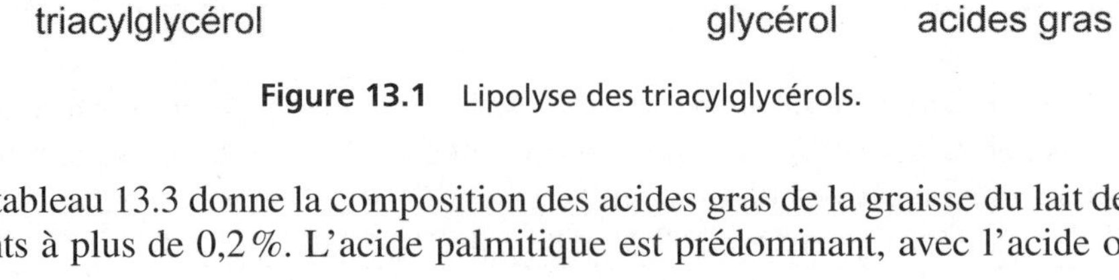

Figure 13.1 Lipolyse des triacylglycérols.

Le tableau 13.3 donne la composition des acides gras de la graisse du lait de vache présents à plus de 0,2 %. L'acide palmitique est prédominant, avec l'acide oléique.

Tableau 13.3 Principaux acides gras de la fraction lipidique du lait de vache (*).

Catégories		Nombre d'atomes de carbone	Proportion (% du total)	État physique à 20 °C
I. ACIDES GRAS SATURÉS $CH_3–(CH_2)_{n-2}–COOH$				
A. Volatils solubles	Butyrique	C_4	3 à 4 (tr)	Liquide
	Caproïque	C_6	2 à 5 (tr)	Liquide
B. Volatils insolubles	Caprylique	C_8	1 à 1,5 (tr)	Liquide-solide
	Caprique	C_{10}	2 (2)	Solide
	Laurique	C_{12}	3 (8)	Solide
C. Fixes	Myristique	C_{14}	11 (10)	Solide
	Pentadécanoïque	C_{15}	1,5	Solide
	Palmitique	C_{16}	25 à 30 (23)	Solide
	Stéarique	C_{18}	12 (7)	Solide
	Arachidique	C_{20}	0,2	Solide
II. ACIDES GRAS INSATURÉS				
A. Monoènes $CH_3–(CH_2)_z–CH=CH–(CH_2)_y–COOH$	Palmitoléique	C_{16}	2 (5)	Liquide
	Oléique	C_{18}	23 (35)	Liquide-solide
	Vaccénique (trans)	C_{18}	2 à 3	Solide
B. Polyinsaturés non conjugués $–CH_2–CH=CH–CH_2–CH=CH–CH_2$---COOH	Linoléique	C_{18}	2 (8,5)	Liquide
	α-Linolénique	C_{18}	0,5 (2)	Liquide
	Arachidonique	C_{20}	0,3	Liquide
C. Polyinsaturés conjugués $–CH_2–CH=CH–CH=CH–CH_2$---COOH	Diène	C_{18}	0,8	Liquide
	Triène et tétraène	C_{18}	tr	Liquide

(*) Entre parenthèse, quelques moyennes (moins significatives) pour le lait humain ; (tr) : traces.

Les acides manquants sont des acides à nombre impair de carbone, à ramification ou à doubles liaisons différentes. On notera que, dans l'ensemble, les 2/3 des acides gras sont saturés et le 1/3 est insaturé, mais il y a peu d'acides gras polyinsaturés.

Une caractéristique importante du lait des ruminants est la présence d'acide gras à courte chaîne (C_4 à C_{10}) ; les acides volatils solubles (essentiellement butyrique et caproïque), en indices R.M.W. (Reichert, Meissl et Wolny), sont entre 20 et 30 alors qu'ils ne sont que 2 dans le lait de femme et de 1 environ dans les graisses et huiles courantes, à l'exception des graisses de coco et de palmiste (5 à 8).

13.3.3 Les acides gras insaturés

Les acides gras insaturés en forme « cis » sont importants par leur réactivité, leurs propriétés biologiques et leur bas point de fusion. Leur proportion varie surtout avec l'alimentation ; l'herbe est très favorable à ce point de vue ; l'acide α-linolénique, qu'elle apporte principalement, est en grande partie hydrogéné dans le rumen en acide oléique surtout et aussi en acide linoléique et vaccénique (trans). L'indice d'iode qui est une mesure de l'insaturation, est élevé et constant dans le lait des animaux nourris à l'herbe toute l'année, comme en Normandie où le beurre a des propriétés technofonctionnelles (plasticité, tartinabilité) et des qualités organoleptiques unanimement reconnues ; il est au contraire bas dans le lait des animaux vivant en stabulation et le beurre obtenu est plus ferme et cassant. Un procédé dit de « cristallisation fractionnée » permet de réduire la proportion d'acides gras responsable de ce caractère cassant pour conférer au beurre le caractère de « tartinabilité » attendue.

13.3.4 L'acide linoléique

L'acide linoléique a un caractère indispensable (voir chapitre 4, § 4.4.2), c'est le précurseur des prostaglandines de série 2, la double liaison ω 6-7 ne peut pas être formée dans l'organisme humain (fig. 13.2). La teneur en acide linoléique varie peu dans le lait de vache : de 1,2 à 2,0 %. Dans le lait de femme, elle est beaucoup plus élevée : 8 à 9 % ; c'est une autre cause de supériorité du lait maternel. Aussi, la plupart des laits adaptés sont supplémentés en cet acide gras essentiel de façon à ce qu'ils en contiennent une proportion proche de celle du lait humain.

La matière grasse laitière comprend également des composés appelés isomères diène-conjugués de l'acide linoléique (CLA), isomères géométriques et de position polyinsaturés (0,2 à 3 % de la matière grasse). L'acide ruménique ($C_{18:2}\Delta^{9\text{ cis, }11\text{ trans}}$) représente entre 80 et 90 % de ces CLA, les autres isomères importants sont le $C_{18:2}\Delta^{7\text{ trans, }9\text{ cis}}$ et le $C_{18:2}\Delta^{10\text{ trans, }12\text{ cis}}$; la concentration de ce dernier dépend fortement de l'alimentation de l'animal (fig. 4.3). Alors que les acides gras insaturés de forme trans d'origine végétale augmentent le risque coronarien, il n'y a pas de lien entre les CLA et la maladie coronarienne. Au contraire, il a été montré sur des modèles animaux que de nombreux effets bénéfiques peuvent être attribués aux CLA. Ces effets sont dus aux actions séparées du $C_{18:2}\Delta^{9\text{ cis, }11\text{ trans}}$ et du $C_{18:2}\Delta^{10\text{ trans, }12\text{ cis}}$ ou à leur synergie. Ces deux isomères inhibent la cancérogénèse. Le $C_{18:2}\Delta^{10\text{ trans, }12\text{ cis}}$

agit sur les adipocytes en réduisant la capture des lipides et diminue ainsi la masse grasse; il augmente également la prolifération des lymphocytes *in vitro*. Le $C_{18:2}\Delta^{9\text{ cis, }11\text{ trans}}$ accélère la croissance et améliore l'efficacité de l'alimentation chez le jeune rongeur. Il faut néanmoins noter que le $C_{18:2}\Delta^{10\text{ trans, }12\text{ cis}}$ induit, chez la souris mais pas chez le hamster, une stéatose.

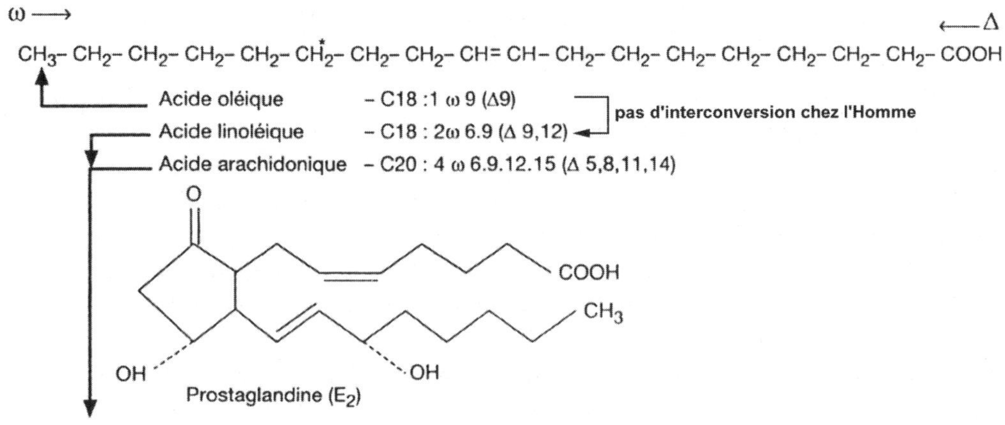

Figure 13.2 Les acides gras polyinsaturés. Les prostaglandines.

13.3.5 Oxydation de la matière grasse

L'oxydation de la matière grasse est un défaut d'ordre chimique. La saveur oxydée est fort désagréable, dans le lait comme dans le beurre; on dit aussi goût de carton, huileux ou métallique, et suiffage; mais on ne doit pas la confondre avec la rancidité qui est enzymatique.

Il s'agit d'un mécanisme d'auto-oxydation des acides gras insaturés qui conserve la double liaison, avec formation d'un hydroperoxyde :

$$-CH_2-CH(OOH)-CH=CH- \rightarrow -CH_2-CO-CH=CH-$$

Il se forme ultérieurement des composés carbonylés en α et β de la double liaison; ces aldéhydes ou cétones ont des odeurs et saveurs très fortes. La vitesse d'oxydation croît avec le nombre de doubles liaisons (chapitre 4, § 4.9).

L'influence de l'alimentation sur l'aptitude à l'oxydation est la plus marquée; mais elle est complexe. Dans les laits d'hiver, les plus sensibles à l'oxydation, c'est le taux des corps réducteurs qui doit être trop faible. Dans le cas du beurre, qui est souvent plus facilement oxydé en été, c'est la proportion plus élevée du substrat, les acides gras insaturés, qui est en jeu.

Le cuivre et le fer sont des catalyseurs de la réaction. La lumière, les pH faibles, le sel (NaCl), sont des facteurs favorisants l'oxydation. Il est à noter que les beurres oxydés tendent à perdre leur coloration jaune, par suite de l'oxydation du carotène.

13.4 LES LIPIDES : L'ÉTAT GLOBULAIRE

13.4.1 Les globules gras

Les globules gras sont sphériques, de dimensions variées d'une espèce à l'autre, de 0,1 à 20 μm. Dans le lait de vache, le diamètre moyen est vers 4 à 5 μm (comme une petite cellule de levure). La matière grasse est donc fortement dispersée ; les globules gras de 1 litre de lait forment une population de 2 billions d'unités, environ, et représentent une surface développée de 80 m^2, ce qui est considérable.

Ces globules ont une structure, avec une membrane, ou un film protecteur ; mais la gouttelette lipidique qui constitue le cœur ne contient aucune inclusion ; ce n'est donc pas une cellule vivante. La membrane est complexe ; elle comprend deux parties :

- La **couche interne**, qui est peut-être une membrane cellulaire, avec des glycoprotéines et des phospholipides, qui a peu d'activités enzymatiques et qui est assez résistante. Des forces du type Van der Waals suffisent à expliquer la liaison avec la partie grasse. Des éléments métalliques peuvent se trouver dans cette couche (Cu, Fe), mais aussi dans la seconde couche.
- La **couche externe** où se trouvent les enzymes (phosphatase alcaline, xanthine oxydase,...) et diverses substances adsorbées. C'est elle qui subit principalement des variations au cours de divers traitements. Le chauffage et des actions mécaniques réduisent en effet l'épaisseur de la membrane.

Lorsque les nouvelles surfaces sont créées entre le globule et le plasma, on observe une fixation de protéines variées ; par exemple, lorsqu'on disperse la matière grasse par homogénéisation sous pression ou que l'on émulsionne une huile dans du lait écrémé. Cependant, ces nouveaux films protecteurs sont moins efficaces que les membranes natives ; les solvants organiques (benzène, éther, acétone,...) peuvent extraire une grande partie de la matière grasse, alors que dans le lait normal, le solvant n'en enlève que très peu.

13.4.2 Séparation des globules gras

La séparation des globules gras est un fait normal étant donné la différence de densité (graisse 0,9 ; lait écrémé 1,035). Cependant la vitesse d'ascension, dans un lait au repos, ne correspond pas au calcul d'après la formule de Stokes (V est proportionnelle au carré du rayon, à la différence de densité et à l'accélération, et inversement proportionnelle à la viscosité). En fait, l'écrémage spontané se fait avec des amas résultant de l'agglomération de globules, laquelle est favorisée à une température assez basse, 7 à 8 °C.

L'agglutination disparaît lorsque le lait est chauffé vers 65 °C.

13.5 BUTYRIFICATION

L'agitation vive provoque, si la teneur en matière grasse est assez forte, la formation d'une mousse, qui va en s'affermissant puis, si elle est poursuivie, la mousse se détruit et la graisse se sépare sous forme de grains de beurre.

L'incorporation d'air joue un rôle capital dans la beurrerie classique. Une phase gazeuse discontinue s'établit dans la crème grâce à l'adsorption de protéines formant un film protecteur à l'interface air/liquide ; elle devient stable lorsque les bulles d'air se subdivisent en formant de petits noyaux autour desquels s'agrègent les globules gras. Le volume s'accroît. L'agitation prolongée comprime les globules gras et une partie des lipides (environ 50 %) est libérée ; les grains de beurre se forment ; la phase grasse continue entoure les globules gras intacts et un peu d'eau (le beurre traditionnel en contient 16 % au maximum). Il s'est produit une inversion des phases, de « huile dans eau » à « eau dans huile ». La figure 13.3 présente de manière schématique les phases de fabrication de la crème et du beurre. On remarque l'utilisation d'un levain lactique, qui est destiné à acidifier la crème et à parfumer le beurre.

Des procédés continus de fabrication du beurre sont très développés aujourd'hui :

- Procédé Fritz ou système par flottation, avec barattage accéléré (Contimab, Westphalia,...) ; forme moderne du barattage classique, produisant une bonne qualité.

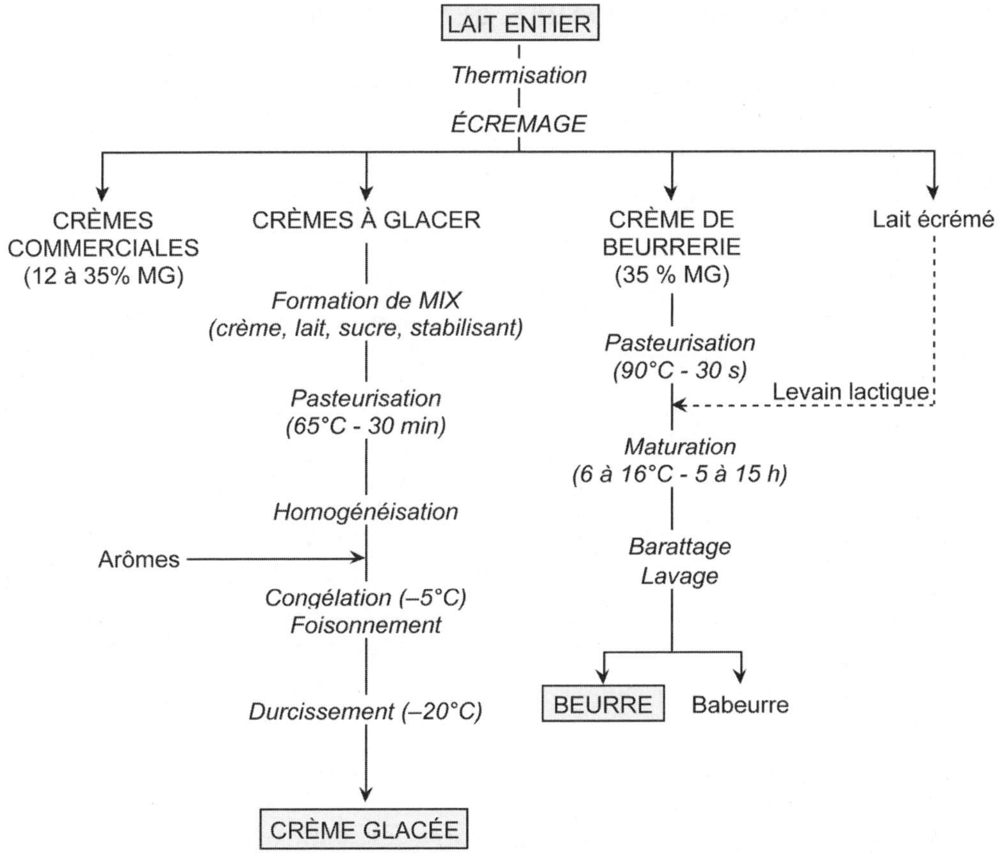

Figure 13.3 Schéma de fabrication de la crème et du beurre.

- Procédés à double centrifugation (80 % de matière grasse) avec traitement thermique spécial (Alfa, Meleshine...) ; la texture est différente du précédent ; 80 % environ de la matière grasse sont restés sous forme globulaire ; la crème doit être douce. Ce procédé est surtout utilisé dans les pays du nord et de l'est de l'Europe.
- Procédé « Golden Flow », passant par la déstabilisation complète de la crème et le dégazage de l'huile de beurre. Le beurre est obtenu par réémulsion de levain lactique et d'eau. Les avantages sont le traitement des crèmes de mauvaise qualité organoleptique et le stockage plus facile de l'huile de beurre déshydratée.

La cristallisation fractionnée de la matière grasse laitière anhydre (MGLA) permet d'obtenir une gamme de produits possédant des propriétés technofonctionnelles adaptées à des fabrications bien définies et dont les points de fusion vont de 15 à 41 °C. Par exemple, la fraction spécialement adaptée à la fabrication des croissants est une stéarine de premier fractionnement et son point de fusion est de 38-39 °C ; dans la gamme des demi-beurres à 41 % de matière grasse, le remplacement de la MGLA par l'oléine de 26 à 28 °C de point de fusion confère au beurre allégé une bonne tartinabilité.

13.6 LES MATIÈRES AZOTÉES. LES CASÉINES

Le tableau 13.4 montre que sur les 32 à 35 g de matières azotées totales du lait de vache, il n'y a que 5 % environ de substances azotées non protéiques ou NPN. Le reste est constitué par des protéines très variées. Il n'existe pas de peptides en quantité appréciable dans le lait.

Tableau 13.4 MATIÈRES AZOTÉES DU LAIT.

	Proportions			g/Litre (moyenne)
TOTAL	**100**			34,0
PROTÉINES	**95**			32,3
Caséines		**78**	*100*	26,5
Caséine α_{s1}			*36*	9,55
Caséine α_{s2}			*10*	2,65
Caséine β			*34*	9,0
Caséine κ			*13*	3,45
Caséine γ			*7*	1,85
Protéines « solubles » (*)		**17**	*100*	5,8
β-lactoglobuline			*50*	2,9
α-lactalbumine			*22*	1,3
Sérumalbumine			*5*	0,3
Immunoglobulines			*12*	0,7
Protéoses peptones			*10*	0,6
SUBSTANCES AZOTÉES NON PROTÉIQUES	**5**			1,7

(*) Ou protéines du lactosérum.

Les substances NPN restent en solution lorsque l'on a précipité les protéines, par exemple par addition d'acide trichloracétique à 12 %. Il s'agit de nombreuses substances à faible masse moléculaire (moins de 500 Da) ; la plus abondante est l'urée (0,25 g/L) ; le reste est constitué d'intermédiaires métaboliques (acide orotique) et d'acides aminés libres.

Les caséines α_{s1}, α_{s2}, β et κ sont des molécules originales. Avec les caséines γ (produits de dégradation de la caséine β), elles forment plus de 75 % du total azoté. Elles sont phosphorylées par une liaison ester avec la sérine ou plus rarement la thréonine. Elles ont la caractéristique essentielle de précipiter à pH 4,65, à température ambiante, et de ne pas être insolubilisées par le chauffage à 100 °C. Le tableau 13.5 résume leurs propriétés. Ce sont de petites protéines, avec des masses moléculaires proches de 20 000 à 25 000 Da ; or, à l'état natif, on les trouve toujours fortement associées, entre elles, dans des micelles relativement grosses et minéralisées.

Tableau 13.5 PRINCIPALES CARACTÉRISTIQUES DES CONSTITUANTS MAJEURS DE LA CASÉINE DE VACHE (*).

	Caséine α_{s1}	Caséine α_{s2}	Caséine β	Caséine κ
Proportion moyenne (en %)	36	10	34	13
Masse moléculaire (Da)	23 600	25 250	24 000	19 000 (aglycoprotéine)
Nombre de résidus d'acides aminés	199	207	209	169
Phosphore en % (atomes/mole)	1,10 (8)	1,23-1,60 (10-13)	0,56 (5)	0,20 (1)
Glucides (en %)	0	0	0	5
Cystéine (résidus/mole)	0	2	0	2
Proline (résidus/mole)	17	10	35	20
Sensibilité au calcium	++	+++	+	0
Sensibilité à la chymosine (**)	+	-	+	+++
Principaux variants génétiques	A- B-C-D	A-B-D	A_1-A_2-A_3-B-C-E	A-B
Hydrophobicité (en kJ)	4,89	4,64	5,66	5,3
Groupes acides (Asp + Glu + $PO_4 \times 2$)	48	49-55	31	18
Groupes basiques (Lys + Arg + His)	25	33	20	17

(*) Données pour les variants α_{s1}-B, α_{s2}-A, β-A2, κ-B.
(**) + : réaction lente imperceptible au moment de la coagulation ordinaire.

Les variants génétiques ne se distinguent entre eux que par un ou deux résidus d'acides aminés, sur un total de 200 environ ; à l'exception de deux cas, celui de la caséine αs1-A, dont un épissage alternatif a enlevé 13 résidus et de la caséine αs2-D. Le variant αs1-A est très rare ; dans chacune des molécules de caséine α_{s1} et β, il y a un variant fortement prédominant dans les races bovines exploitées, respectivement αs1-B et β-A, qui peuvent former dans certaines races jusqu'à 70 % de l'ensemble des caséines. La séparation des variants est possible par électrophorèse, dans certaines conditions ; sauf pour les variants dits « muets », qui ne se distinguent que par des substitutions d'acides aminés sans changement de charge. La figure 13.4 montre une électrophorèse des différentes caséines.

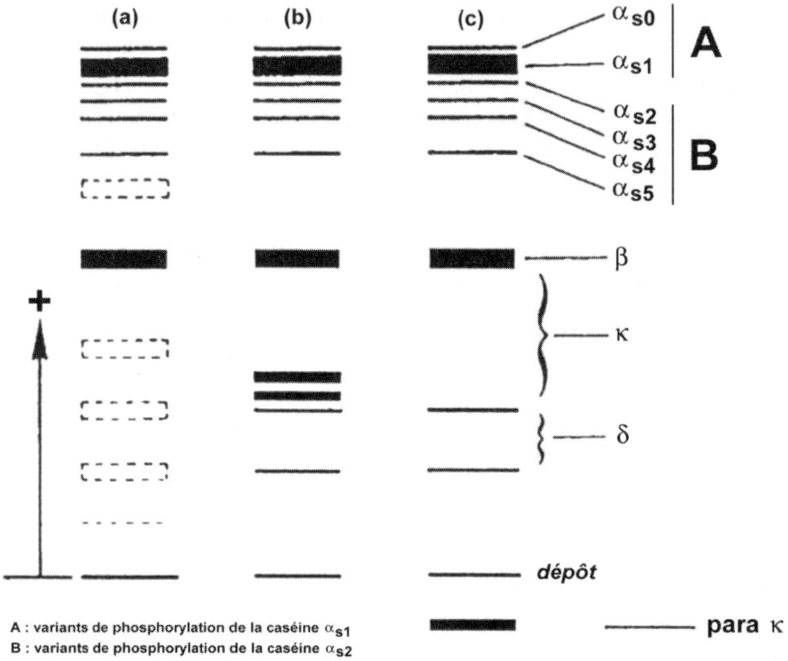

Figure 13.4 Électrophorégramme des caséines en gel d'amidon (pH 8,6; urée 8 M). (a) Caséine entière sans réducteur. (b) Caséine entière avec réducteur (β-mercapto-éthanol). (c) Caséine entière après action de la chymosine.

La structure primaire des caséines est connue. Il existe un excès de groupes acides à pH neutre ; dans les examens électrophorétiques à pH 8,6 ou 9,0, la caséine α_{s1} est la plus mobile; ensuite viennent α_{s2}, β, κ et γ; c'est cependant la caséine α_{s2} qui aurait dû migrer le plus loin !

La caséine κ se distingue des caséines dominantes (α_{s1} et β) par diverses caractéristiques et propriétés :

- Au point de vue structural, elle est très peu phosphorylée, elle contient deux résidus de cystéine et elle est partiellement glycosylée. La teneur moyenne en oses est de 5 % environ ; la N-acétylgalactosamine est liée à la chaîne peptidique par la thréonine 133 (fig. 13.5), ensuite se présente le galactose et en position terminale, l'acide sialique; il peut y avoir aussi des acides sialiques en ramification. Les images électrophorétiques ne sont nettes qu'en présence de mercaptoéthanol, qui empêche la formation de ponts –S–S–; chaque variant A ou B donne plusieurs bandes; les moins rapides n'étant pas glycolysées, mais les chaînes peptidiques restent les mêmes.

- La caséine κ possède un pouvoir stabilisant, vis-à-vis du calcium, pour les autres caséines; elle permet la formation de micelles; elle est soluble en présence de calcium à toutes températures.
- La molécule contient une liaison Phe-Met très labile; elle constitue le substrat spécifique de la présure au cours de la réaction primaire qui amène la coagulation du lait.

1 ... 10 ... 20
Glu - Glu - Gln - Asn - Gln - Glu - Gln - Pro - Ile - Arg - [Cys] - Glu - Lys - Asp - Glu - Arg - Phe - Phe - Ser - Asp -

30 ... 40
Lys - Ile - Ala - Lys - Tyr - Ile - Pro - Ile - Gln - Tyr - Val - Leu - Ser - Arg - Tyr - Pro - Ser - Tyr - Gly - Leu -

50 ... 60
Asn - Tyr - Tyr - Gln - Gln - Lys - Pro - Val - Ala - Leu - Ile - Asn - Asn - Gln - Phe - Leu - Pro - Tyr - Pro - Tyr -

70 ... 80
Tyr - Ala - Lys - Pro - Ala - Ala - Val - Arg - Ser - Pro - Ala - Gln - Ile - Leu - Gln - Trp - Gln - Val - Leu - Ser -

90 ... 100
Asp - Thr - Val - Pro - Ala - Lys - Ser - [Cys] - Gln - Ala - Gln - Pro - Thr - Thr - Met - Ala - Arg - His - Pro - His -

[chymosine] 105 ↓ 106 ... 110 ... 120
Pro - His - Leu - Ser - Phe - Met - Ala - Ile - Pro - Pro - Lys - Lys - Asn - Gln - Asp - Lys - Thr - Glu - Ile - Pro -

130 ... O—[glucides](*) ... 140
Thr - Ile - Asn - Thr - Ile - Ala - Ser - Gly - Glu - Pro - Thr - Ser - Thr - Pro - Thr - (Ile) - Glu - Ala - Val - Glu -
Thr *variant A*

150 ... 160
Ser - Thr - Val - Ala - Thr - Leu - Glu - (Ala) - Ser - Pro - Glu - Val - Ile - Glu - Ser - Pro - Pro - Glu - Ile - Asn -
variant A Asp P

169
Thr - Val - Gln - Val - Thr - Ser - Thr - Ala - Val

(*) Groupement prosthétique : Thr-O-(1)GalNac(3-1)Gal(6-2)NeuNac
(il y a d'autres groupements avec plusieurs NeuNac).

[Cys] Les résidus de cystéine 11 et 88 sont probablement sous forme –SH

Figure 13.5 Structure primaire de la caséine κ_B bovine.

Dans toutes les caséines, on n'a pas pu déterminer de structure secondaire. La conformation au hasard fait penser à une protéine dénaturée; cependant on croit que la structure des caséines est plus compacte. L'abondance des résidus de proline, leur répartition et l'absence de cystéine dans les deux gros constituants : α_{s1} et β s'opposent à l'établissement d'une structure secondaire ou tertiaire classiques. Le haut degré d'hydrophobicité est lié à la teneur élevée en groupes latéraux non chargés et non polaires; la caséine β est remarquable à ce point de vue.

La phosphorylation, sur Ser ou Thr, exige l'existence d'une séquence code :

$$NH_3^+ \ldots.. \text{Ser(Thr)} - X - \text{Glu} \ldots.. COO^-$$
$$\text{ou } NH_3^+ \ldots.. \text{Ser(Thr)} - X - \text{Ser(P)} \ldots.. COO^-$$

avec un groupe acide en position $n + 2$: Glu ou Ser(P). Il y a cependant quelques exceptions. La phosphorylation est catalysée par une protéine-kinase indépendante de l'AMP-cyclique. La déphosphorylation peut être obtenue par une phosphatase ou par chauffage à une assez haute température.

Les caséines γ sont des fragments C-terminaux de la caséine β, formés par hydrolyse d'une liaison impliquant un résidu de lysine et un résidu d'un autre acide aminé. C'est la plasmine du lait qui catalyse cette réaction et les fragments N-terminaux résiduels sont les composants 5, 8 lent et 8 rapide des protéoses-peptones (cf. § 13.8.d).

NB. Les caséines du lait des autres ruminants ont un fort taux d'homologie avec celles du lait de vache.

Les caséines du lait des monogastriques connues à ce jour présentent plus de différences. Chez l'homme, la caséine β est majoritaire, avec des variants plus ou moins phosphorylés. Cette phosphorylation variable se retrouve également dans les caséines β et α_{s1} de jument.

13.7 LES PROTÉINES DU LACTOSÉRUM

Elles sont beaucoup moins abondantes que les précédentes ; elles demeurent le plus souvent isolées et elles ne participent pas à la coagulation enzymatique. Mais elles ont une meilleure valeur nutritionnelle que les caséines, surtout liée à leur teneur en acides aminés soufrés et en lysine.

13.7.1 La β-lactoglobuline

Les proportions indiquées dans le tableau 13.4 montrent une prédominance de la β-lactoglobuline (environ 3 g/L) qui, malgré son nom, est plutôt à ranger avec les albumines en raison de sa faible masse moléculaire 18 360 Da, de sa grande solubilité, de sa mobilité électrophorétique et de sa nature holoprotéique (bien qu'un dérivé glycosylé ait été découvert en faible proportion). Des quatre variants génétiques connus, seuls A et B se trouvent dans le lait des races bovines françaises ; la substitution du résidu d'acide aspartique par le résidu de glycine a des influences importantes dans une si petite molécule : le pH isoélectrique s'élève de 5,23 (A) à 5,30 (B), la solubilité dans l'eau à ce pH s'élève aussi de 0,6 à 3,1 g/L et la polymérisation à pH 4 à 5 ne s'observe nettement que pour le variant A. Le résidu Asp supplémentaire dans A doit faire partie du centre actif de la polymérisation. La structure spatiale de cette protéine ressemble à un cône très compact ; il existe deux ponts disulfures et un groupe –SH libre (au total 5 groupements SH). La β-lactoglobuline ne paraît pas universelle dans les laits ; elle est caractéristique des Artiodactyles ; elle paraît être absente dans les autres espèces.

13.7.2 L'α-lactalbumine

L'α-lactalbumine est une métalloprotéine (elle contient un atome de calcium par mole) de 123 résidus d'acides aminés (dont 6 % de résidus de tryptophane). Cette protéine présente en outre un intérêt scientifique par d'autres propriétés :

- L'α-lactalbumine est le facteur de régulation du système original enzymatique de la lactose-synthétase. En son absence, l'enzyme transfère le galactose sur la glucosamine ; en sa présence, la spécificité change et le transfert du galactose se fait sur le glucose.
- Cette protéine est très proche du lysozyme : masse moléculaire voisine de 14 200 Da, quatre ponts disulfures (8 résidus de Cys), large correspondance dans la séquence des acides aminés. Cependant le remplacement du résidu d'acide glutamique (site actif du lysozyme) par un résidu d'histidine explique que l'α-lactalbumine n'a pas d'activité hydrolytique. Ces deux protéines sont synthétisées sous le contrôle de gènes qui proviennent d'un gène ancestral commun ; une duplication est vraisemblablement la cause du passage des reptiles aux mammifères, car elle a permis la synthèse du lactose et la sécrétion du lait.

  Relevons que l'α-lactalbumine prédomine dans la fraction « soluble » du lait humain.

13.7.3 Les immunoglobulines

Les immunoglobulines (Ig) sont présentes dans tous les laits, dans celui de vache elles ne forment que le 1/10e des protéines solubles (0,5 à 0,7 g/L) ; mais leur proportion s'accroît d'une manière considérable dans le colostrum (12 g/L à la fin du premier jour et 80 g/L dans le colostrum de la première heure). Cet accroissement est le résultat du passage des Ig sanguines, car la biosynthèse des autres constituants ne diminue pas. Cependant, toutes les Ig du lait ne proviennent pas directement du sang ; une partie est synthétisée dans la glande mammaire.

Il y a là une nouvelle différence entre le lait des ruminants et des monogastriques. Chez les premiers, c'est la classe des IgG (masse moléculaire de 160 kDa) qui prédomine fortement (comme dans le sang) ; ce sont les molécules basiques contenant peu de glucides (3 %) et ayant la fonction normale d'anticorps. Chez les monogastriques, ce sont les IgA qui prédominent (MM 320 kDa), elles contiennent 8 % de glucides ; elles comprennent notamment les éléments de spécificité de groupe sanguin. Les immunoglobulines sont importantes car elles assurent la transmission de l'immunité de la mère au jeune animal.

Signalons que le lait contient d'autres protéines mineures possédant une activité biologique : la lactoferrine et la lactoperoxydase. Ces deux protéines possèdent une activité bactéricide ou bactériostatique sur certaines espèces pathogènes.

13.7.4 Les protéoses-peptones

Les protéoses-peptones constituent la fraction protéique mineure du lactosérum. Elles restent solubles après chauffage à 95 °C et acidification à pH 4,6. On distingue deux classes principales :

a) Composants issus de la protéolyse enzymatique

Actuellement, les trois fragments principaux identifiés proviennent de la caséine β :

- β-CN-5P (ou composant 5) est le plus long fragment N-terminal, MM 14 300 Da. Ce peptide serait la cause de l'effet « déprimant » sur le volume du pain qu'apporte le lactosérum utilisé en boulangerie.
- β-CN-1P (ou composant 8 lent), MM 9 900 Da et β-CN-4P (ou composant 8 rapide), MM 4 000 Da. Ces composants sont susceptibles de provoquer la précipitation des caséines dans les boissons à base de lait fermenté.

b) Composant PP3 ou lactophorine

C'est une glycoprotéine phosphorylée de MM 28 000 Da qui est retrouvée dans la fraction protéoses-peptones du fait de son caractère thermostable.

Elle est capable de complexer le calcium soluble dans le lait et a un effet inhibiteur sur la lipolyse. Son rôle biologique n'est pas encore élucidé, mais il existe chez la souris une glycoprotéine de type mucine, homologue au PP3 bovin, qui est un récepteur membranaire jouant un rôle dans la défense immunitaire.

13.8 ASSOCIATION DES CASÉINES-MICELLES

13.8.1 En l'absence de calcium

Chacune des caséines s'associe principalement par des liaisons hydrophobes entre les groupes non polaires abondants (caséine β : 53 % des chaînes latérales). La répartition inégale des charges sur la molécule explique les différences observées dans la taille des polymères. La caséine κ a un comportement anormal, les paramètres habituels semblent sans influence sur la taille, qui est de 650 000 Da environ.

Les caséines s'associent entre elles, de la même manière, on connaît 3 associations binaires et une association ternaire.

Ces propriétés ne s'observent pas à des valeurs élevées du pH, au-dessus de 10, qui ont des influences dissociantes, ni en présence de certains réactifs, comme l'urée, la guanidine, etc.

13.8.2 En présence de calcium

On observe la différence signalée plus haut. Les caséines α et β précipitent alors que la caséine κ forme une solution. En mélange, la caséine κ forme des micelles jusque dans le rapport moléculaire $\kappa/\alpha_s+\beta = 1/10$. Le pouvoir stabilisant de la caséine κ est difficile à expliquer ; les résidus de tyrosine interviennent dans cette importante propriété.

Les micelles « parfaites » ne se forment qu'en présence de plusieurs ions, Ca^{2+}, PO_4^{3-}, citrate, Mg^{2+}. Elles ont une structure lâche (teneur en eau supérieure à 70 %) ; leur caractère homogène ou hétérogène reste discuté. De très nombreux modèles ont été proposés ; dans celui de D.G. Schmidt la micelle est composée de submicelles formées d'un noyau hydrophobe, entouré d'une couche polaire rassemblant les parties riches en groupements phosphoriques et en groupements hydrophiles ; la caséine κ s'y trouverait concentrée. L'arrêt de la croissance des micelles résulterait de l'occupation de la surface externe par les groupements hydrophiles (fig. 13.6).

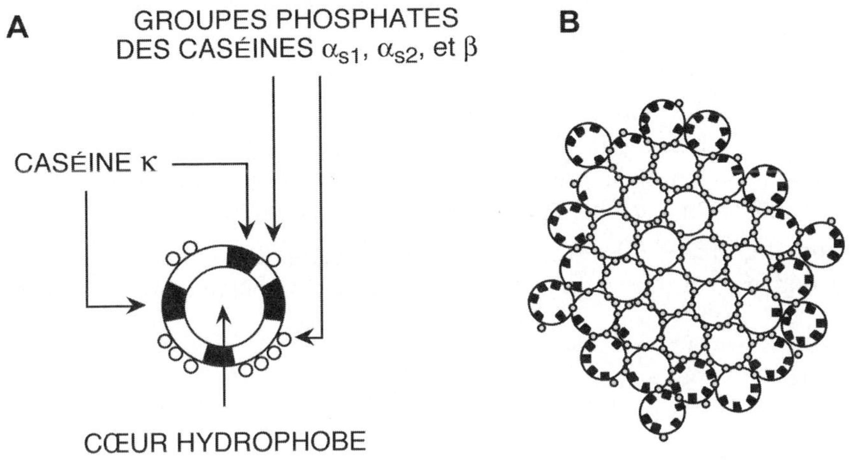

Figure 13.6 Submicelles (A) et micelles (B) (modèle de Schmidt).

Ajoutons que dans certains modèles, la caséine κ par sa partie C-terminale forme une chevelure dont l'épaisseur varierait selon les conditions du milieu.

La forme native micellaire est le phosphocaséinate de calcium ; en moyenne 1 l de lait de vache contient : (27 g de caséines + 0,37 g de CaO) + 1,7 g de phosphate de calcium.

Les micelles parfaites sont sphériques et de diamètre non uniforme ; dans le lait de vache, il est en moyenne de 100 nm, avec un maximum de 300 nm. Le rapport des différentes caséines paraît être de 3/3/1/1 pour $\alpha_{s1}/\beta/\kappa/\alpha_{s2}$; mais dans les petites micelles la proportion de κ s'élève.

Dans le lait, une petite partie de la caséine entière ne se trouve pas dans les micelles, que l'on sépare par ultracentrifugation (35 000 *g*, 90 min), environ 5 à 10 %.

On peut faire passer les caséines d'un état à l'autre, en jouant sur les ions calcium qui déplacent l'équilibre vers la forme micellaire.

13.9 LA COAGULATION DU LAIT

1. L'acidification lactique du lait ou l'addition d'acide à pH 4,65, précipite la caséine entière déminéralisée ; ce mode de coagulation, ou de floculation, est peu utilisé par la fromagerie française. Il donne un caillé friable.

2. La coagulation par la présure, ou une autre protéase coagulante, résulte de la coupure plus ou moins spécifique de la liaison 105-106 (Phe-Met) dans la molécule de caséine κ (fig. 13.5). Il se sépare alors un gros peptide (65 acides aminés) de caractère acide ; il est formé pour 1/4 environ d'hydroxyaminoacides (Ser, Thr) et il est dépourvu de 6 acides aminés (Cys, Phe, Tyr, Trp, His, Arg) ; cette partie de la molécule a un haut pouvoir de solvatation ; ce qui explique à la fois des propriétés de « colloïde protecteur » de la caséine κ et le mécanisme de la coagulation. La partie protéique est la « paracaséine κ », hydrophobe et insoluble, avec un caractère basique ; après hydrolyse par la présure, c'est le seul constituant qui migre, au cours de l'électrophorèse à pH 8,6, du côté de la cathode.

Cette réaction enzymatique se produit à des températures variées (de 0 à 50 °C) ; elle n'est pas la cause même de la coagulation. La présence de calcium ionisé est indispensable. En effet, la présure ne coagule pas une solution de caséinate de sodium à pH 6,7. On a calculé le coefficient de température ; il est voisin de 3.

La figure 13.7 résume les trois phases de la coagulation enzymatique du lait. La phase secondaire (formation du caillé) est un réarrangement qui devient extrêmement

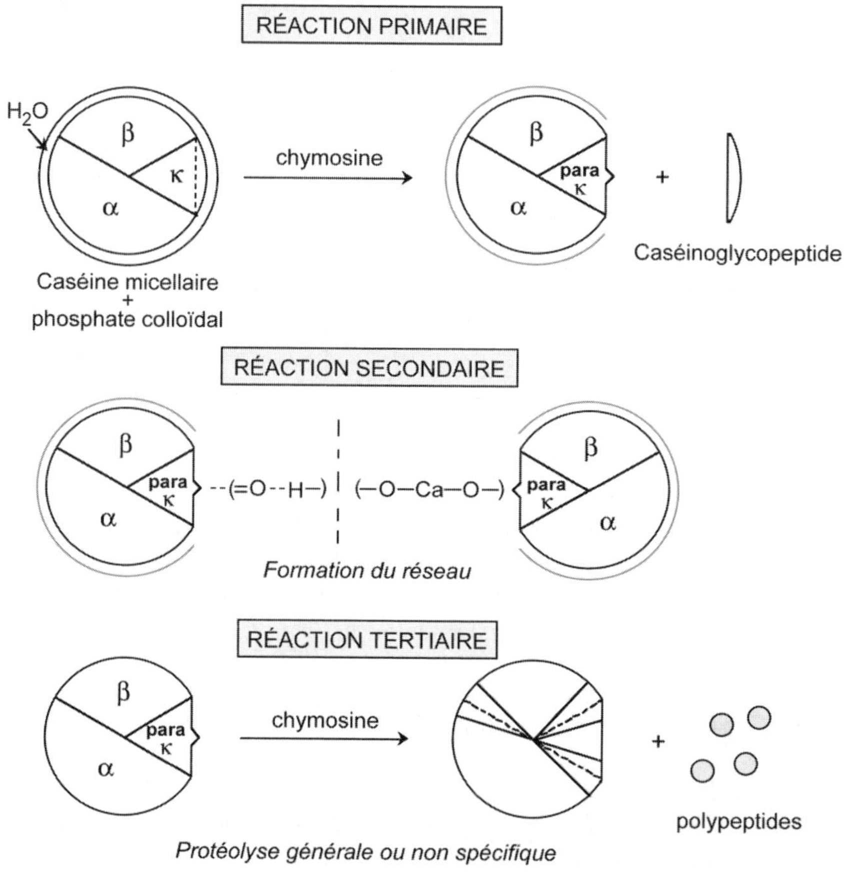

Figure 13.7 Les trois phases de la coagulation enzymatique du lait.

lent lorsque la température s'abaisse en dessous de 15 °C, car son coefficient température est élevé (comme celui d'une réaction de dénaturation) ; la coagulation ne se produit plus dans le lait emprésuré à 5-10 °C. Une application importante de ces études cinétiques est la fabrication en continu du caillé de fromagerie : le lait est emprésuré à froid, puis coagulé par réchauffement dans un échangeur de température.

13.10 PRINCIPES DE FROMAGERIE

13.10.1 Le fromage

C'est une conserve de deux constituants insolubles du lait, la caséine, qui en forme obligatoirement la charpente, et la matière grasse qui est présente en proportion variable. La fabrication consiste principalement dans les phases suivantes :

– coagulation (cf. § 9) ;
– décaillage : séparation du caillé et du sérum ;
– moulage, pour donner la forme dans un moule ;
– salage, pour le goût et l'influence sur les activités enzymatiques ;
– affinage, qui conduit au fromage mûr par la destruction du lactose, la remontée du pH, la perte d'eau et surtout la protéolyse et la lipolyse. La croûte se forme à ce moment.

Dans certaines catégories, ce protocole de fabrication est accru (pressage pour les Saint-Paulin, cuisson à 53-55 °C pour les gruyères, etc.) ou raccourci (pâtes fraîches non salées et non affinées).

13.10.2 L'enzyme coagulante traditionnelle

C'est la présure, extraite de l'estomac (caillette) du jeune veau non sevré. Elle contient surtout de la chymosine (EC 3.4.23.4) et une quantité variable, de 10 à 20 %, de pepsine. Ces deux enzymes sont très voisines, avec une masse moléculaire respectivement de 31 400 et 33 400 Da, et elles proviennent de zymogènes inactifs qui acquièrent leur activité sous l'influence des protons. Il y a cependant une différence importante en pratique, c'est l'influence du pH sur l'activité ; la chymosine est encore active vers pH 7,5, alors que la pepsine ne coagule plus le lait au-dessus de pH 6,7.

Ces enzymes sont des aspartates protéinases, bien différentes des enzymes digestives de l'intestin (trypsine, chymotrypsine,... qui sont des sérine-protéinases). À ce même groupe appartiennent des enzymes de remplacement moins onéreuses assez utilisées dans certains pays où les caillettes sont rares, notamment les enzymes de *Endothia parasitica*, *Mucor pusillus* et *Mucor miehei*. En outre, le mélange présure + pepsine de porc 50/50 est largement employé aux États-Unis. Ces remplacements exigent des adaptations des techniques fromagères.

Les techniques du génie génétique ont permis de préparer une présure formée de chymosine pure. Elle résulte du clonage du gène sur certains micro-organismes (*Escherichia coli*, *Kluyveromyces*, *Aspergillus*...).

Le temps de coagulation est un facteur très important. Il dépend de la température du lait, de son pH et du calcium ionisé. Le pH dépend en partie du développement des ferments lactiques. Par ailleurs l'usage d'un agent acidifiant, la deltaglucono-lactone (DGL), à titre d'auxiliaire technologique s'est également répandu.

13.10.3 Le salage

Il est le plus souvent fait en saumure saturée en sel et peut intervenir avant le moulage, lorsque le caillé est égoutté et broyé. L'influence de NaCl est multiple :

- protection contre les micro-organismes pathogènes, d'autant plus nécessaire que le fromage est plus humide ; l'activité de l'eau est réduite en relation avec la concentration en sel ;
- drainage du sérum facilité, d'où complément d'égouttage ;
- goût du fromage relevé ;
- ralentissement des activités enzymatiques ; avec un excès de sel, la pâte reste dure ;
- augmentation légère de la solubilité des protéines ;
- formation de la croûte, surtout dans les fromages frottés au sel.

13.10.4 La disparition du lactose

Elle est surtout le fait des ferments lactiques dont on favorise le développement. Il se forme de l'acide lactique et des substances sapides. Les rôles sont variés :

- influence sur l'arôme, surtout dans les produits frais ou peu affinés ;
- protection du milieu par abaissement rapide du pH vers 5,0 et en dessous ;
- solubilisation des minéraux liés à la caséine et modification de texture.

L'acide formé est neutralisé par le calcium restant dans la pâte ou par l'ammoniac produit par la microflore superficielle, ou bien dégradé par des fermentations secondaires. Parmi ces dernières, il est bon de distinguer la fermentation propionique qui forme du CO_2, lequel produit l'ouverture (les yeux) de fromages comme l'Emmental ou le Comté.

13.10.5 La microflore des fromages

Elle joue un grand rôle dans l'affinage, mais elle est complexe et en évolution.

- La microflore lactique tend à se réduire au cours de l'affinage. Les lactobacilles persistent longuement dans les pâtes pressées et les pâtes fermes ; leurs enzymes protéolytiques et lipolytiques sont endocellulaires, mais elles passent dans le milieu après la mort de milliards de cellules par gramme.
- Les entérocoques sont abondants dans les fromages de lait cru ou modérément thermisé. Leurs protéases dégradent la caséine.
- Les levures se trouvent aussi bien à l'extérieur qu'à l'intérieur des fromages. Elles sont en général hâtives, car elles supportent bien les milieux acides (pH inférieur à 5) et salés (10 % de NaCl).
- Les moisissures sont le plus souvent en surface, sauf dans les fromages bleus où leur croissance est facilitée par le piquage de la pâte.

13.10.6 Les actions enzymatiques

Elles sont capitales dans le processus qui conduit du caillé au fromage et qui consiste essentiellement dans la digestion progressive de la caséine. La conséquence de cette protéolyse est la texture plus onctueuse et le développement d'une partie de l'arôme.

Les protéases et les peptidases qui interviennent sont très variées. Les plus importantes sont :

- l'enzyme coagulante restant dans le caillé (réaction tertiaire) et dont l'action s'arrête au niveau de gros peptides ;
- les protéases des bactéries lactiques (surtout dans les pâtes fermes) ;
- les protéases des espèces fongiques (pâtes molles à croûte fleurie de *Penicillium caseicolum* et pâtes bleues avec croissance interne de *Penicillium roqueforti*).

La protéase (plasmine) du lait joue un rôle plus limité au cours de l'affinage.

Le tableau 13.6 montre quelques valeurs significatives pour quatre types de fromages et pour le fromage frais (non affiné). Il apparaît que la proportion d'azote soluble passe de 6 à 30 % de N total dans le Camembert et que la proportion d'azote de l'ammoniaque s'élève à 24 % de N soluble. Dans un fromage à pâte cuite et ferme, sans moisissure, comme le Comté, l'affinage est plus limité ; les valeurs correspondantes sont de 20 et 11 ; en revanche, les valeurs de l'azote aminé évoluent en sens contraire.

Tableau 13.6 DONNÉES GÉNÉRALES SUR LES PRINCIPAUX TYPES DE FROMAGES.

	Pâtes				
	Fraîches	**Molles (Camembert)**	**Bleues (d'Auvergne)**	**Pressées (Saint-Paulin)**	**Cuites (Comté)**
A. Fabrication					
Ensemencement (en dehors des bactéries lactiques)	-	*Penicillium caseicolum*	*Penicillium roqueforti*	Éventuelles bactéries du rouge	Éventuelles bactéries propioniques
Durée de coagulation (température)	Longue (< 20 °C)	1 – 2 h	1 h	30 min	15 min
Présure (mL/100 L)	2-5	15 - 22	20-30	25-35	30-35
Rendement (kg/100 L)	20	14	12	11	9
B. Fromage					
Durée d'affinage	-	4 semaines	1,5 mois	1 à 2 mois	3 à 5 mois
Extrait sec (ES) (%)	13-20	45	50	47	62
Matière grasse (% d'ES)	-	45	47	47	45
Azote soluble (N_s) (% de l'azote total)	6	30	25	20	20
Azote aminé (% de N_s)	6	10		15	30
Azote ammoniacal (% de N_s)	0	24		5	11
Calcium/Phosphore	0,5	0,5		1,4	1,6
pH	4,8	6,5	6,0	5,5	5,3

La lipolyse est beaucoup plus limitée et elle n'intervient pas dans la texture du fromage ; par contre, elle joue un rôle important dans la formation de l'arôme. Ce sont principalement les lipases des moisissures et des microcoques qui sont actives : la lipase du lait ne doit guère intervenir dans la zone des pH du fromage.

Le sel inhibe les enzymes, mais beaucoup moins les lipases que les protéases. Dans un fromage fortement salé, la lipolyse se poursuit alors que la protéolyse s'arrête.

13.11 AUTRES PRODUITS LAITIERS

13.11.1 Laits de consommation

Le lait cru n'est pas de bonne conservation ; il est facilement altéré, surtout par les bactéries qui dégradent le lactose avec production d'acide. Une faible acidification suffit à rendre le lait coagulable à l'ébullition (pH chutant de 6,7 à 6,3). En outre, le lait cru peut apporter des germes pathogènes pour l'Homme. D'où la nécessité d'un traitement thermique.

a) *Lait pasteurisé*

On chauffe le lait afin de réduire la flore banale et de détruire les germes pathogènes. Le traitement usuel est de 15 à 20 secondes à 72-75 °C ; il permet de détruire le bacille de Koch (*Mycobacterium tuberculosis*) et d'inactiver la phosphatase alcaline. Dans ces conditions, l'effet sur les constituants du lait est très faible, en dehors d'une faible perte de thiamine (vitamine B_1) et de vitamine C (7 à 10 %).

b) *Lait stérilisé*

La méthode de stérilisation en bouteilles closes, 20 minutes à 118-120 °C, fait subir au lait des modifications assez importantes. Les caséines sont partiellement déphosphorylées et la caséine κ, désialylisée ; les protéines du sérum sont complètement dénaturées. Des interactions protéines–lactose produisent le brunissement. Le goût de cuit apparaît. L'équilibre minéral Ca/P est déplacé vers la forme insoluble. La couche de surface des micelles est modifiée et leur stabilité est réduite.

c) *Lait UHT*

Les diagrammes des effets des traitements thermiques montrent que la pente de la droite de stérilisation est plus forte que celle des droites représentant les modifications que peut subir le lait : une des plus sensibles étant le brunissement. Les coefficients de température sont respectivement de 10 et de 2,5 environ. Il y a donc intérêt à effectuer le traitement à haute température (UHT) pendant un temps très court pour atteindre la stérilisation avec très peu de modification. Les conditions retenues vont de 5 à 1 seconde et de 140 à 150 °C, avec montée et descente en températures instantanées. Il est nécessaire de conditionner le lait aseptiquement à la sortie du stérilisateur. C'est un système en flux continu du lait.

Le lait UHT s'est beaucoup répandu au cours des dernières décennies ; il est blanc, a bon goût et n'est guère plus modifié qu'un lait pasteurisé ; il peut se conserver plusieurs mois à température ambiante. Mais il y a un risque, rare avec le lait ordinaire (plus fréquent avec le lait concentré), d'épaississement et de gélification, en l'absence de tout développement microbien, qui est encore difficile à expliquer.

NB. Plus récemment, un lait microfiltré a été commercialisé ; seule la fraction lipidique est traitée thermiquement, le reste est soumis à une microfiltration tangentielle qui permet d'éliminer 95 à 99 % de la flore bactérienne. Ce procédé préserve les macromolécules protéiques et le potentiel biologique du lait.

13.11.2 Laits fermentés – Yaourt

Trois sortes d'espèces microbiennes sont principalement utilisées :
- lactobacilles produisant beaucoup d'acide lactique vers 45 °C (*Lb. bulgaricus*) ;
- streptocoques lactiques, formant un arôme caractéristique (*St. thermophilus*) ;
- levures fermentant le lactose, produisant du gaz carbonique et peu d'alcool (*Saccharomyces kefir*) ; elles ne sont utilisées que pour des produits orientaux.

Le yoghourt – ou yaourt – doit contenir au moins 10^7 bactéries lactiques thermophiles (*St. thermophilus* et *Lb. bulgaricus*) vivantes par gramme et au moins 0,7 % d'acide lactique (70° Dornic). Le lait frais peut être enrichi par du lait en poudre (maximum 5 %) ; il subit une forte pasteurisation.

Les qualités de yaourt sont très variées. Il peut être coagulé en emballage final. Il peut aussi être fermenté en masse, amené à une consistance crémeuse puis réparti ; c'est plus facile si l'on travaille dans de bonnes conditions (préchauffage à 90 °C au moins, acidité supérieure à 70° Dornic).

Si le yaourt est le lait fermenté le plus connu et le plus répandu, il existe un nombre considérable d'autres laits fermentés dont la flore microbienne uniquement acidifiante est différente de celle du yaourt soit parce que les deux bactéries ne sont pas présentes, soit parce qu'elles ne sont pas seules. Dans cette dernière catégorie, il faut mentionner les produits fermentés contenant des bifidobactéries (forme en Y) et plus récemment des laits fermentés contenant *Lb. acidophilus* qui ont connu un gros essor ces dernières années.

13.11.3 Desserts lactés

Ces produits sont des formes crémeuses ou gélifiées du lait non acide. La consistance recherchée est obtenue soit par action de la présure, soit par addition d'une substance gélifiante (maximum 2 %). Des substances variées ont été proposées : amidon modifié, gélatine, carraghénates, etc.

13.11.4 Laits concentrés

Le lait concentré ordinaire, entier ou écrémé, est obtenu par évaporation thermique sous vide ou par osmose inverse. Le degré de concentration varie ; il est en général de 2/1 ou de 3/1. Il est stérilisé en boîtes métalliques à l'autoclave. C'est donc un produit stérile ; il remplace le lait chez le consommateur dans certains pays. Le grand problème est d'assurer la stabilité du produit.

Le lait concentré sucré est une « confiture » obtenue par évaporation de lait entier sucré, on évite la texture sableuse en ensemençant le lait chaud par des cristaux de lactose.

Le tableau 13.7 donne la composition de ces produits.

Tableau 13.7 COMPOSITION DE PRODUITS DÉRIVÉS DU LAIT.

	Eau	Extrait sec dégraissé	Lipides	Protides	Matières minérales	Lactose	Divers
Lait concentré écrémé	68,5	31	0,5	12	3	16	
Lait concentré entier	66	24	10	9	2	13	
Lait concentré sucré	26	23 (*)	9	9	2	12	Saccharose : 41
Poudre de lait écrémé	5	92	1,5	34	8	50	
Poudre de lait entier	4	70	26	27	6	37	
Caséine (acide)	8		2,8	87	2	0	
Poudre de lactosérum doux	4		0	13	9	72	Acide lactique : 2
Concentré de protéines 75 (ultrafiltration du lactosérum)	4		6	75	3	9,5	Acide lactique : 1

(*) Extrait sec dégraissé du lait hors saccharose.

13.11.5 Lait en poudre

Le lait écrémé concentré à un extrait sec de 35 à 50 % est séché par pulvérisation dans un courant d'air chaud à 140-150 °C, procédé du brouillard ou procédé Spray, ou par atomisation. L'eau est évaporée instantanément ; la température de sortie n'est que de 90 °C environ. La poudre contient 4 % d'eau ; elle est blanche et peu modifiée dans sa composition, en dehors de l'abaissement de quelques vitamines et enzymes. Un problème est posé par l'affinité pour l'eau : le lactose est habituellement à l'état amorphe, qui n'est pas un état stable. En favorisant la cristallisation après le séchage, on améliore la structure particulaire de la poudre : solubilité, absence de « mottage », écoulement aisé, etc. Cette « poudre instantanée » était obtenue il y a quelques années par légère réhumidification de la poudre brute et nouveau séchage. Aujourd'hui, on modifie les conditions de travail de la tour d'atomisation.

Le lait sec entier (non écrémé) est un produit assez fragile, du fait surtout de l'oxydation des lipides. Le meilleur moyen de le conserver est le conditionnement sous vide, en récipient hermétiquement clos.

13.11.6 Caséines – Caséinates

On prépare trois sortes de caséine entière à partir du lait écrémé :
- caséine acide, par addition au lait, d'acide chlorhydrique à pH 4,6 ;
- caséine lactique, par fermentation lactique ;
- caséine présure, comme dans le cas de la fabrication de caillé maigre.

C'est la première qui est la plus utilisée. Le « grain » est formé par cuisson vers 50 °C pendant deux heures. Ensuite, on sépare et égoutte le produit ; on le lave à l'eau acidulée et on le sèche à l'air chaud. Une caséine bien lavée ne « grille » pas au séchage ; la formation de grains colorés en brun et peu solubles est due à la présence de lactose résiduel (réaction de Maillard).

La caséine n'est pas beaucoup utilisée dans l'alimentation, malgré ses excellentes propriétés : elle a un pouvoir émulsifiant supérieur à celui de nombreux additifs ; elle assure une certaine rétention d'eau dans les produits cuits ; enfin, elle constitue un apport protéique intéressant et peu coûteux.

L'introduction assez récente des caséinates, en rendant le produit régulièrement soluble, a élargi le marché de la caséine. On prépare surtout du caséinate de sodium, par dissolution de la caillebotte fraîche dans la soude, à pH 6,7. L'extrait sec de la solution ne peut être que la moitié de celui du lait écrémé (20 à 25 %) en raison de l'augmentation de la viscosité.

13.11.7 Lactosérum – Concentré de protéines

L'utilisation de ce produit dérivé de la fromagerie est un problème industriel majeur. Il représente plus de 80 % du lait utilisé. Il est intéressant par ses protéines et le lactose ; mais il souffre de gros désavantages : extrait sec faible (6,5 %), salinité forte (10 % de l'extrait sec), rapport protéine/lactose bas (1/6), avec en plus une grande fragilité, car c'est un bon milieu de culture.

1. La voie classique de l'utilisation du lactosérum est la concentration et le séchage, en vue d'incorporation aux aliments pour animaux, surtout les veaux. L'alimentation humaine en utilise encore assez peu ; il est pourtant utile en panification, biscotterie, etc., car il améliore à la fois la qualité de la pâte (ténacité) et la qualité organoleptique en ce qui concerne le goût et la coloration (réaction de Maillard).

2. La production de lactose, par cristallisation d'une solution concentrée puis refroidie, est déjà ancienne ; le lactose est un bon fixateur d'arôme, peu sucrant dans les aliments (flan, glace,...) ; c'est aussi un agent améliorant les produits de confiserie et biscuiterie (outre le brunissement, signalons la modification de la cristallisation du saccharose et le pouvoir émulsifiant). L'hydrolyse chimique ou enzymatique par une lactase, est très intéressante par les nouveaux débouchés qu'elle offre, surtout en confiserie, desserts, etc.

3. La séparation des protéines, malgré leur proportion réduite, peut être réalisée selon quatre procédés :
- ***Thermocoagulation :*** c'est la précipitation des protéines dénaturées par chauffage, souvent en milieu acide. On fait ainsi depuis longtemps des « fromages de

petit-lait » (Séré). C'est un lait de protéines qui est réincorporé au lait de fromagerie (procédé *Centri-Whey*). Le pH plus élevé, 6 ou 7, donne des protéines plus aisément dispersibles et possédant de bonnes propriétés structurantes.

L'addition d'acide au lactosérum augmente la teneur en sel. L'acidification par passage sur une résine échangeuse d'ions réduit cette teneur.

- ***Précipitation non thermique :*** l'usage de polyélectrolytes cationiques ou anioniques permet une précipitation à froid des protéines peu ou pas dénaturées ; mais si l'agent précipitant doit être éliminé, cela exige une opération complémentaire. On a proposé : la carboxyméthylcellulose plus ou moins substituée, les polyphosphates, l'acide polyacrylique, le chitosane (polyglucosamine), etc. Ces procédés semblent peu employés.
- ***Ultrafiltration :*** cette technologie est utilisée pour préparer des concentrés de protéines contenant encore un peu de lactose et de lipides. Ces produits sont utilisés, en partie, dans l'alimentation humaine.
- ***Procédé « Sphérosil » :*** réalise une chromatographie avec des billes de silice poreuse sur laquelle ont été greffés des groupements échangeurs.

Chapitre **14**

Viandes et sang

14.1 PROTÉINES MUSCULAIRES

La viande est le muscle strié ; sous ce terme, on rassemble les muscles squelettiques et cardiaques, qui forment en moyenne 35 % du poids d'un animal.

La composition moyenne est donnée dans le tableau 1.1, avec celle des muscles de poissons. Dans la viande maigre, les protéines sont toujours dominantes ; leur proportion est d'environ 65 % de la matière sèche pour le bœuf et 85 % pour le cheval et les poissons. Après cette fraction dominante, viennent les lipides. Si la teneur en lipides des carcasses peut varier dans une fourchette assez large, les lipides intramusculaires, ceux que l'on mange, ne dépassent pas 4 à 5 % du poids frais à l'exception de certains animaux de races très précoces pour lesquelles on peut observer des teneurs intramusculaires pouvant atteindre 9 %. La proportion de phospholipides est relativement constante – environ 1/5 de la teneur en lipides. Enfin, on trouve les glucides et les minéraux, autour de 1 % chacun.

Les études sur les propriétés et sur la qualité de la viande sont en général faites sur les protéines du muscle. On en distingue trois sortes, comme cela est indiqué dans le tableau 14.1.

Sur le plan anatomique, l'unité essentielle est la fibre musculaire. C'est une très longue cellule (jusqu'à quelques centimètres de longueur), d'un diamètre de 10 à 100 μm. Elle renferme une centaine de filaments de 1 μm de diamètre, parallèles à l'axe de la fibre ; ce sont les myofibrilles. Le cytoplasme environnant, est dénommé sarcoplasme ; il contient aussi des noyaux et des mitochondries ; il est formé de plus de 100 protéines qui constituent le myogène et il contient en outre l'ATP et la créatine. La membrane externe de la fibre est le sarcolemme.

Tableau 14.1 LES PROTÉINES MUSCULAIRES.

Localisation	Proportion (% des protéines musculaires)	Principaux constituants (% de la catégorie)		Propriétés
Protéines du stroma	15 à 20	Collagène Élastine	50 10	Insolubles, extracellulaires, tissu conjonctif.
Protéines sarcoplasmiques (cytoplasme)	30 à 35	Myoglobine Enzymes	5	Solubles, intracellulaires, activité biologique.
Protéines myofibrillaires	50 à 55	Myosine Actine Tropomyosine et troponines	50 20 15	Peu solubles, intracellulaires, propriétés contractiles.

Le muscle de poisson a une structure comparable à celle du muscle des animaux à sang chaud. Les protéines du stroma sont deux fois moins abondantes et les fibres musculaires sont plus courtes. La rigidité cadavérique (5 h après la mort) et la maturation (25 à 30 h) sont plus rapides ; la baisse du pH est plus limitée (6,3-6,5) ce qui réduit la stabilité microbiologique du poisson.

14.2 PROTÉINES DU STROMA – COLLAGÈNE – TENDRETÉ DE LA VIANDE

Ce sont les protéines les moins solubles, typiquement fibreuses, surtout extracellulaires, liées par interactions avec des muco- et des lipoprotéines (scléroprotéines, chapitre 5, § 5.6).

14.2.1 Le collagène

Le collagène est très répandu dans le règne animal ; c'est la principale protéine des tissus conjonctifs et du squelette des vertébrés. Il a de remarquables aptitudes anatomiques sous la forme agrégée ; les fibrilles résistent à la traction. Le collagène est associé à un second matériau, les polysaccharides ; ceux-ci forment un réseau hydraté résistant à la compression. L'ensemble constitue un matériau composite abondant.

La molécule est le « tropocollagène », constitué de trois chaînes peptidiques, dont deux au moins sont les mêmes dans tous les collagènes. Ce sont des chaînes cylindriques, non ramifiées d'un millier d'acides aminés, en bâtonnets de 280 nm de longueur et 1,4 nm de diamètre, avec une masse moléculaire proche de 300 kDa. Leur composition est très inhabituelle près de 70 % du total des résidus est constitué de trois acides aminés seulement : Gly 35 %, Ala 12 %, Pro et Hydroxyproline (Hyp) 20 %. On remarque que la glycine n'a pas de chaîne latérale et que l'alanine n'a qu'un $-CH_3$. La séquence comporte des séries de triplets où la glycine occupe la même position ; des zones polaires séparent ces séquences :

–Gly–Ala-Pro– –Gly–Pro–Ala– –Gly–Pro–Hyp–, etc.

Les résidus de Pro et Hyp imposent une conformation hélicoïdale, à droite avec un triplet dans chaque spire, dont la période est de 0,86 nm (progression de 0,29 nm par acide aminé), sans liaison hydrogène. La structure spatiale est complétée par la formation d'une triple hélice grâce, cette fois-ci, à l'établissement de liaisons hydrogène nombreuses, et aussi à la présence de glycine, non encombrante, qui se trouve à l'intérieur de la triple hélice (fig. 14.1).

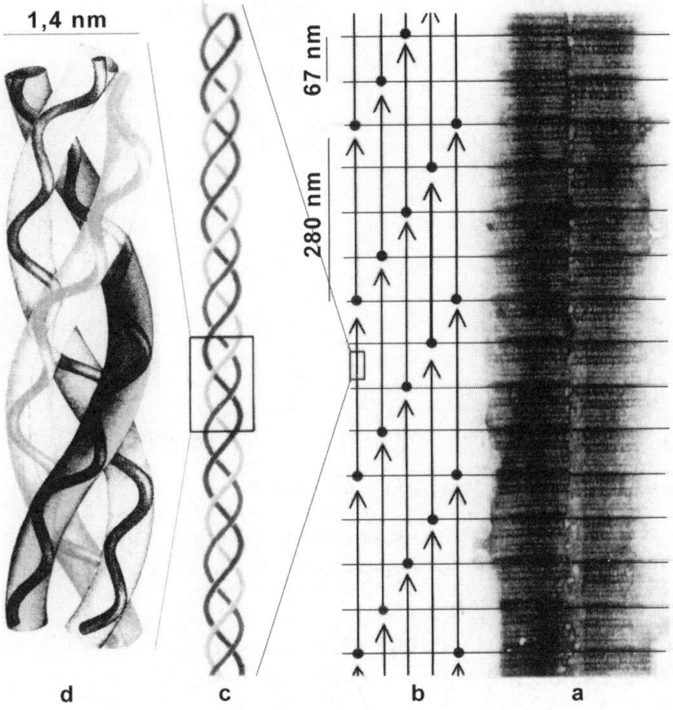

Figure 14.1 Structure du collagène.

(a) Fibrilles de collagène.
(b) Molécules de tropocollagène (représentées par une flèche).
(c) Triple hélice de la molécule de tropocollagène.
(d) Agrandissement de la triple hélice de la molécule de tropocollagène.

L'examen au microscope électronique, avec une coloration négative (le réactif – l'acide phosphotungstique – remplit les vides qui deviennent opaques), montre une périodicité de 67 nm qui doit révéler un décalage régulier des molécules de 280 nm. Ce décalage permet des interactions entre chaînes latérales d'acides aminés disposées tous les 67 nm dans la chaîne peptidique. La structure de la fibre mature est stabilisée par des ponts covalents entre fibrilles comme au sein d'une même fibre.

Certains résidus de lysine peuvent être transformés en allysine par désamination de leurs chaînes latérales (lesquelles deviennent alors autant d'aldéhydes). Deux allysines ou bien encore une paire lysine/allysine peuvent réagir et contribuer à un pontage très solide (fig. 14.2).

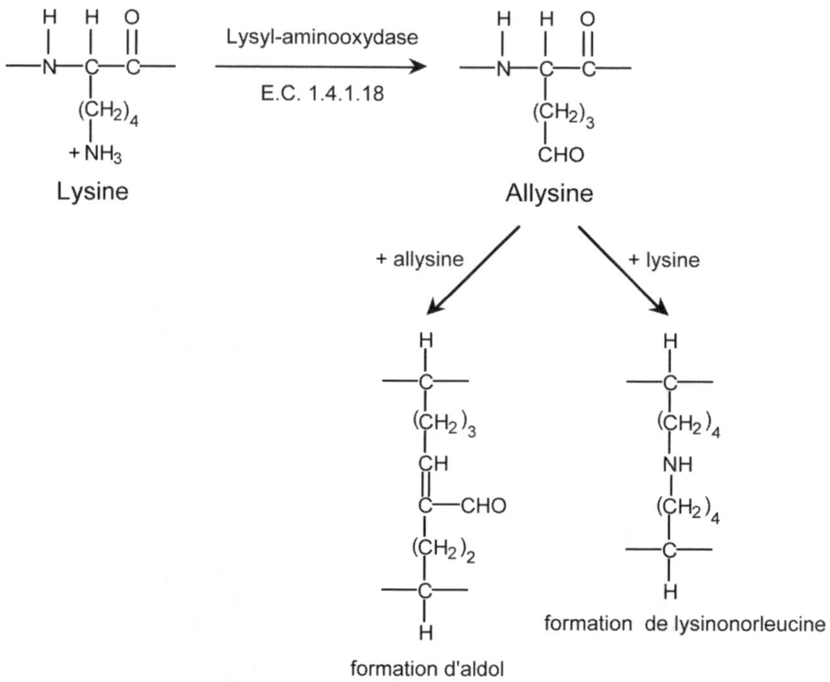

Figure 14.2 Structure de la lysine et de l'allysine et formation de liaisons intercaténaires au sein du collagène.

Le nombre des liaisons existant entre les chaînes formant le collagène est variable. La tendreté d'une viande n'est pas simplement due à la teneur en collagène : elle dépend surtout de la structure de cette protéine. La solubilité du collagène d'un muscle donné dans une solution saline ou acide diminue avec l'âge de l'animal. On a constaté que les ponts liant les molécules sont plus labiles chez l'animal jeune : des variations de pH ou un chauffage peuvent les rompre. Chez l'animal âgé, d'autres ponts se sont formés, plus stables, ce qui accroît la fermeté de la viande. Ce phénomène de vieillissement est normal ; on ne peut pas intervenir, pour le modifier, sans risque. De petits peptides (télopeptides) libérés après l'action de protéases, interviennent dans les ponts entre les molécules ; ils sont dépourvus de proline.

Le traitement thermique du collagène en milieu aqueux produit une gélatinisation au-dessus de 80 °C. Cette solubilisation est la conséquence de la dissociation des fibrilles avec une hydrolyse partielle de la molécule. Dans une viande cuite, la tendreté dépend uniquement des fibres musculaires dénaturées et, éventuellement, de l'élastine.

Le collagène est dans une situation inattendue dans le monde protéique, notamment par le fait que sa dénaturation solubilise la molécule et aussi par sa labilité biochimique.

On distingue plusieurs types de collagène selon leur origine et leur composition :

- type I, collagène fibreux (tendons, os, peau, dentine) : 2 chaînes α_1 + 1 chaîne α_2, structure fibrillaire ;
- type II, prédomine dans cartilages et disques vertébraux : 3 chaînes α identiques, structure fibrillaire ;
- type III, prédomine dans le système vasculaire : 3 chaînes α identiques, structure fibrillaire ;
- types IV et V, collagène amorphe des membranes.

Les collagènes β et γ sont un dimère et un trimère du précédent.

Le collagène n'est pas une bonne protéine, sous l'angle alimentaire ; d'une part, sa composition en acides aminés présente un déséquilibre (trop de Pro, Gly, Ala) et, d'autre part, il résiste à l'état natif à la digestion trypsique et chymotrypsique. Sous la forme dénaturée, il devient plus digeste. On a retrouvé dans le sang humain, après ingestion de tissu conjonctif, des peptides à hydroxyproline (Hyp).

14.2.2 L'élastine

L'élastine est le deuxième constituant du tissu conjonctif, qui caractérise les tissus élastiques. Elle est en général peu abondante dans le muscle ; on la trouve surtout dans les parois artérielles et les ligaments jaunes. Sa structure est fibreuse. Elle résiste à la cuisson dans l'eau ; elle gonfle mais ne se dissout pas. Elle résiste aussi à la plupart des protéases : pepsine, trypsine, chymotrypsine ; mais elle est partiellement hydrolysée par l'élastase du pancréas (et aussi par la papaïne) (tableau 5.4). Cette protéine n'est pas attaquée par les acides et les bases relativement concentrées.

La composition en résidus d'acides aminés est typique d'une protéine fibreuse et caractérisée par la prédominance d'un petit nombre d'entre eux : un tiers de glycine, une teneur élevée en Pro et Ala, un faible pourcentage de Hyp. Comme l'élastine ne comprend pas d'hydroxylysine, il n'y a aucune glycosylation des résidus Lys.

Tout comme dans le collagène, l'allysine joue un rôle important dans le pontage de la molécule. Le principal dérivé de ces réactions de pontage est une structure reliant deux ou quatre chaînes et comportant trois allysines et une lysine, ces dérivés hétérocycliques sont nommés desmosine et isodesmosine (fig. 14.3).

Cette protéine ne présente aucune structure régulière, périodique et de surcroît, elle peut prendre l'aspect de fins filaments interconnectés, de fibres massives et épaisses ou encore de plaques se chevauchant selon que l'on s'intéresse à un fragment de peau, de ligament ou de paroi de vaisseau sanguin. L'élastine existe sous forme d'enroulements désordonnés (ou pelotes) contenant des hélices α.

Les propriétés élastiques des tissus conjonctifs sont dues à ce réseau de pelotes d'élastine. Les monomères de forme plus ou moins sphérique sont fortement hydratés et peuvent être étirés pour former des ellipses allongées – presque des chaînes droites – dans lesquelles leur degré d'extension atteint 70 %. L'eau est là pour « absorber » l'énergie résultant du changement de conformation.

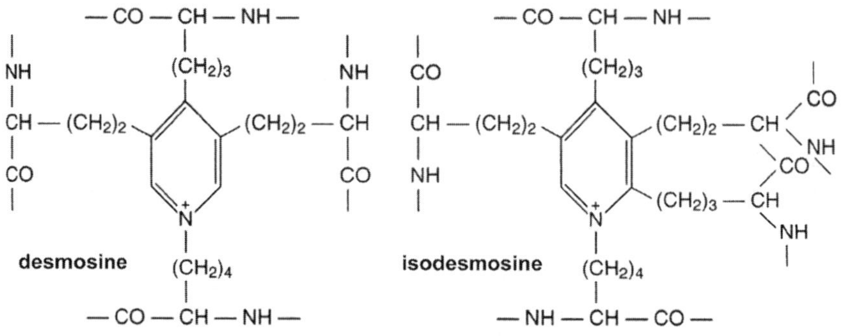

Figure 14.3 Structure de la desmosine et de l'isodesmosine.

14.3 PROTÉINES SARCOPLASMIQUES – LA MYOGLOBINE – COLORATION DE LA VIANDE

Ce sont des protéines solubles à des pH proches de 7,0 et à de faibles forces ioniques (< 0,1). Le nombre d'espèces est considérable du fait de la présence de systèmes enzymatiques dans le cytoplasme. Les quantités sont très faibles, sauf pour celle qui est dominante et dont les propriétés sont développées dans le présent paragraphe.

La myoglobine est responsable de la coloration rouge des viandes où elle forme les 9/10 des pigments totaux ; parmi le 1/10 restant, se trouve l'hémoglobine qui est un tétramère résultant de l'association de quatre unités correspondant à la myoglobine.

La concentration en myoglobine varie :
- selon les espèces animales et selon les muscles ;
- selon l'âge (la viande s'assombrit chez les animaux âgés) et l'exercice ;
- selon la teneur en fer du régime (la viande de veau carencée est blanche).

La **myoglobine** est une hétéroprotéine porphyrinique. Elle réunit le groupement prosthétique ou « hème », à la protéine, ou globine, qui est elle-même incolore.

L'hème est composé d'un noyau de protoporphyrine lié à un atome de fer Fe^{2+} ; la figure 14.4 en donne une image. On voit que le noyau est formé de 4 pyrroles liés entre eux par un résidu de méthène et octosubstitués par 4 méthanes, 2 acides propioniques et 2 vinyles. La molécule est entièrement sous forme conjuguée (–C=C–C=C–), ce qui lui confère des propriétés importantes : spectre d'absorption d'une substance colorée, stabilité élevée du noyau, molécule plane et rigide. La propriété chimique dominante est l'aptitude à former des complexes avec les métaux Fe, Mg, Zn, Cu, Co, etc., qui sont des chélates stables, intensément colorés, insolubles dans l'eau. Les molécules de ce type ont un caractère basique.

La structure de la globine est bien connue : MM = 17 800 Da ; 153 résidus d'acides aminés, dont 80 % sont en structure α-hélicoïdale, en huit segments de 7 à

25 résidus. L'hème est fixé par son atome de fer au résidu d'histidine 93 dans un repli. L'ensemble forme un ellipsoïde de 4,3 × 2,5 nm ; il est stabilisé par des liaisons hydrogène, des ponts salins et des interactions hydrophobes.

L'atome de fer est coordiné avec 6 atomes qui fournissent chacun un doublet électronique aux orbitales de Fe^{2+} ; 4 atomes sont les azotes des noyaux porphyriniques ; 1 atome est l'azote du résidu d'histidine 93 ; le 6e est l'atome d'oxygène dans l'**oxymyoglobine**. Cette dernière est une réserve d'oxygène pour le muscle, cet oxygène étant apporté par l'hémoglobine du sang, dont l'affinité est inférieure à celle de la myoglobine ; cette fonction n'est réalisée que lorsque le fer est divalent. On a noté que chez les animaux plongeurs (baleine, phoque,...) la teneur en myoglobine du muscle est élevée, environ 8 %, ce qui permet une longue phase sans respiration. La forme native est la désoxymyoglobine, dans laquelle la 6e coordinence n'est pas occupée.

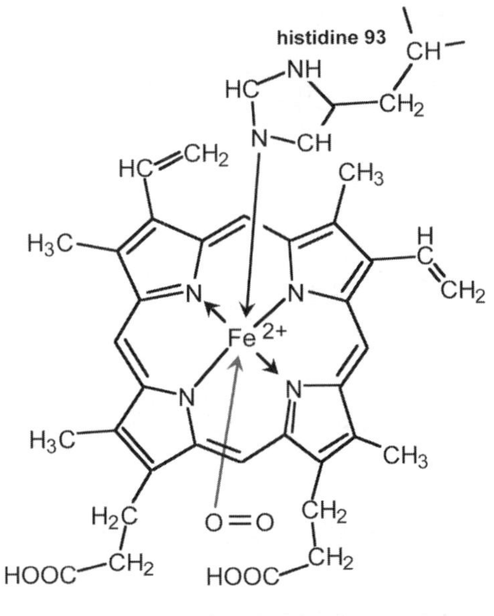

Figure 14.4 Structure de l'oxymyoglobine.

La figure 14.5 présente un aspect de la structure spatiale de la myoglobine de cachalot, la première structure spatiale déterminée. Les lettres délimitent les segments d'hélice α. On voit l'hème dans la partie supérieure ; la liaison F8 correspond à celle de His^{93}. Les acides aminés hydrophiles se rencontrent à la surface de la molécule, formant des liaisons salines (Lys, Arg à Glu, Asp). Des acides aminés à chaîne latérale hydrophobe sont disposés face à face à l'intérieur ; des liaisons de Van der Waals consolident le plissement. Enfin, on doit signaler que les deux résidus d'acides propioniques, fixés sur le noyau tétrapyrrolique, participent à la liaison hème-globine grâce à Lys et His de cette dernière.

- La **metmyoglobine** est la forme oxydée dans laquelle le fer est Fe^{3+}, sa coloration est brune. La préservation de la couleur exige des conditions qui favorisent la forme réduite : présence de glucose, d'acide ascorbique,...

- La **nitrosomyoglobine** se produit dans la viande en présence de nitrite (sel nitraté ou nitrité des salaisonniers) ; elle possède une coloration rouge qui est recherchée ; elle n'est pas très stable.
- La **carboxymyoglobine** se produit en présence de monoxyde de carbone qui se lie au fer hémique et empêche ainsi le transport de l'oxygène ; ce gaz est donc fortement toxique, bien que ne modifiant pas la coloration rouge. La carboxymyoglobine est plus stable que l'oxymyoglobine ; cependant un apport massif d'oxygène délogera le CO.

La chaleur ou un pH bas dénature la globine ; il se forme des ferro- ou ferri-hémochromes ; cette dernière forme oxydée a une coloration brune ; elle apparaît au cours de la cuisson des viandes.

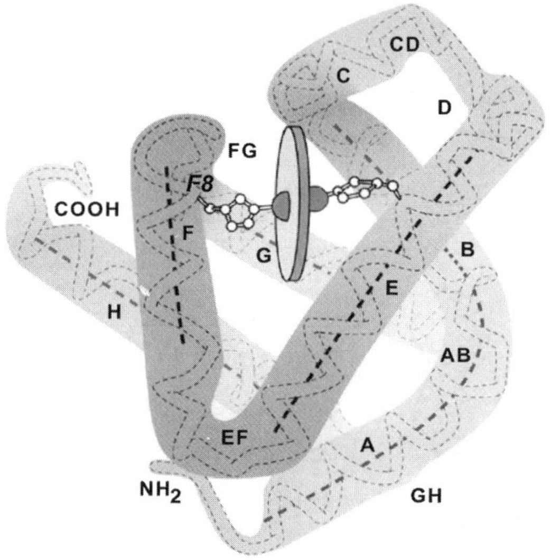

Figure 14.5 Structure spatiale de la myoglobine de cachalot (*Physeter catodon*).

14.4 PROTÉINES MYOFIBRILLAIRES – CONTRACTION

Ce groupe dominant des protéines réunit 8 à 9 espèces que l'on peut diviser ainsi :
- protéines contractiles formant environ 75 % du total, comprend deux espèces : myosine (53 %) et actine (22 %) ;
- protéines régulatrices de la contraction, formant le reste : tropomyosine et troponines (8 % chacune), protéines M (4,5 %), protéine C (2 %), actinines α et β.

14.4.1 La myosine

La myosine a une masse moléculaire élevée, 475 kDa et une structure hexamérique complexe : deux monomères sont des chaînes lourdes de 200 kDa ; quatre sont des chaînes légères de 16,5 à 20,5 kDa. Les chaînes lourdes possèdent des parties à structure hélicoïdale (environ 55 %) qui forment le filament de la structure quaternaire ; l'extrémité globulaire, à laquelle les chaînes légères sont associées, forme la tête de la molécule de myosine. Un filament de myosine est constitué de molécules alignées en parallèle avec la tête décalée de 6 nm par rapport à sa voisine. Les filaments mesurent environ 1 500 nm. Elle existe en multiples isoformes présentes dans différents types de muscles (squelettique, cardiaque et lisse).

La myosine possède une activité ATPasique qui, en présence d'actine, est activée par les ions Ca^{2+} et Mg^{2+}.

14.4.2 L'actine

L'actine a une structure spatiale plus simple. Sa masse moléculaire est de 42 kDa, il n'y a pas de sous-unités, mais deux formes : la forme globulaire, ou G-actine, qui a la masse moléculaire précédente, et la forme fibreuse, ou F-actine, qui résulte de la polymérisation de la G-actine en présence de sels.

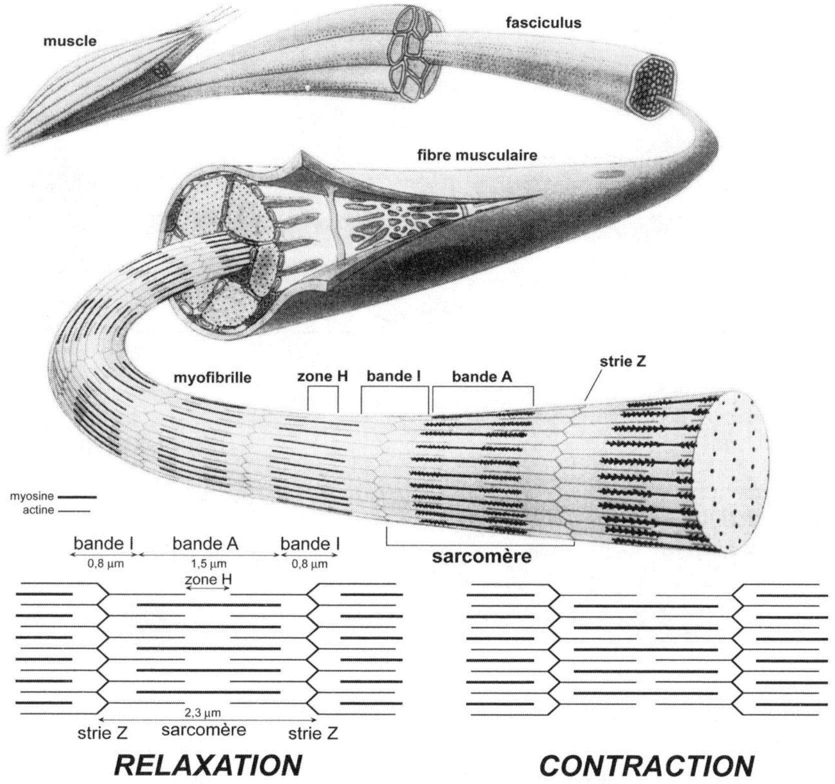

Figure 14.6a Section longitudinale d'un sarcomère.

La bande A est constituée de filaments épais de myosine, la bande I ne contient que des filaments fins d'actine fixés au niveau de la strie Z. La bande H correspond à la zone dénudée du filament épais de myosine.

La séquence a été déterminée ; parmi les 374 résidus d'acides aminés, il y a 5 groupements –SH, mais pas de cystine. Liés à la molécule de G-actine, on trouve une molécule d'ATP et un ion Ca^{2+} ou Mg^{2+}. La structure spatiale est à nouveau fibrillaire, avec une double hélice comprenant 13 monomères par tour et par filament, et une longueur d'environ 1 200 nm.

Les protéines régulatrices sont distribuées périodiquement le long de l'actine. On connaît aujourd'hui leur séquence, leur mode de liaison et le rôle du calcium dans leurs déplacements.

L'actomyosine est le résultat de l'association de nombreux filaments de myosine et d'actine (fig. 14.6a et b).

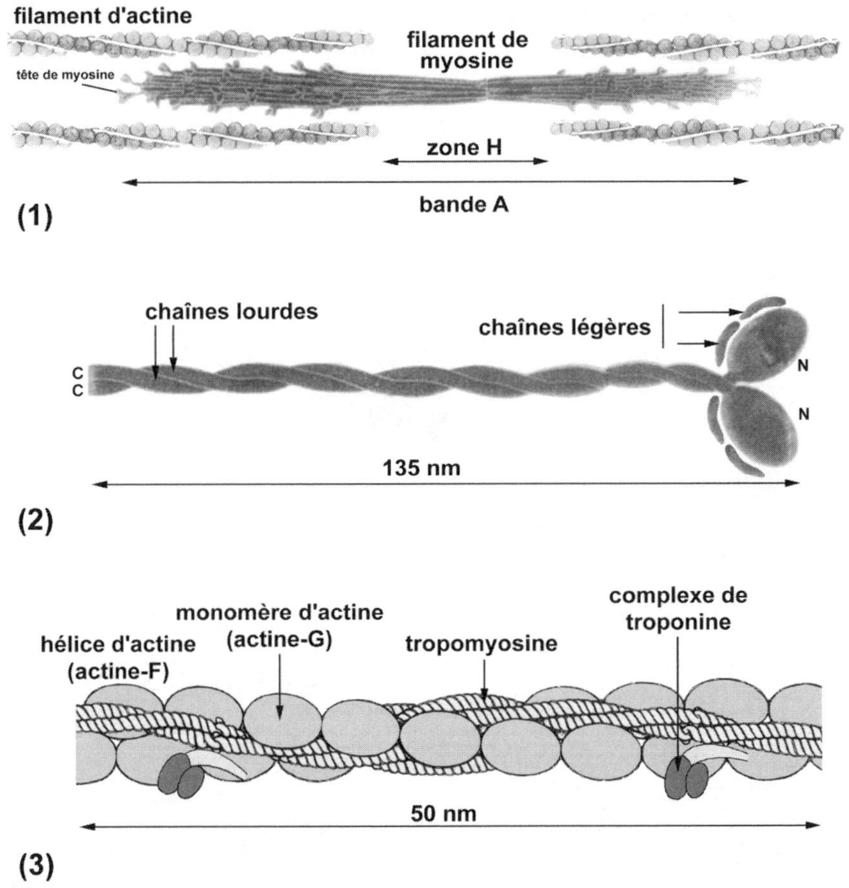

Figure 14.6b Association myosine-actine.

(1) Un filament épais de myosine relie deux filaments opposés d'actine (en structure tridimensionnelle six filaments d'actine entourent un filament de myosine).

(2) Représentation schématique d'une molécule de myosine (N et C indiquent les extrémités terminales des chaînes peptidiques lourdes).

(3) Structure du filament fin d'actine d'une cellule musculaire striée.

14.4.3 La contraction musculaire

La contraction musculaire se traduit par un glissement de filaments minces entre filaments épais, sans modification de la longueur. La force motrice vient de la liaison des têtes de myosine sur un site de fixation dans l'actine, suivie d'une modification de structure des têtes. La commande revient à l'influx nerveux qui libère des ions Ca^{2+} ; alors se manifeste, en présence de Mg^{2+}, l'activité ATPasique qui produit l'énergie nécessaire à la contraction :

$$ATP + H_2O \rightarrow ADP + H_3PO_4 + \text{énergie}$$

14.5 OBTENTION DES VIANDES

14.5.1 La rigidité cadavérique

La rigidité cadavérique ou « *rigor mortis* », qui intervient plusieurs heures après la mort (10-12 h pour le muscle de bœuf à 20 °C), résulte de la liaison irréversible entre les deux constituants des protéines du muscle, la myosine et l'actine. L'irréversibilité découle de la diminution de la teneur en ATP, dont la vitesse de production devient inférieure à la vitesse d'hydrolyse, lorsque l'arrêt de la circulation sanguine prive le muscle de l'oxygène ; le potentiel redox chute de + 250 à – 50 millivolts. En outre, les membranes intercellulaires ne retiennent plus l'ion Ca^{2+} ; la concentration dans la myofibrille augmentant, le démasquage des sites de fixation de la myosine sur l'actine s'étend. Enfin, la glycolyse anaérobie génère de l'acide lactique qui abaisse le pH de 7,2 à 5,5, ce qui intensifie la liaison actine–myosine et provoque le passage de la structure gel à la structure cristalline, plus compacte, avec une chute de la capacité de rétention de l'eau.

Voici comment l'on peut résumer les transformations survenant dans le muscle après l'abattage, en tenant compte de la modification de la myoglobine :

1. Arrêt de la circulation sanguine.
   - *Baisse de la teneur en oxygène.*

2. Arrêt de la respiration cellulaire.
   - *Baisse de la teneur en ATP.*
   - *Chute du pH.*

3. Formation d'actomyosine (rigidité).

4. Agrégation des protéines (pI 5,5).
   - *Chute de la rétention d'eau.*

Si la température du tissu musculaire est rapidement abaissée vers 0 °C, avant l'apparition de la rigidité, on observe un durcissement rapide et intense. La « pompe à calcium » sarcoplasmique libère beaucoup de Ca^{2+} dans la myofibrille, par suite d'une modification des lipoprotéines membranaires, alors que la quantité d'ATP est encore élevée. Il s'ensuit une interaction de la myosine et de l'actine et une contraction du muscle. Ce phénomène s'observe dans les fibres de type rapide car dans les fibres de type lent, l'activité ATPasique de la myosine est lentement inhibée à des températures inférieures à 9 °C.

En général, on refroidit lentement la viande afin que la rigidité se produise lorsque la température est proche de 15 °C. La qualité de la viande est alors la meilleure (contraction faible et forte capacité de rétention d'eau).

14.5.2 La maturation

La maturation résulte d'une protéolyse limitée de la strie Z, point d'ancrage de l'actine, par les enzymes intracellulaires qui amènent la fin de la rigidité cadavérique. Ainsi la tendreté de la viande s'accroît au cours de la conservation, ainsi que d'autres propriétés : saveur, succulence, etc. L'activité de plusieurs enzymes a été mise en évidence : CASF (facteur sarcoplasmique activé par le calcium), cathepsines B et D provenant des lysosomes, etc.

La durée de maturation dépend de la température ; on compte 2 jours à 20 °C et 2 semaines à 0 °C pour obtenir de bons résultats dans le cas du bœuf. Il se produit de faibles quantités de substances favorisant l'arôme : diacétyle, acétone, sulfure d'hydrogène, ammoniaque, nucléotides,... Une trop forte conversion de l'ATP en hypoxanthine génère de l'amertume.

14.5.3 Influence de la température

- **Vers 60 °C**, il se produit la dénaturation des deux groupes de protéines les plus abondants : myofibrilles et protéines sarcoplasmiques. La réduction de la solubilité, accompagnée de coagulation pour les dernières, est un facteur de durcissement de la viande. En outre, le ferrihémochrome issu de la myoglobine dénaturée donne une coloration brune.

  Une cuisson longue à 58-60 °C permet toutefois une attaque du collagène par des protéases endogènes (cystéines protéinases) et il en résulte un attendrissage d'autant plus marqué que le muscle contient plus de collagène.
- **Vers 65-70 °C**, un chauffage rapide entraîne un durcissement car on observe une dénaturation des protéines myofibrillaires et une contraction thermique du collagène.
- **Dans le cas d'un chauffage au-delà de 80 °C**, en milieu humide, de muscle riche en collagène, la gélatinisation de cette protéine l'emporte sur la précipitation des protéines myofibrillaires ; le résultat global est positif, c'est le cas dans la préparation du pot-au-feu.
- **Vers 95 °C**, les réactions de Maillard, entre les groupes $-NH_2$ et les oses réducteurs, s'accélèrent. Elles contribuent au brunissement des viandes (voir chapitre 5, § 5.9).

14.5.4 Bilan de la transformation du muscle en viande

Au final, le muscle et la viande maigre diffèrent du point de vue biochimique et physico-chimique par :

– la teneur en ATP (très faible dans la viande) ;
– la teneur en glycogène (0,8 % dans le muscle, 0,02 % dans la viande) ;

– la teneur en acide lactique (0,1 % dans le muscle, 0,3 % dans la viande);
– le pH (7,0/7,2 dans le muscle, 5,5/6,2 dans la viande).

14.6 SALAISONS – SAUCISSON

14.6.1 Le sel

Ses effets sont les suivants :

- Effet protecteur contre les micro-organismes indésirables, en particulier les germes de la putréfaction. Le sel a un effet sélectif; il favorise la microflore halophile qui conduit aux qualités recherchées.
- Drainage de liquide et aide à la dessiccation de la pâte; il s'ensuit une baisse de l'activité de l'eau qui accentue l'effet cité en premier.
- Solubilisation partielle des protéines musculaires, avec une influence favorable sur le « pouvoir de liaison » ; à la fin de la dessiccation, une insolubilisation a lieu, ce qui produit une sorte de collage.
- Effet sur le goût qui est relevé. Il est à noter que le goût salé est réduit dans la viande crue par la présence de protéines (formation de complexes); la cuisson développe le goût salé (rupture des complexes).

14.6.2 Additifs

Les nitrates et nitrites ont un rôle technologique et hygiénique :

- Ils permettent de stabiliser la couleur après cuisson et de maintenir la coloration du maigre de la viande du fait de la formation de nitrosomyoglobine rouge; sans cela, la coloration virerait au brun verdâtre. En réalité, ce sont les nitrites qui sont efficaces en apportant –N=O à la molécule de myoglobine. Les nitrates doivent être réduits en nitrites *in situ* par la microflore, principalement les lactobactéries; leur action est plus lente. Il est inutile d'ajouter à la fois nitrates et nitrites. Ces sels sont toujours incorporés au sel commun, jamais ajoutés séparément à la viande.
  L'utilisation des nitrites et sels nitrités en alimentation est désormais soumise à un contrôle sévère. Pour l'homme la dose mortelle est de l'ordre du gramme. De plus, ils peuvent à pH acide réagir avec la fonction amine secondaire des amines, acides aminés, peptides et protéines en donnant naissance à des composés nitrosés ou nitrosamines. Ces nitrosamines ne sont pas toutes cancérigènes, mais peuvent générer des composés qui le sont. Par exemple, la nitrosoproline est non cancérigène mais peut conduire à la nitrosodiméthylamine, reconnue comme agent cancérigène.
- Le nitrate n'a pas d'action antimicrobienne, le nitrite a une action bactériostatique, voire bactéricide notamment sur les *Clostridium* (*perfringens* et *botulinum*), les entérobactéries (salmonelles et coliformes). En revanche, les lactobacilles, les microcoques et les streptocoques, micro-organismes indispensables pour la bonne évolution d'un produit de charcuterie comme le saucisson sec, seraient plus résistants au nitrite. Le nitrate, qui constitue une réserve de nitrite, peut être considéré comme une sécurité pour un produit de longue conservation.

Le saccharose est souvent ajouté (jambon cuit, mortadelle) ; il n'y a pas de justification, en dehors de l'augmentation du rendement, et il y a un inconvénient : la stimulation de l'acidification au cours de la conservation sous préemballage.

- Le nitrate et le nitrite donnent aux viandes le goût et l'odeur caractéristiques de la salaison.

14.6.3 Saucisson sec

a) *Fabrication*

C'est, avec le jambon cru, le cas le plus complexe. Les opérations suivantes sont en jeu :

- préparation de la « mêlée » : viande hachée contenant approximativement la même quantité de « gras » et de maigre de porc (plus rarement mélangé au maigre de bœuf ou de cheval), et additionnée de sel nitrité (environ 3 %), souvent de ferments lactiques et de glutamate (agent de sapidité). Le pH initial est proche de 6,3.
- embossage dans le boyau ;
- étuvage à 22-25 °C pendant 1 à 3 jours ;
- maturation dans le séchoir, entre 10 et 15 °C, pendant une durée variable ; elle doit être longue et à température plus basse pour obtenir une bonne qualité. L'humidité finale varie de 25 à 30 % ;
- nettoyage et recouvrement par un enduit en général à base de farine.

b) *La fleur*

La fleur apparaît vers le 5e jour de séchage. Le boyau, d'abord opaque et luisant, devient mat et transparent et se rétracte avec la pâte. à côté de cristaux de sel se développent des colonies de micro-organismes divers, principalement des staphylocoques (et microcoques), des levures et des moisissures. La surface devient blanche puis colorée lorsque les organes fructifères des moisissures se développent sous l'apparence d'un duvet verdâtre.

c) *La pâte*

La pâte est d'abord rose vif ou rouge (la viande de bœuf est plus foncée que celle de porc dans sa partie maigre) ; elle évolue ensuite vers le gris marron (metmyoglobine), puis revient au rouge d'autant plus rapidement que des nitrites sont ajoutés (10-12e heure). Ensuite la couleur s'assombrit du fait de la déshydratation. Le gras reste blanc.

La consistance s'améliore, la mêlée prend du « corps ». Une liaison s'établit entre les morceaux du fait de modifications physico-chimiques dues au sel, surtout à la libération de protéines solubles. La viande de bœuf libère plus de protéines solubles que celle du porc ; par exemple pour une maturation courte :

Porc :	1 jour = 30 %	15 jours = 75 % des protéines totales
Bœuf :	1 jour = 30 %	15 jours = 80 % des protéines totales

Le pH diminue de 6,3 à 5,0 environ après 6-8 jours ; il remonte ensuite doucement ; au bout d'un mois, il se situe vers 5,2-5,4. C'est une évolution importante qui reflète les changements et oriente le développement de la microflore. Une température élevée d'étuvage et de maturation accélère la chute du pH.

Le potentiel rédox diminue rapidement ; l'anaérobiose s'accentue dès les premiers jours. Ensuite les micro-organismes disparaissent ; on observe un minimum de Eh qui pourrait indiquer la fin de la maturation. Finalement, l'oxygène diffuse et Eh remonte lentement.

d) La flaveur

La flaveur apparaît quelques jours après la fleur ; mais les deux phénomènes ne sont pas parallèles car les bactéries de la pâte interviennent. Les substances responsables sont nombreuses en raison des transformations biochimiques variées.

➤ Lipides

Libération rapide d'acides gras, qui peuvent atteindre 10 % du total lipidique. À côté des acides à 6-20 atomes de carbone apparaissent de plus petites molécules qui pourraient venir du métabolisme des protéines (acides aminés désaminés). Les indices classiques indiquent une légère baisse de l'insaturation et une légère augmentation du degré d'oxydation des constituants lipidiques.

➤ Glucides

Une hétérofermentation produit des acides lactique, pyruvique, acétique, des gaz (CO_2), de l'éthanol et du diacétyle qui est un agent marquant de sapidité (il y en a 1,5 ppm le 8e jour). En général, le maximum d'acidité se présente le 10e jour ; ensuite se produit une chute par oxydation ; il en reste peu à la fin de la maturation.

➤ Protéines

Le métabolisme est complexe car l'équipement protéolytique, tissulaire ou microbien, est très varié. Ce sont surtout les enzymes bactériennes qui interviennent ici et principalement ceux des microcoques et des lactobacilles. L'arôme final du saucisson est largement déterminé par la nature des substances à faible masse moléculaire formées aux dépens des protéines solubles et des nucléotides. La libération de l'azote non protéique démarre rapidement durant l'étuvage, les trois premiers jours ; ensuite, l'augmentation devient très faible. Les substances les plus caractéristiques sont les suivantes :

– ammoniac (NH_3), carnosine (β-alanyl-1-histidine) et hydrogène sulfuré (H_2S) ;
– acides aminés en augmentation dans la partie non protéique : Ala, Gly, Leu, Ser, Thr, Val ;
– amines résultant de la décarboxylation de Tyr (tyramine), His (histamine), ornithine (putrescine) ;
– inosine monophosphate résultant de la désamination de l'AMP, et hypoxanthine qui est la base purique correspondante selon la réaction de la figure 14.7.

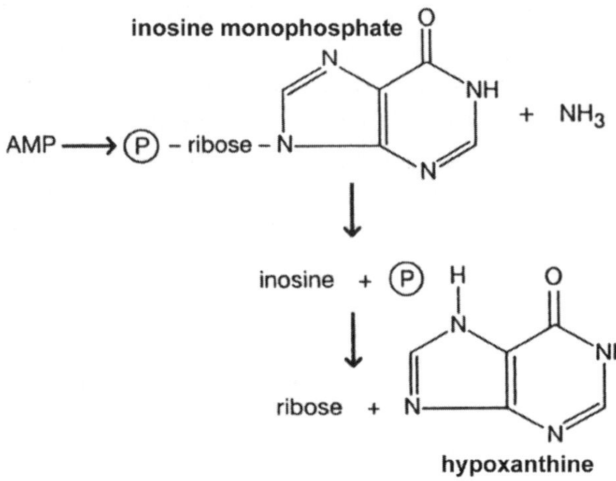

Figure 14.7 Transformation de l'adénosine monophosphate en hypoxanthine.

Les inosinates sont des « agents de flaveur », c'est-à-dire qu'ils intensifient le goût. Le glutamate, que l'on ajoute à la mêlée, a le même effet, mais il est en grande partie décarboxylé au cours de la maturation en donnant de l'acide γ-amino-butyrique (d'où son faible intérêt).

14.7 GÉLATINE ALIMENTAIRE

Ses emplois sont nombreux et non limités par la loi. Elle est utilisée dans la fabrication de divers gels (lait gélifié, yaourt...) ; dans les potages et sauces, jus de fruits, salaisons ; dans les conserves (enrobage, plats cuisinés, poisons) ; dans l'industrie des desserts, de la confiserie, etc. En outre, les usages non alimentaires sont également très répandus.

Les principales propriétés technofonctionnelles peuvent se résumer ainsi :

- pouvoir épaississant et, à plus forte concentration, gélifiant ;
- fixation d'eau, retarde la synérèse, évite l'exsudation et aussi la cristallisation du saccharose ;
- pouvoir protecteur pour les suspensions de substances insolubles, pouvoir filmogène autour des noyaux de dragées ;
- pouvoir moussant pour les articles foisonnés.

La gélatine résulte de la « dissolution » du collagène par le chauffage (chapitre 14 § 14.2). Parmi les nombreux tissus et organes contenant le collagène, la fabrication de gélatine utilise surtout les os et les peaux (de tannerie ou de salaisonniers).

Le traitement des os est le plus complexe en raison de leur forte minéralisation ; il comporte les opérations suivantes ;

- dégraissage par des solvants organiques à bas point d'ébullition dans un extracteur (récupération des solvants et graisses) ;

– polissage mécanique qui élimine la viande, suivi d'un broyage grossier ;
– séparation de l'« osséine » par acidification à l'acide chlorhydrique ; le phosphate de calcium passe en solution et est récupéré ;
– purification par chaulage : l'osséine est immergée longuement (10 semaines) dans le lait de chaux ; ensuite on ramène le pH à 6,0. Ainsi, on sépare le résidu de matière grasse, les mucopolysaccharides et l'élastine.

Le traitement des peaux est limité au chaulage, sauf celle de porc qui subit le bain acide.

La transformation en gélatine se fait par cuisson en cuve, avec circulation d'eau chaude. La filtration élimine les protéines dénaturées et coagulées (albumines). La concentration sous vide à 45 % et la stérilisation rapide à 120 °C, suivie d'un refroidissement brutal donne un gel qui est finalement séché.

La gélatine gonfle dans l'eau froide en absorbant jusqu'à 10 volumes d'eau ; en chauffant à 50-60 °C il se produit une solution, qui se gélifie à nouveau au refroidissement, et ainsi de suite. Cette température caractéristique est celle de la « gélatinisation ».

14.8 LE SANG

14.8.1 Composition

Les animaux d'abattoir donnent en moyenne 4 % de leur poids de sang ; ceci représente de grandes quantités, mais qui ne sont pas toujours bien exploitées, en particulier pour le sang des volailles.

La composition moyenne du sang est donnée dans le tableau 14.2 ; il faut ajouter les faibles proportions de sels minéraux (0,8-0,9), de lipides (très variable) et glucides (0,1).

Le sérum est le liquide séparé à la coagulation spontanée du sang. Le plus souvent on prépare le plasma, qui a une composition voisine, mais qui peut contenir du fibrinogène s'il n'a pas été préalablement défibriné ; le plasma est séparé des hématies par centrifugation, sinon les hématies s'hémolysent plus ou moins vite.

Tableau 14.2 COMPOSITION DU SANG (%).

	Extrait sec total	Protéines totales	Albumine		Globuline		Fibrinogène		Hémoglobine	
Sang entier	20	17,5	3,0	*17*	2,3	*13*	0,3	*2*	11	*63*
Plasma	10	8,0	4,3	*54*	3,4	*42*	0,4	*5*	-	
Sérum	9	7,5	4,2	*56*	3,3	*44*	-		-	

En italique : % du total protéique.

Le sang est un bon aliment protéique, malgré la faiblesse de sa teneur en certains acides aminés indispensables : Met et Ile. Dans de nombreux pays, on le trouve surtout dans les boudins noirs qui sont vendus cuits.

La figure 14.8 montre la répartition électrophorétique des principaux constituants décrits dans le paragraphe suivant.

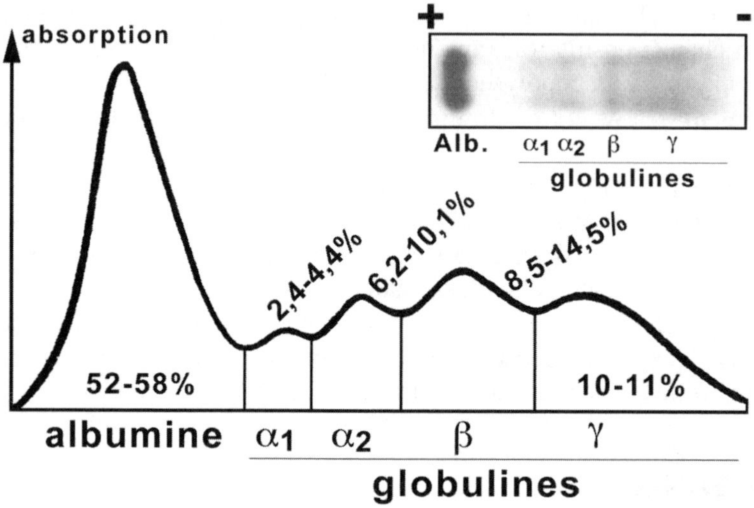

Figure 14.8 Électrophorèse à pH 8,6 de plasma sanguin humain, avec les quantités en % (densitométrie d'une électrophorèse courante).

14.8.2 La sérumalbumine

La sérumalbumine est, de très loin, la molécule d'holoprotéine la plus abondante dans le plasma. Cette molécule est curieuse, avec son unique et long segment (monocaténaire) de 609 résidus bout à bout et enrubanné par 17 ponts disulfure intramoléculaires, ce qui fait au total 35 cystéine en comprenant un –SH libre, dans l'espèce bovine. La structure primaire a été établie pour plusieurs espèces ; elle relève une grande similitude. La figure 14.9 présente la partie N-terminale de la sérumalbumine de trois espèces ; c'est une partie intéressante car l'histidine en position 27 fait partie du ligand de fixation du cuivre et d'autres métaux.

La forte solubilité de la sérumalbumine dans l'eau et la faible viscosité s'expliquent par son caractère acide, le point isoélectrique est voisin de 4,7 ; dans la zone neutre, elle est chargée négativement. L'influence sur la pression oncotique est marquée, ce qui provoque le retour de l'eau dans le sang à travers les capillaires. Il y a une tendance nette à la polymérisation, d'où l'apparente hétérogénéité dans les examens.

Le groupe –SH libre se lie à différentes substances, en particulier à des métaux, en donnant des mercaptides qui cristallisent aisément. Cette molécule est un transporteur de nombreux composés, dans l'organisme : ions métalliques divalents, acides gras, acide urique, acétylcholine, colorants (fixation de la bilirubine, métabolite de l'hémoglobine), médicaments (pénicilline, quinine,…).

```
   1                                                     50
H  MKWVTFISLL FLFSSAYSRG VFRRDAHKSE VAHRFKDLGE ENFKALVLIA

B  MKWVTFISLL LLFSSAYSRG VFRRDTHKSE IAHRFKDLGE EQFKGLVLIA

R  MKWVTFLLLL FISGSAFSRG VFRREAHKSE IAHRFKDLGE QHFKGLVLIA

   51                                                    100
H  FAQYLQQCPF EDHVKLVNEV TEFAKTCVAD ESAENCDKSL HTLFGDKLCT

B  FSQYLQQCPF DEHVKLVNEV TEFAKTCVAD ESHAGCEKSL HTLFGDELCK

R  FSQYLQKCPY EEHIKLVQEV TDFAKTCVAD ENAENCDKSI HTLFGDKLCA
```

Figure 14.9 Début de la chaîne peptidique des sérumalbumines humaine (H – *Homo sapiens*), bovine (B – *Bos taurus*) et murine (R – *Rattus norvegicus*).

14.8.3 Les globulines α et β

Les globulines α et β forment un groupe complexe avec une forte proportion de glycoprotéines. D'après l'électrophorèse simple (fig. 14.8) on les désigne par des lettres grecques, mais les γ-globulines forment une catégorie qui mérite leur séparation. Ces protéines se séparent des albumines par leur facilité de précipitation par le sulfate d'ammonium à 50 % de saturation (il faut une concentration de 90 % pour précipiter les albumines).

L'**α-séromucoïde acide**, ou orosomucoïde, est une petite glycoprotéine, MM = 44 kDa, contenant 40 % de glucides, la partie peptidique a donc une masse moléculaire de 26 kDa. Le groupement prosthétique se fixe sur l'asparagine de la chaîne peptidique par une liaison N-glycosidique engageant la glucosamine comme on peut l'observer sur la figure (14.10).

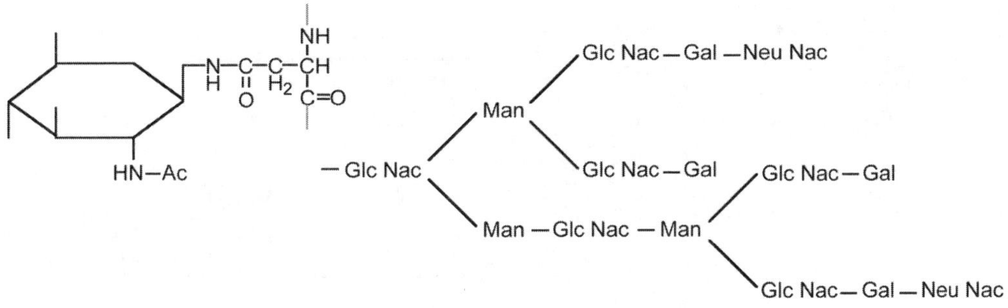

Figure 14.10 Structure du groupement prosthétique de l'α-séromucoïde acide.

On note l'absence de glucose dans cette molécule. La teneur élevée en oses explique des propriétés particulières :

– substance non dénaturable par la chaleur, pas de coagulation ;
– soluble dans les réactifs usuels des protéines (acide trichloracétique 20 %, acide perchlorique 18 %...), mais précipitée par HCl 2 M ;

– caractère très acide, pI = 2,7, seule protéine chargée positivement et migrant en électrophorèse à pH 4,5.

L'α_1-**antitrypsine** est un inhibiteur de protéases dont la teneur dans le sang dépend de l'état physiologique. C'est une molécule de 54 kDa contenant 12 % de glucides et différente des inhibiteurs présents dans le soja (chapitre 11 § 11.4).

Deux glycoprotéines assurant le transport de métaux ont été trouvées dans le sang :
– la **céruléoplasmine**, du groupe α_2, qui se lie au cuivre, MM = 150 kDa ;
– la **transferrine**, ou sidérophiline, du groupe β, qui se lie au fer, MM = 80 kDa, contient 6 % de glucides.

14.8.4 Les immunoglobulines

Les immunoglobulines (γ-globulines) sont des glycoprotéines de masses moléculaires plus élevées et déjà évoquées dans le chapitre 13. Leur fonction est d'être des anticorps, c'est-à-dire des substances réagissant spécifiquement avec un antigène ayant pénétré dans l'organisme. Elles assurent ainsi la protection contre les infections, par combinaison avec l'antigène et formation de complexes inactifs, et contre l'introduction de protéines étrangères. On les trouve dans le sang et aussi dans des sécrétions externes : lait, larmes, salive, sécrétions intestinales.

Les immunoglobulines sont extrêmement variées ; mais, elles ont cependant des caractéristiques structurales communes étant formées de quatre chaînes peptidiques dont deux légères (L) et deux lourdes (H) liées entre elles par des ponts disulfure (fig. 14.11). Certaines sont des polymères de cette structure, avec des « pièces » de fixation liées aux extrémités C-terminales des chaînes H.

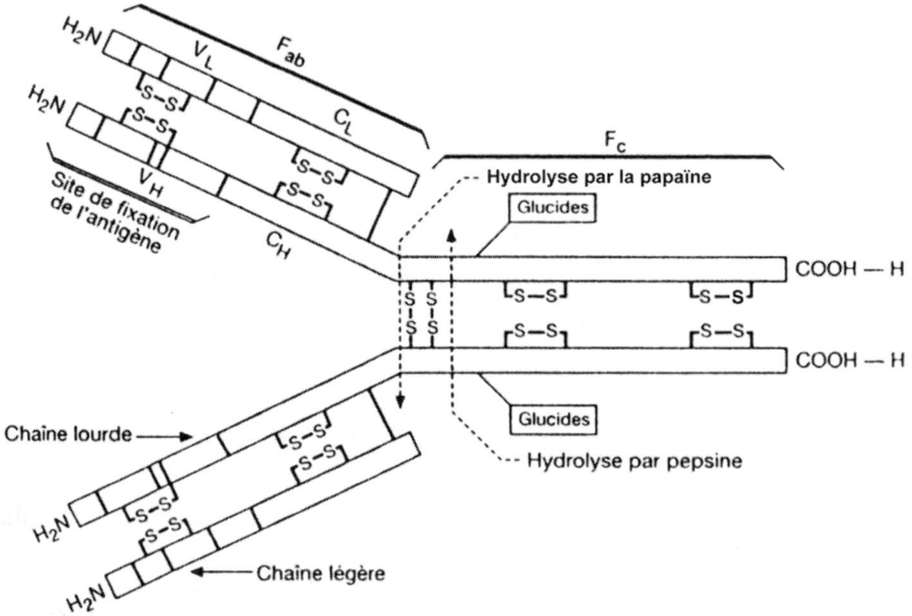

Figure 14.11 Représentation schématique d'une immunoglobuline G (IgG).

Les principales propriétés des immunoglobulines sont résumées dans le tableau 14.3 ; les trois classes A, G et M sont les plus importantes.

Tableau 14.3 PRINCIPALES CARACTÉRISTIQUES DES IMMUNOGLOBULINES.

	Teneur dans le sérum (g/L)	**Constante de sédimentation**	**Teneur en glucides (%)**	**M.M. (Da)**	**Classe de chaînes lourdes**	**Caractéristiques biologiques**
IgG	12	7S	3	160 000	γ avec sous-classe	Désignées dans l'usage courant sous le nom de gamma-globulines. Fixent le complément. Interviennent contre les infections (bactéries, parasites) et neutralisent les toxines.
IgA	3	7S	8	160 000	α avec sous-classe	Tendance à former des oligomères. Forme « sécrétoire » (dimère) dans les sécrétions muqueuses (défense locale).
IgM	1	19S	12	1 000 000	μ	Ancienne « macroglobuline ». Agrégats de 5 molécules comparables aux IgG, combinées par les extrémités des chaînes lourdes. Interviennent dans l'immunisation primaire contre les bactéries. Isohémagglutinines.
IgD	0,1	7S	12	180 000	δ	Petit nombre d'anticorps de rôle mal connu.
IgE	0,001	8S	11	200 000	ε	Correspondent aux « réagines », responsables des réactions anaphylactiques. Anticorps circulants, mais aussi localisés sur la peau ou divers organes. Teneur élevée chez les sujets sensibilisés à un allergène. La combinaison avec l'allergène déclenche la réaction allergique (libération d'histamine à partir des basophiles et des mastocytes).

Les immunoglobulines E sont impliquées dans la réponse allergique qu'elle soit d'origine alimentaire ou non. Ce phénomène peut conduire dans des situations extrêmes au choc anaphylactique.

Lors du premier contact avec l'allergène alimentaire (encore appelé trophallergène) – généralement un motif (épitope conformationnel) ou une séquence protéique (épitope séquentiel) – le système immunitaire produit des anticorps, les immunoglobulines E, qui vont se fixer sur différentes cellules (peau, muqueuses, sang...). C'est l'étape dite de sensibilisation. Lors d'un contact ultérieur avec l'allergène, les IgE déclenchent alors une cascade de réactions conduisant à la libération de nombreuses substances (médiateurs), histamine notamment, à l'origine des manifestations cliniques de l'allergie.

Pour toutes les immunoglobulines, le site de combinaison avec l'antigène se trouve dans les zones variables de 109 résidus d'acides aminés, du côté N-terminal. Les séquences sont connues chez un grand nombre d'Ig ; elles révèlent une richesse en acides aminés hydroxylés (Ser + Thr : 20 %) et en tryptophane (Trp : 3 %) ; les teneurs en acides aminés basiques sont faibles (Lys + Arg + His : 15 % ; 23 % dans la sérumalbumine).

Il existe deux types de chaînes légères : κ et λ qui se trouvent dans toutes les classes d'Ig ; alors qu'il existe plusieurs types de chaînes H dont chacun est caractéristique d'une classe (tableau 14.3).

14.8.5 Le fibrinogène

Le fibrinogène peut être rattaché aux globulines car c'est une protéine soluble en présence de sels et insoluble dans l'eau pure ; mais il a une structure fibrillaire et est transformé en fibrine au cours de la coagulation. Il y en a environ 4 g par litre de sang.

C'est une glycoprotéine de 340 kDa, contenant 2,5 % de glucides (Gal, Man, GlcNac, NeuNac), ayant un pI de 5,5 et qui est formée de 3 fois 2 chaînes identiques α, β et γ. Environ 30 % de la molécule se trouve sous forme d'hélice α. Cette substance se dénature aisément ; elle provoque la formation d'un gel dans le plasma vers 56 °C ; mais elle précipite aussi par agitation (séparation du sang par battage). Les propriétés liantes du fibrinogène sont mises à profit en charcuterie.

L'enzyme coagulant le fibrinogène dans le sang est la thrombine, qui provient de la forme inactive de la prothrombine par un mécanisme complexe dans lequel intervient le calcium. D'autres protéases non spécifiques ont la même action : trypsine, papaïne, protéase de reptiles,... Il se forme en une première étape la fibrine soluble par coupure de quatre liaisons Arg–Gly du côté N-terminal sur les chaînes α et β. Ensuite, ce monomère, séparé des « fibrinogènes », forme immédiatement les agrégats volumineux et de structure fibreuse, qui sont la fibrine insoluble ; une liaison amide, créée entre Glu et Lys, stabilise sa structure ; le calcium intervient encore à ce stade. Ces observations montrent que la coagulation du lait (voir chapitre 13, § 13.9) et celle du sang sont deux processus physiologiquement importants, présentant de nombreuses similitudes fonctionnelles et moléculaires.

En effet, ils sont déclenchés par une protéolyse limitée conduisant à la coupure d'une seule liaison peptidique. Des peptides courts, solubles et chargés négativement sont libérés : les fibrinopeptides A et B et le caséinoglycopeptide. Ces peptides présentent un taux de mutation élevé, cependant ils ne contiennent jamais certains acides aminés comme la cystine et le tryptophane. De surcroît, les groupements glucidiques influencent la coagulation en retardant l'action de la chymosine, de la thrombine et la polymérisation de la fibrine alors que les ions calcium interviennent notamment en accélérant la seconde phase de la coagulation du lait et l'agrégation des monomères de fibrine. Enfin, la caséine κ et la chaîne γ du fibrinogène présentent des similitudes structurales. Des séquences de la caséine κ, correspondant à

80 % de la molécule entière, ont leur homologue dans la chaîne γ du fibrinogène avec 31 à 42 % des acides aminés à des positions identiques.

14.8.6 L'hémoglobine

L'hémoglobine est très abondante dans le sang (environ 110 g/L). Elle résulte de l'association de quatre unités correspondant à la myoglobine examinée au paragraphe 14.3. Elle possède donc quatre hèmes et quatre atomes de fer hexacoordiné (4 % du total) ; les quatre molécules de globine forment 96 % du total ; la masse moléculaire est de 68 kDa.

Les hémoglobines normales contiennent deux paires de chaînes combinées 2 à 2 avec toujours 2 de la chaîne α :

- HbA, chez les adultes : $\alpha_2\beta_2$ (α est une chaîne de 141 résidus d'acides aminés et β de 146) ;
- HbA_2, mineure chez l'adulte : $\alpha_2\delta_2$ (δ a 10 résidus d'acides aminés différents de β) ;
- HbF, fœtale : $\alpha_2\gamma_2$ (γ a 39 résidus d'acides aminés différents de β).

On connaît plus de 400 mutants structuraux, ne se différenciant le plus souvent que par la substitution d'un seul acide aminé : certaines de ces mutations entraînent des pathologies (chapitre 5, § 5.3).

Chapitre 15

Œufs

15.1 L'ŒUF DE POULE – LA COQUILLE

Les œufs des différentes espèces animales qui les produisent, les oiseaux surtout, ont une composition caractéristique et peu variable ; celle de l'œuf de poule est résumée dans le tableau 15.1. Il y a trois principaux constituants : un constituant minéral externe, la coquille, et deux constituants organiques : le vitellus ou jaune d'œuf, qui est la cellule géante formée dans l'ovule, et l'albumen ou blanc d'œuf qui recouvre le précédent au cours de sa migration. En outre, il existe des membranes.

Les deux membranes coquillières ont une structure de filet tricoté au hasard capable de piéger les micro-organismes. Elles sont séparées, d'un côté (le plus gros), par une chambre à air ; en effet, la coquille est perméable aux gaz. Le volume de la chambre à air augmente au cours de la conservation, en partie par échange gazeux et en partie par perte de vapeur d'eau. La hauteur de cette chambre – exprimée en mm – est le critère officiel de fraîcheur (moins de 4 mm pour les œufs extra-frais, entre 4 et 6 mm pour les œufs frais) ; cependant, elle ne révèle pas précisément l'évolution de l'œuf ; si l'on conserve les œufs en atmosphère humide, la chambre à air sera petite, bien que des risques bactériologiques puissent se présenter. Le nom de cette partie ne tient pas compte de la présence de gaz carbonique, qui provient des bicarbonates de l'œuf ; le CO_2 se dégage plus ou moins rapidement selon la température.

La coquille est formée essentiellement de carbonate de calcium (96 %) avec un peu de phosphate tricalcique et de carbonate de magnésium. Ces minéraux s'insèrent dans un réseau fibrillaire, de type kératine (2 %). La dureté de la coquille est en relation avec la nature du réseau et la teneur en magnésium. Plus il y a de carbonate de magnésium, plus elle est dure.

Les chalazes sont des filaments d'albumine tordus qui sont attachés au jaune d'œuf, le relient à la membrane et le maintiennent au centre de l'œuf.

Tableau 15.1 COMPOSITION DE L'ŒUF DE POULE.

	Œuf entier	Vitellus (jaune)	Albumen (blanc)	Coquille
À l'unité, masse en g :	60	18	36	6
En g pour 100 g :				
Eau	66	48	87	-
Protéines	12	16	10,5	2
Lipides	11	34	-	-
Glucides	0,5	0,4	0,6	-
Minéraux	11	1,1	0,7	98

À l'extérieur se trouve une cuticule protéique, assez peu soluble dans l'eau. Tout nettoyage humide ou sec des coquilles est interdit par la législation, la destruction partielle ou totale de la cuticule permet aux micro-organismes de pénétrer dans l'œuf voire de s'y développer. Certains pays autorisent le lavage des œufs, dans ce cas la mention « œufs lavés » doit être apposée sur l'emballage.

La composition de l'œuf de poule entier est la plus étudiée ; elle est fort complexe, surtout dans la partie protéique. Cependant, le nombre de protéines trouvées dans l'œuf est nettement moins important que celui des protéines du sang.

Les protéines de l'œuf de poule entier ont été longtemps considérées comme l'aliment type ; la composition en acides aminés essentiels servait de base pour le calcul des indices chimiques d'autres protéines ; cette composition est remarquablement stable, très peu dépendante de la race et de l'alimentation de l'animal.

15.2 LE JAUNE D'ŒUF

Cette partie centrale de l'œuf est une dispersion de particules dans une phase aqueuse continue ou plasma. L'ensemble renferme les lipides de l'œuf. Les triacylglycérols représentent 70 % des lipides totaux ; les acides palmitique et stéarique représentent 30 % des acides gras des triacylglycérols et 45 % des acides gras des phospholipides. Parallèlement, l'acide oléique se retrouve en plus grande quantité dans les acides gras des triacylglycérols (50 %) que dans ceux des phospholipides (30 %). L'acide linoléique, en revanche, est en quantité aussi importante (15 %) dans les triacylglycérols que dans les phospholipides. En outre, l'acide arachidonique et l'acide docosahexaénoïque représentent chacun 5 % des acides gras des phospholipides alors qu'il n'en existe que des traces dans les triacylglycérols.

Les deux parties ont essentiellement les propriétés suivantes :

- Les **particules** se séparent par centrifugation. Ce sont des corps sphériques dont le diamètre est en moyenne de 25 à 50 μm ; ils ne sont pas très solides et tendent à désagréger au cours des manipulations. Les particules forment 25 % de l'extrait sec du jaune et contiennent environ 60 % des protéines, le reste étant des lipides. Les protéines sont essentiellement la phosvitine et la vitelline qui, associée aux lipides, forme une fraction HDL nommée lipovitelline (tableau 15.2).

- La **phase continue** contient 75 % de l'extrait sec du jaune sous forme de lipovitellénine, lipoprotéine de faible densité, plus riche en lipides qu'en protéine (vitellénine), et de protéines globulaires, les livétines, terme regroupant des protéines et enzymes diverses provenant du plasma sanguin.

La composition du jaune d'œuf est donnée dans le tableau 15.2.

Tableau 15.2 COMPOSITION DU JAUNE D'ŒUF DE POULE.

	% de l'extrait sec	Masse moléculaire (kDa)	Teneur en lipides	Proportion (% des protéines)	Phosphore (% des protéines)	Localisation
Phosvitine	4	α : 160 β : 190	0	7	10	Particules
Lipovitelline, HDL	16	400	20	36	α : 0,5 β : 0,25	Particules
Lipovitellénine, LDL	68	3 et 10×10^3	88	24	0,1	Phase continue
Livétines	10	α : 80 β : 45 γ : 150	0	30	-	Phase continue

15.2.1 Phosvitine

C'est une phosphoglycoprotéine qui contient 10 % du phosphore de l'œuf et 80 % du phosphore lié aux protéines. La phosvitine est soluble dans l'eau bien qu'étant très fortement liée à la lipovitelline. Les cations divalents se lient également à cette protéine ; ainsi, 50 % du fer présent dans le jaune d'œuf est lié à la phosvitine sous forme ferrique.

La phosvitine est une molécule hétérogène qui peut être séparée en deux composés : l'α-phosvitine (MM = 160 kDa) et la β-phosvitine (MM = 190 kDa). Elle est en fait composée de plusieurs monomères de masse moléculaire comprise entre 18,5 et 60 kDa. En solution aqueuse, ces polypeptides sont en interaction et se polymérisent pour former des agrégats. L'α-phosvitine précipite plus facilement que la β-phosvitine en présence de chlorure de calcium.

Dans la phosvitine, 30 % des résidus d'acides aminés sont constitués par de la sérine qui est le plus souvent phosphorylée. Elle est plus abondante dans la phosvitine α que dans la β-phosvitine. Une caractéristique de séquence qui mérite d'être relevée : la région centrale (du résidu 1 123 au résidu 1 315) de la β-phosvitine contient 93 Ser sur un total de 192 résidus (fig. 15.1).

L'α-phosvitine est plus riche en Gly, Ala, Lys, Glu et Thr alors que la β-phosvitine est plus riche en His. La cystéine et la méthionine sont absentes des deux protéines.

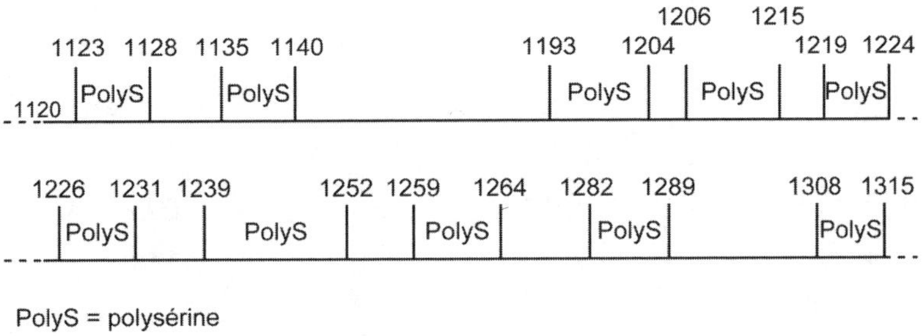

Figure 15.1 Représentation schématique de la séquence de la β-phosvitine riche en résidus sérine.

L'α-phosvitine est dépourvue de leucine alors que la β-phosvitine ne possède pas de tyrosine. Il y a 10 fois plus de glucides aminés et d'acide sialique dans l'α-phosvitine que dans la β-phosvitine.

15.2.2 Lipovitelline

Cette lipoprotéine est du type HDL, c'est-à-dire de haute densité. On en distingue deux, qui se différencient surtout par leur teneur en phosphore, mais elles sont peu phosphorées et leur teneur en lipides est moyenne (20 %). La masse moléculaire est égale à 400 kDa. Les lipides sont constitués pour 2/3 par des phospholipides et pour 1/3 par des lipides neutres, cholestérol et triacylglycérols. La liaison entre lipides et protéine s'établit probablement par des interactions hydrophobes ; elle est cependant assez ferme dans des conditions physico-chimiques qui déstabilisent d'autres lipoprotéines. La vitelline est une protéine bien équilibrée sur le plan de sa composition ; elle est assez riche en cystéine ; les chaînes latérales acides (Asp et Glu) sont prédominantes.

15.2.3 La lipovitellénine

Cette lipoprotéine est du type LDL, de faible densité ; elle contient des lipides en quantité élevée (86-88 %). Leur répartition n'est pas la même que dans le cas précédent ; les 2/3 des lipides sont neutres, avec 4 % de cholestérol ; le 1/3 restant est formé de phospholipides. Il existe au moins deux variétés différant par le degré de polymérisation, avec des masses moléculaires de l'ordre de 3 à 10 millions de daltons.

La vitellénine a une composition en acides aminés voisine de celle de la vitelline, mais elle contient peu de cystéine. En revanche, elle est unie à des glucides par la liaison N-glucosamine-asparagine ; la partie prosthétique apporte en outre, des hexoses et de l'acide neuraminique.

Comme les autres lipoprotéines, les LDL comportent un noyau de lipides non polaires ou hydrophobes (triacylglycérols et cholestérol estérifié) et une enveloppe monocouche formée par les apo-protéines et les lipides polaires (cholestérol libre et phospholipides). C'est cette enveloppe monocouche qui assure la stabilité de la particule dans la phase aqueuse (fig. 15.2).

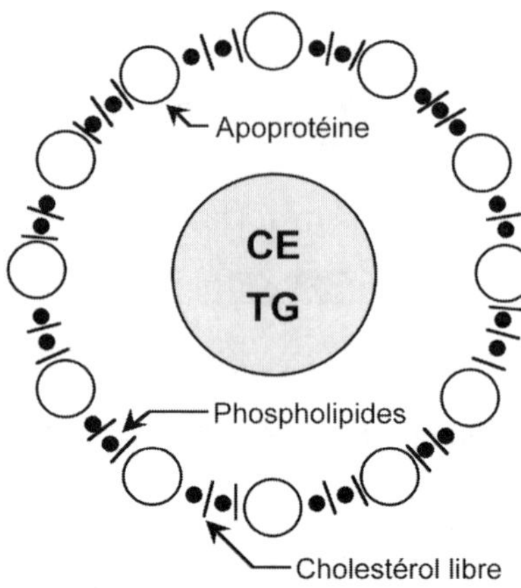

Figure 15.2 Structure générale des lipoprotéines. (CE = cholestérol estérifié; TG = triacylglycérol).

15.2.4 Les livétines

Ces protéines globulaires non liées contiennent peu de phosphore mais en revanche sont riches en soufre (près de la moitié du soufre total du jaune). Les principaux résidus d'acides aminés qui composent ces protéines sont : Tyr, Cys et Trp.

Elles correspondent aux protéines plasmatiques bien connues :

- la livétine α est identique à la sérumalbumine, MM = 80 kDa, proportion : 2;
- la livétine β est identique à l'α_2-glycoprotéine, MM = 45 kDa, proportion : 5;
- la livétine γ est identique à la γ-globuline, MM = 150 kDa, proportion : 3.

15.2.5 Ovovitelline

C'est le nom qui avait été donné à l'ensemble des protéines du jaune d'œuf, tel qu'on l'obtenait à partir du résidu insoluble dans l'éther (pour le dégraissage), lequel était remis en solution dans NaCl 10 % et reprécipité par addition d'eau. Cette substance possède des propriétés remarquables, par comparaison avec la caséine totale du lait :

- elle contient 0,9 % de phosphore et 0,95 % de soufre;
- elle est coagulée par la chymosine (tableau 5.4);
- elle est déphosphorylée par le chauffage;
- elle donne des peptides riches en phosphore par hydrolyse protéasique (pepsine, trypsine...).

15.2.6 Les traitements thermiques

Ils modifient les propriétés du jaune d'œuf. Au cours du chauffage, le jaune s'épaissit puis devient sec. Il se produit une libération d'hydrogène sulfuré qui provient surtout du blanc. En cas de cuisson prolongée de l'œuf, H_2S réagit avec le fer du jaune et un précipité noir se forme (œufs noirs chinois).

La déshydratation par atomisation ou par lyophilisation entraîne une dénaturation des protéines avec perte plus ou moins nette de leurs propriétés fonctionnelles. En pâtisserie ou confiserie, on emploie aussi le blanc d'œuf concentré et sucré (ES = 60,

Tableau 15.3 LES PROTÉINES DU BLANC D'ŒUF DE POULE.

Protéines(*)	Proportion (% de l'extrait sec)	Masse moléculaire (kDa)	Glucides (%)	Point isoélectrique	Propriétés
Ovalbumine	54	45	3,5	4,5	Agent gélifiant, propriétés moussantes.
Conalbumine (ovotransferrine)	12	77,7	2	6,0	Fixation de cations métalliques, inhibiteur de bactéries.
Ovomucoïde	11	28	23	4,1	Inhibe la trypsine, allergisante.
Ovoglobuline G1 Ovoglobuline G2	4 4	49 49	- -	5,5 5,8	Propriétés moussantes.
Lysozyme	3,5	14,3	0	10,7	Lyse les polysaccharides pariétaux des bactéries Gram$^+$, propriétés moussantes.
Ovomucine	3,5	200-8 000	25	4,5-5,0	Facteur de viscosité, agent gélifiant, inhibiteur de l'hémagglutination virale.
Ovoinhibiteur	1,5	49	6	5,1	Inhibe plusieurs protéases.
Ovoflavoprotéine	0,8	32	14	4,0	Une mole de protéine fixe une mole de vitamine B_2.
Ovomacroglobuline	0,5	760-900	-	4,5	Propriétés moussantes, allergisante, inhibiteur de l'hémagglutination virale.
Avidine	0,5	68	-	10,0	Fixe fortement la biotine.
Cystatine	0,05	12,7	0	5,1	Inhibe la papaïne et la ficine.

(*) Il existe encore d'autres protéines mineures.

saccharose = 40 %) et le jaune d'œuf salé (10 %) et sucré (10 %) ; ils peuvent être conservés à température ambiante, tout en restant pompables.

La congélation augmente beaucoup la viscosité, après décongélation du jaune d'œuf ; cela est dû à une agrégation irréversible des lipoprotéines de faible densité. L'addition d'agents protecteurs est recommandée, par exemple 5 % de glycérol, de sel ou de saccharose. La décongélation rapide préserve assez bien les propriétés fonctionnelles du jaune.

À relever que parmi les 80 molécules dénombrées et participant à l'arôme de l'œuf, 3 sont en quantité plus importante et représentent plus de 60 % de ces composés volatils : le 2-méthylbutanal, le 5-heptadécène et l'indole. Ils sont responsables des qualités aromatiques du jaune d'œuf.

15.3 LE BLANC D'ŒUF

15.3.1 Structure

L'albumen a une structure de gel après la ponte, mais peu à peu il se fluidifie, surtout pendant les premières 48 heures. Ce n'est pas le résultat d'une hydrolyse des protéines, mais d'une évolution du complexe ovomucine-lysozyme ; l'élévation du pH favorise sa dissociation, alors que la concentration en ions divalents la retarde. Le pH du blanc d'œuf frais est voisin de 7,4 ; il s'élève à pH 9 en 3 jours environ, puis change peu ; cette élévation a souvent des conséquences néfastes.

La conservation des œufs sous atmosphère carbonique (4 % de CO_2) et à 10 °C limite l'évolution du pH et la liquéfaction du blanc ; on peut aussi maintenir la qualité de l'œuf par entreposage à – 1 °C et 90 % d'humidité relative.

Il existe des transferts de petites molécules entre les deux parties de l'œuf, principalement :

- du blanc au jaune, la diffusion d'eau et le passage des ions bivalents ;
- du jaune au blanc, le passage d'acides aminés libres et de fer.

Le blanc d'œuf contient, dans l'extrait sec, environ 85 % de protéines ; les valeurs relatives en pourcentage des protéines totales sont donc peu différentes des valeurs en pourcentage de l'extrait sec (tableau 15.3).

15.3.2 Ovalbumine

L'ovalbumine est, de loin, la principale protéine du blanc d'œuf, plus de 50 % du total protéique comme pour la sérumalbumine du plasma sanguin, avec laquelle on peut la comparer ; on l'a retrouvée d'ailleurs dans le sang de la poule pondeuse (mais pas chez le mâle, ni chez la poule non pondeuse). Ce n'est cependant pas une holoprotéine ; elle est faiblement phosphorylée, 0,13 % de phosphore, et contient 8 résidus de glucides par molécule de 45 kDa ; il est à noter que l'ovalbumine contient du mannose et de la glucosamine, en un seul bloc, mais pas d'acide neuraminique.

La composition en acides aminés est remarquablement équilibrée. Un seul acide aminé se trouve à plus de 10 % (Glu 14 %) et aucun à moins de 1,3 %. Il y a 6 résidus de Cys et 1 pont disulfure au moment de la ponte. Le nombre de ponts augmente au cours de la conservation de l'œuf ; il se forme la s-ovalbumine qui est plus thermostable que la protéine native. À pH 9 et en utilisant une cinétique de chauffage de 10 °C/min., la température de dénaturation de l'ovalbumine est de 84,5 °C et celle de la s-ovalbumine de 92,5 °C.

L'ovalbumine a des propriétés gélifiantes et moussantes qui sont utilisées dans de nombreuses spécialités culinaires. Ces propriétés dépendent de l'état de la protéine ; elles sont réduites quand le taux de s-ovalbumine s'accroît.

La protéolyse de l'ovalbumine par la subtilisine est remarquable comme exemple de protéolyse limitée. L'enzyme peut théoriquement couper plusieurs liaisons mais ici elles doivent être protégées. En premier lieu, une coupure –Ala–Ser– a lieu, sans rupture de la molécule en deux parties (à cause du pont –S–S–), puis se détachent successivement un dipeptide et un pentapeptide ; alors se forme la plakalbumine-2 qui cristallise en plaque.

15.3.3 L'ovotransferrine

L'ovotransferrine est aussi dénommée « conalbumine » ; sa masse moléculaire est près du double de celui de l'ovalbumine, 77,7 kDa, mais ce n'est pas un dimère. Elle ressemble beaucoup à la sidérophiline (glycoprotéine du groupe β_1 du sérum sanguin) par sa composition en acides aminés et aussi par son aptitude à se combiner aux cations divalents, notamment Fe, Cu, Mn et Zn. Elle s'en distingue cependant par sa partie glucidique, qui ne contient pas d'acide neuraminique : elle est constituée en parties égales de mannose et de glucosamine. Cette protéine a une action inhibitrice sur certaines bactéries.

La conalbumine est plus facilement dénaturée par la chaleur que l'ovalbumine ; elle coagule vers 63 °C. C'est approximativement la température de coagulation du blanc d'œuf, car l'ovalbumine se cogélifie lors de l'insolubilisation de la conalbumine.

15.3.4 L'ovomucoïde

Comme son nom l'indique, l'ovomucoïde est une glycoprotéine riche en glucosamine, environ 14 % ; elle contient également du mannose, 7 %, un peu de galactose et de l'acide neuraminique. La liaison de ces oses avec la chaîne peptidique se fait sur l'asparagine, comme dans les deux précédentes. Cette protéine est petite, par rapport à ces dernières ; la masse moléculaire de 28 kDa se réduit à 23 kDa dans sa partie azotée ; elle ne renferme que 13 % d'azote, mais 2 % de soufre, ce qui est une valeur élevée. Elle se sépare aisément des autres protéines du blanc d'œuf du fait de sa solubilité dans l'acide trichloracétique, comme l'orosomucoïde du sérum sanguin ; mais elle est dénaturable par la chaleur quoique nettement plus résistante que les précédentes. Au cours de la dénaturation, il se forme de nouveaux ponts disulfures. À noter que cette protéine est dépourvue de tryptophane.

L'ovomucoïde possède une activité antitrypsine. Le blanc d'œuf coagulé « dur » se digère rapidement dans l'intestin, du fait de la dénaturation de ce facteur. En revanche, le blanc d'œuf cru résiste un certain temps à la digestion. Il est à noter que la dessiccation rapide de l'œuf peut ne pas inactiver l'ovomucoïde. L'ovomucoïde est particulièrement allergisant.

15.3.5 L'ovomucine

L'ovomucine est également une glycoprotéine. Elle existe sous une forme α et une forme β dont les différents arrangements conduisent à une forme soluble ou insoluble d'ovomucine. Elle contient plus d'acide neuraminique que l'ovomucoïde ; ce composant explique la forme étirée et fibreuse de la molécule, responsable de la viscosité de l'albumen. L'acide neuraminique est totalement dissocié à pH neutre et ses charges négatives interviennent dans ces propriétés. Le rôle de l'association de l'ovomucine et du lysozyme dans la structure de la forme épaisse de l'albumen a été évoqué dans le paragraphe 15.3.1.

La protéine est insoluble dans l'eau pure, mais elle devient soluble en présence de sel à pH 7,0. Elle est, comme la précédente, assez thermorésistante, mais elle est sensible à la dénaturation de surface ; elle contribue à la stabilisation des mousses à froid.

L'ovomucine est un inhibiteur de l'hémagglutination virale (agglutination des hématies).

15.3.6 Le lysozyme

Le lysozyme est une enzyme (E.C. 3.2.1.17) qui se manifeste par une activité bactériolytique identique dans le blanc liquide et le blanc épais. Cette N-acétylhexosaminidase capable d'hydrolyser la liaison β-1,4 établie entre l'acide N-acétylmuramique et la N-acétylglycosamine du peptidoglycanne qui constitue les parois des bactéries $Gram^+$.

Du fait de son pHi élevé (10,7), le lysozyme est souvent impliqué dans des interactions électrostatiques, par exemple avec les acides sialiques des glycoprotéines (κ-caséine, ovomucine). Ces interactions jouent un rôle important dans la qualité du blanc au cours de la conservation.

L'inactivation thermique du lysozyme dépend de l'intensité du traitement mais également du pH de la solution. Relativement thermosensible à pH alcalin, la molécule à pH inférieur à 4,5 « résiste » plus d'une heure à 65 °C.

Le lysozyme est utilisé pour ses propriétés bactériolytiques en agroalimentaire et en pharmacie. Son numéro dans la liste des additifs de l'Union européenne est E 1 105.

NB. Les protéines citées précédemment quoique majoritaires, ne présentent qu'une petite partie des ≈ 70 protéines mises en évidence dans le blanc d'œuf par des études de protéomique.

15.4 LES NOUVEAUX PRODUITS D'ŒUFS

En plus du blanc d'œuf et du jaune d'œuf salés ou sucrés utilisés dans les industries alimentaires (§ 14.2.f), d'autres ovoproduits ont été mis au point :

- œufs durs en barre : ils sont obtenus à partir du blanc et du jaune séparés, dans une machine spéciale permettant de fabriquer un « rouleau » formé d'un cœur jaune dans une gaine blanche. Ils sont en général utilisés en rondelles (de 3 à 5 mm) ;

– omelettes précuites, d'un poids individuel de 100 à 150 g ;
– omelette en granulés surgelés (–18 °C).

La pasteurisation est pratiquée en général sur les constituants séparés, à environ 65 °C/2,5 minutes pour les jaunes et à 55 °C/2,5 minutes pour les blancs salés. On peut aussi pasteuriser les œufs entiers dans les mêmes conditions que les jaunes. La salmonelle est plus résistante dans le jaune d'œuf que dans le blanc.

15.5 PROPRIÉTÉS FONCTIONNELLES DES OVOPRODUITS

En plus de sa haute valeur nutritive, l'œuf offre par ses propriétés technofonctionnelles un autre attrait important en industries alimentaires dont :
– le pouvoir coagulant de l'œuf entier ;
– le pouvoir anticristallisant et moussant du blanc ;
– le pouvoir émulsifiant du jaune.

15.5.1 Pouvoir coagulant de l'œuf

Les protéines de l'œuf, jaune et blanc, sont à l'origine de cette coagulation. Le mécanisme de cette coagulation consiste en une rupture des liaisons intramoléculaires provoquant un déplissement des molécules protéiques avec formation de nouvelles liaisons intermoléculaires. Donc, il y a changement de structure secondaire avec passage de la forme α à la forme β plissée.

Les protéines coagulent sous l'action de divers agents physiques (chaleur et action mécanique) et agents chimiques (ions inorganiques, métaux lourds).

En ce qui concerne l'action de la chaleur, on peut noter que la conalbumine et l'obalbumine du blanc, sont les plus sensibles à la chaleur, et que la température de coagulation commençante du blanc (57 °C) est inférieure à celle du jaune (65 °C).

Quand un œuf est cuit dans l'eau bouillante à 100 °C, sa masse diminue progressivement à mesure que l'eau est éliminée du gel formé. En revanche, quand un œuf est cuit à une température peu supérieure à la température de coagulation de ses protéines (vers 68 °C), il coagule en conservant son eau, gage de tendreté et de moelleux !

La coagulation est également une fonction de la relation temps-température, car par exemple, lors de la préparation de flans, un surchauffage entraîne une coagulation avec synérèse. La concentration en sels est également importante ; en effet, un blanc dialysé ne coagule pas.

Cette propriété « coagulante » est recherchée surtout dans les industries de cuisson telles que la pâtisserie et la charcuterie : quenelles, saucisses de volailles…

15.5.2 Pouvoir anticristallisant et moussant du blanc

Le pouvoir anticristallisant du blanc est spécifiquement recherché en confiserie. En effet, l'addition de 3 % de blanc d'œuf permet de limiter la formation de cristaux de saccharose, qui rendent désagréable la texture du produit. Le blanc d'œuf est l'agent moussant par excellence. Toutes les protéines de l'albumen ne participent pas de la même façon à ce phénomène. Les globulines, en abaissant la tension superficielle, favorisent la formation de mousse et les protéines coagulables à la chaleur préviennent de l'effondrement de la mousse lors de la cuisson.

L'ovomucine, dénaturée par le battage, forme un film insoluble qui constitue une véritable charpente et stabilise la mousse. Par contre, la formation du complexe ovomucine-lysozyme diminue fortement le pouvoir moussant de l'albumen.

Le pouvoir moussant est essentiellement utilisé en biscuiterie, pour la confection de meringues et de biscuits à la cuillère.

15.5.3 Pouvoir émulsifiant du jaune

Pour qu'une émulsion soit stable, il est nécessaire qu'elle contienne un agent tensio-actif (*ex.* : jaune) qui diminue la tension entre les deux phases ou un agent épaississant qui augmente la viscosité de la phase continue.

Le pouvoir tensio-actif du jaune est dû à la présence dans celui-ci de phospholipides (lécithines en particulier), qui se trouvent sous forme de complexes lipoprotéiques, et du cholestérol.

De plus, la viscosité du jaune confère de la stabilité aux émulsions. Il faut aussi noter que l'addition de sel, de saccharose et d'épices réduit la quantité d'eau libre donc augmente le pouvoir émulsifiant. Le pouvoir émulsifiant du jaune est largement utilisé dans les industries de la mayonnaise, des sauces émulsionnées, des crèmes glacées…

Chapitre 16

Corps gras

16.1 GÉNÉRALITÉS

Tout aliment naturel contient des lipides Les corps gras ont une gamme de fonctions très étendue, aussi bien nutritionnelle que non nutritionnelle. Ainsi, les corps gras influencent de façon positive les caractéristiques sensorielles désirables, y compris le goût, l'odeur, la sensation en bouche et l'attrait visuel. De plus, ils jouent un rôle techno-fonctionnel multiple dans l'alimentation :

– fluide calo-porteur ;
– lubrifiant ;
– agent structurant des aliments riches en graisse (chocolat, crèmes glacées, mayonnaise, margarine...) ;
– barrière contre l'humidité, l'oxygène et les micro-organismes.

On distingue encore aujourd'hui, selon leur état physique à 20 °C, les *graisses*, solides, des *huiles*, liquides, bien que cela n'ait guère de signification. Les termes « corps gras » ou « graisse » sont employés généralement.

Une matière grasse « comestible » ou « alimentaire » est un mélange de graisses animales et/ou végétales. Le terme « beurre » est réservé à la matière grasse du lait ayant subi la butyrification (chapitre 13) ; on ne doit pas dire « beurre de cacao », mais graisse de cacao. Le terme « margarine » désigne une graisse industrielle émulsionnée avec de l'eau (émulsion eau dans huile) ; c'est une copie du beurre sur le plan de la structure, mais pas du tout sur celui de la composition en acides gras.

La composition des matières grasses a été donnée au chapitre 4 (tableau 4.1). Les graisses alimentaires sont essentiellement composées de triacylglycérols ou triglycérides ; sur le plan de l'humidité, on peut en distinguer trois types, comme indiqué dans le tableau 16.1. Les huiles ne contiennent pas d'eau ; dans certaines graisses animales, on en trouve jusqu'à 8 % et dans les beurres et margarines, on en trouve le double : 16 %. C'est ce qui distingue les produits traditionnels des produits allégés qui peuvent contenir plus de 50 % d'eau.

Tableau 16.1 COMPOSITION MOYENNE DES MATIÈRES GRASSES ALIMENTAIRES (%).

	Beurre et margarine	Huiles végétales et animales	Graisses animales
Lipides	82	99,9	91 à 99
Protéines	0,8	0	1
Glucides	0,8	0	0
Sels minéraux	0,2	traces	traces
Eau	16	0	0,1 à 8

Il résulte de ces indications que la composition en acides gras varie beaucoup selon l'origine des graisses mises en œuvre et selon les traitements de modification qu'elles ont subis. Cette composition a un rôle déterminant sur les propriétés physiques des corps gras. Les points de fusion des différentes matières premières naturelles se répartissent selon l'échelle :

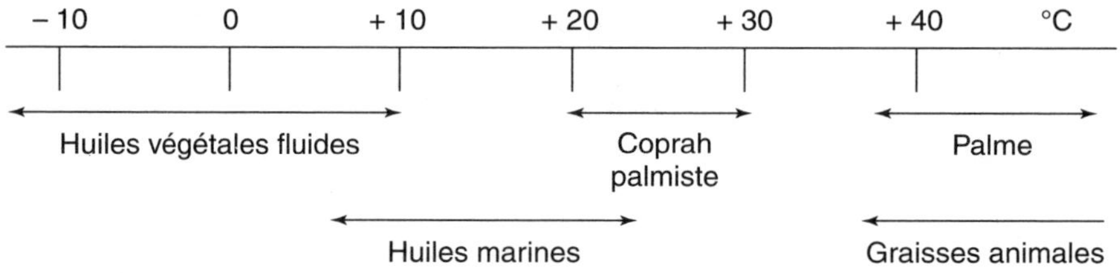

16.2 TRAITEMENTS DE MODIFICATION

La législation autorise l'industrie des corps gras à pratiquer trois traitements : l'hydrogénation, la transestérification et le fractionnement. Ces traitements permettent d'apporter des propriétés spécifiques aux matières grasses et favorisent leur interchangeabilité dans les applications alimentaires et industrielles.

L'hydrogénation et la transestérification entraînent des modifications chimiques. Le fractionnement est un procédé physique ; il est utilisé pour séparer plus ou moins complètement les parties fluides des parties solides à une température donnée (§ 16.3).

16.2.1 Hydrogénation

L'hydrogénation consiste à saturer au moyen d'hydrogène tout ou partie des doubles liaisons des acides gras non saturés.

Dans le cas d'une **hydrogénation sélective**, la teneur en acides gras polyinsaturés de certaines huiles végétales va être réduite et leur stabilité à l'oxydation en sera augmentée. Elle s'applique aux huiles particulièrement sensibles à l'oxydation et à la chaleur et contenant, comme l'huile de colza et de soja, un pourcentage relativement élevé d'acide α-linolénique. Ce traitement provoque une certaine isomérisation des acides gras insaturés et favorise de ce fait la formation d'isomères trans et d'isomères de position. Le choix de bonnes conditions expérimentales (catalyseur, température, pression) permet de limiter la production des isomères en italiques dans la figure 16.1.

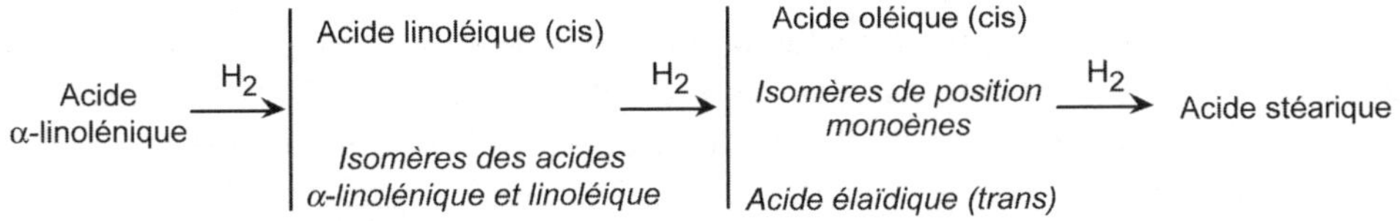

Figure 16.1 Étapes d'hydrogénation de l'acide linolénique.

L'**hydrogénation non sélective** a pour but la préparation de matières grasses solides pour la fabrication par exemple de margarines. Ce type d'hydrogénation vise à saturer dans une forte proportion et parfois même totalement les doubles liaisons des acides gras insaturés. Ce type de réaction, lorsqu'elle n'est pas totale, favorise également la formation d'isomères, notamment trans, ce qui contribue à augmenter encore le point de fusion (chapitre 4, § 4.3.2).

Du point de vue pratique, l'hydrogénation est effectuée, d'une façon générale en discontinu, en faisant passer de l'hydrogène très pur en présence d'un catalyseur (sel de cuivre ou de nickel) sur le corps gras porté entre 150° et 200 °C. Les paramètres tels que la température, la pression, la vitesse d'injection de l'hydrogène, la nature et la concentration du catalyseur varient avec le type de l'hydrogénation.

Si l'hydrogénation stabilise le corps gras vis-à-vis de l'oxydation et modifie son comportement lors de la cristallisation, elle entraîne toutefois une baisse de la valeur nutritionnelle par suite de la transformation d'une partie ou de la totalité des acides gras polyinsaturés et des pigments caroténoïdes éventuellement présents.

16.2.2 Transestérification

La transestérification vise à modifier la structure glycéridique des matières grasses par réarrangement intra- et intermoléculaire des acides gras sur le glycérol (voir figure 4.7).

Ce réarrangement moléculaire peut intervenir soit sur un seul corps gras, soit sur un mélange de deux ou plusieurs corps gras. De ce fait, on réalise que de très nombreuses combinaisons de transestérification sont possibles.

Comme la redistribution des chaînes d'acides gras sur les trois fonctions hydroxyles des molécules de glycérol se fait selon une loi statistique, il est possible de prévoir la composition en divers triacylglycérols du mélange final à l'équilibre. C'est le résultat obtenu dans le cas d'une **transestérification au hasard**.

Ainsi, grâce à cette technique de transestérification non dirigée, on peut préparer une margarine, avec de l'huile de tournesol et de l'huile de palme, totalement hydrogénée qui a l'avantage de ne pas contenir d'acides gras trans.

Dans le cas d'une **transestérification dirigée** qui est moins répandue, on s'arrange, en abaissant la température par exemple, pour favoriser le changement d'état liquide/solide, en faisant précipiter en continu les triacylglycérols à haut point de fusion ; ainsi, on déplace l'équilibre et de proche en proche, on arrive au mélange souhaité. Ce traitement permet d'obtenir à partir du saindoux, des graisses utilisables pour la préparation de crèmes glacées, de pâtisserie.

La transestérification qui s'effectue en présence de catalyseurs comme l'éthylate ou méthylate de sodium à une température comprise entre 100 et 160 °C, peut – par suite du changement de position des acides gras sur le glycérol – modifier la biodisponibilité des acides gras essentiels qui est maximale, rappelons-le, lorsque ces derniers occupent la position sn-2.

16.2.3 Fractionnement

Le fractionnement a pour but de réaliser une séparation entre les constituants des huiles et des graisses qui ont un point de fusion élevé (acylglycérols riches en acides gras saturés) et ceux qui ont un point de fusion faible.

Cette opération permet donc :

- Soit d'obtenir de nouveaux produits (fraction liquide, fraction solide) possédant des propriétés technofonctionnelles différentes du produit d'origine.
- Soit d'éliminer des constituants à haut point de fusion qui, à l'état de traces ou de faibles pourcentages, peuvent altérer les propriétés organoleptiques. Par exemple, le fractionnement du saindoux ou du suif légèrement hydrogénés permet l'obtention d'une fraction fluide de qualité supérieure au produit d'origine et utilisable en quantités plus importantes dans les margarines ou encore, la même opération sur l'huile de tournesol permet l'élimination des cires à point de fusion très élevé, que les huiles naturelles contiennent, et ainsi d'obtenir des huiles pouvant rester limpides à la température du réfrigérateur. La cristallisation fractionnée de la matière grasse laitière anhydre permet d'obtenir des fractions aux propriétés adaptées à de multiples usages (chapitre 13 § 13.5). C'est par ce biais que l'on produit du beurre tendre.

Au stade industriel, il existe essentiellement la **cristallisation fractionnée**, qui a trouvé un large champ d'application, consiste à cristalliser une partie de la fraction solide et à réaliser la séparation solide/liquide. On peut effectuer ainsi, plusieurs fractionnements successifs obtenant à chaque stade deux fractions différentes par leur point de fusion. Dans un second stade, la fraction fluide de la première cristallisation peut également être soumise à une nouvelle cristallisation suivie d'une nouvelle séparation et ainsi de suite. C'est par ce procédé – après trois fractionnements – que l'on fabrique le meilleur équivalent de beurre de cacao à partir de l'huile de palme.

Autrefois, on pratiquait la cristallisation en milieu solvant, cette technique n'est plus utilisée aujourd'hui.

16.2.4 Biofaçonnement

La réaction d'hydrolyse par les lipases est réversible. Le facteur fondamental influant sur cette réversibilité est le pourcentage d'eau ou plus exactement l'activité de l'eau (a_w). En vertu de la loi d'action de masse, un pourcentage d'eau élevé (supérieur à quelques pour cent) provoque l'hydrolyse. Un pourcentage d'eau faible et, si possible, contrôlé favorisera la synthèse, la transestérification ou l'inter estérification.

Ainsi, si l'on incube un ou plusieurs acylglycérols et un ou plusieurs acides gras en présence d'une lipase, il se produit un échange entre les acides gras libres jusqu'à l'obtention d'un équilibre, la répartition du ou des acides gras libres se faisant au hasard sur le glycérol. Toutefois, avec le choix d'une lipase spécifique – du type par exemple 1-3 seules les positions 1 et 3 sont modifiées – la transestérification est sélective (voir chapitre 4, § 4.5.3).

De même, si l'on incube un mélange d'acylglycérols différents en présence d'une lipase, les acides gras s'échangent d'un acylglycérol à l'autre jusqu'à l'obtention de l'équilibre. C'est l'interestérification. Là encore une lipase spécifique permet de choisir les acylglycérols que l'on veut produire. De plus, les produits annexes de la réaction sont beaucoup moins nombreux que dans l'interestérification chimique, ce qui facilitera la purification.

Ce biofaçonnement des matières grasses connaît une intense activité de recherches et de transfert technologique. Ainsi les travaux sur l'inter- et la transestérification des corps gras animaux – du suif en particulier – ont permis une meilleure valorisation que les utilisations classiques : alimentation animale, savonnerie, oléochimie. À l'aide d'une lipase de *Rhizobium*, la redistribution des acides gras dans les acylglycérols du suif ne se fait plus au hasard comme dans les procédés chimiques, mais de façon contrôlée afin de mieux adapter cette matière première aux contraintes industrielles de la biscuiterie, de la pâtisserie, de la friture. De même, ce procédé biotechno logique est appliqué pour une valorisation conjointe de l'huile de palme avec l'huile de colza pour obtenir des huiles sur mesure correspondant aux besoins technologiques et nutritionnels sans recourir à l'hydrogénation.

16.3 LES HUILES

16.3.1 Les huiles d'animaux marins

Les graisses de baleines et de cachalot ont pratiquement disparu du fait de la protection de ces mammifères marins et de l'existence d'équivalents dans le règne végétal. On consomme encore les huiles de poissons, co-produits de la pêche. Ces huiles sont intéressantes sur le plan nutritionnel car elles contiennent de l'EPA (acide eicosapentaénoïque – $C_{20:5}$) et du DHA (acide docosahexaénoïque – $C_{22:6}$), acides gras de la famille oméga 3 (ω3).

16.3.2 Les huiles végétales

Elles sont très employées dans l'alimentation, surtout dans les pays de faible production laitière. Au point de vue de leur composition, on peut ainsi les classer :

1. Huiles saturées

Huile de coprah	90 %
Huile de palme *	50 %

2. Huiles riches en acides saturés et en acide oléique

Huile d'arachide	19 et 50 %,
Huile d'olive	14 et 75 %.

3. Huiles riches en acides polyinsaturés

huile de carthame	75 % (saturés 10 %),
huile de noix	72 % (saturés 10 %),
huile de pépins de raisin	69 % (saturés 13 %),
huile de tournesol	66 % (saturés 12 %),
huile de soja	63 % (saturés 13 %).

4. Huiles intermédiaires

Nouvelle huile de colza (saturés 7 %, oléique 60 %, polyinsaturés 29 %).

* **NB.** À ne pas confondre avec l'huile de palmiste.

La composition a de l'importance en ce qui concerne la stabilité thermique de l'huile. Les huiles contenant plus de 2 % d'acide α-linolénique ne peuvent être employées pour la friture, car ce composant s'oxyde facilement en donnant des produits irritants et suspectés d'être mutagènes ; elles ne doivent servir qu'à l'assaisonnement (colza, soja, noix). Les huiles très insaturées ne doivent servir qu'aux cuissons légères à moins de 150 °C (tournesol, maïs). L'huile de palme est l'huile de friture la plus employée en collectivité et en friture industrielle, c'est le tournesol dans les ménages ; en Espagne, c'est l'huile d'olive raffinée la plus utilisée.

Par ailleurs, les graisses et huiles dont la teneur en composés polaires est supérieure à 25 % sont impropres à la consommation humaine. Cette prescription réglementaire s'applique dans de nombreux pays européens. Ces composés polaires sont la preuve d'un chauffage excessif de l'huile.

16.3.3 Préparation des huiles végétales

Que l'huile provienne d'une graine ou d'un fruit n'a guère d'importance pour la fabrication, sauf pour la première étape (fig. 16.2) :

1. Laminage des graines (applatissage).

2. Gonflement et éclatement des graines, dans des « chauffoirs » à 80-90 °C en atmosphère humide ; les protéines sont coagulées et l'écoulement de l'huile sera facilité.

3. Pression relativement élevée, vers 500 bars ; l'huile vierge s'écoule et se sépare de l'« écaille » dans des presses aujourd'hui continues. La proportion d'huile obtenue varie avec la matière première ; on en extrait 93 % pour le germe de maïs et 80 % pour le colza.

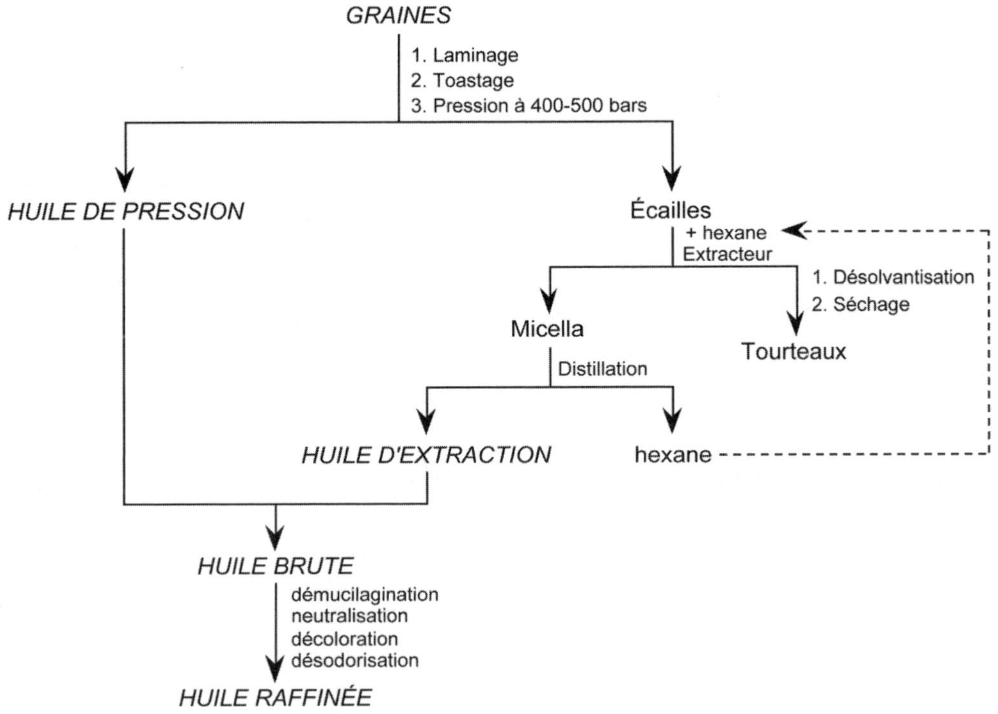

Figure 16.2 Schéma général de fabrication d'une huile de colza.

4. Extraction à l'hexane (une coupe de distillation pétrolière 50-70 °C) des écailles rebroyées qui circulent à contre-courant en colonne. L'huile passe en solution sous forme de « micella » ; dans un séchoir annexe les écailles sont débarrassées du solvant et deviennent les tourteaux destinés, en général, à l'alimentation du bétail.

5. Filtration et distillation vont séparer l'huile d'extraction de l'hexane, qui est recyclé.

6. Le raffinage est appliqué aussi bien aux huiles de pression (huile vierge) qu'aux huiles d'extraction ; le schéma suivant est suivi plus ou moins complètement.

- Démucilagination, ou dégommage, qui élimine sous forme de macrostructures micellaires les phospholipides et les gommes ; pour ce faire, on traite par l'eau à 70-80 °C et par l'acide phosphorique durant 30 minutes et on centrifuge.
- Neutralisation par la soude ; en effet, les huiles brutes contiennent des acides gras libres ; l'acidité originelle est au maximum de 3 % ; il y a un risque d'altération rapide. Les savons sont insolubles dans l'huile et sont ainsi éliminés par centrifugation sous forme de macrostructures micellaires.
- Décoloration par une terre spéciale, comme la bentonite traitée aux acides minéraux pour libérer les centres actifs, qui fixe les pigments.
- Désodorisation par entraînement à la vapeur d'eau sous pression réduite ; on élimine ainsi les corps volatils, aldéhydes et cétones, qui sont responsables du goût de

graine. Dans cette opération, il faut éviter l'oxydation des acides gras insaturés par l'oxygène (chapitre 4, § 9).

Ce plan n'est pas appliqué d'une manière constante; certaines opérations sont parfois omises ; cela dépend de la nature de la matière première et aussi de sa qualité. Par exemple, le germe de maïs subit les étapes 2 et 5 ; il n'est pas intéressant de récupérer les 7 % d'huile résiduelle. L'huile d'olive vierge ne subit pas de raffinage, mais une simple clarification par décantation et filtration ou une centrifugation.

La cristallisation fractionnée ou winterisation de la matière grasse, encore appelée frigellisation et démargarination, est pratiquée pour séparer les cires de la fraction liquide entre 12 et 15 °C ; pour ce faire, on porte l'huile à une température bien déterminée et on filtre ou centrifuge le produit obtenu. C'est le cas par exemple de l'huile de tournesol.

16.4 MARGARINES ET GRAISSES ÉMULSIFIÉES

Inventée en 1869 par Mège-Mouriès, la margarine était préparée à l'origine avec des graisses animales émulsionnées avec de l'eau et du lait ou de la crème. Par la suite, les graisses végétales, coprah, palme et palmiste ont pris une place de plus en plus grande dans la formulation de la phase lipidique des margarines. Actuellement, elles sont obtenues à partir de matières grasses variées allant des huiles hydrogénées de poisson aux huiles végétales plus ou moins hydrogénées.

Au final, les margarines sont des émulsions eau dans l'huile composées de 80 % de phase aqueuse. Environ 20 % (au minimum 12 %) doit être solide à la température ambiante. La phase lipidique contient des ingrédients liposolubles, comme des vitamines et des caroténoïdes ; la phase aqueuse, quant à elle, contient des ingrédients hydrosolubles, comme des flaveurs, des composants du lait, des émulsifiants et du sel.

Selon les usages, il existe différents types de margarines : margarines pour usage domestique, pour l'industrie alimentaire, margarines dites « basses calories » encore appelées pâtes à tartiner, graisses émulsifiables ou « *shortenings* » (ne contiennent pas d'eau mais peuvent contenir un émulsifiant). Les compositions changent également en fonction de la réglementation.

16.4.1 Fabrication des margarines

Les lipides sont chauffés jusqu'à 40 °C environ et mélangés dans les proportions désirées. L'émulsion est obtenue en agitant énergiquement la phase lipidique avec une phase aqueuse qui peut être du lait fermenté par des bactéries lactiques et plus ou moins dilué par l'eau puis en refroidissant rapidement tout en soumettant le produit à un travail mécanique intense.

En fait, l'émulsion n'existe que pendant un court laps de temps avant que la phase lipidique ne cristallise en emprisonnant ainsi les gouttelettes d'eau dans une phase lipidique semi-solide contenant des cristaux emprisonnant de l'huile liquide. Ce réseau associé à la stabilité de l'émulsion confère une bonne stabilité à la margarine.

Les propriétés fonctionnelles de plasticité et de tartinabilité sont dues à un réseau tridimensionnel de fins cristaux dans lequel une grande quantité de phases lipidique et aqueuse est piégée. L'étape de solidification-malaxage permet d'améliorer la texture par suite de la formation de cristaux triglycéridiques petits et uniformes.

À l'heure actuelle, on utilise des tubes refroidisseurs à lames racleuses qui permettent de réaliser en continu successivement les opérations de mélange, d'émulsification, de refroidissement – cristallisation et malaxage.

16.4.2 Composition et différents types

La composition des margarines varie beaucoup selon l'origine des graisses et l'usage auxquelles elles sont destinées. Des agents émulsifiants et stabilisants sont toutefois toujours ajoutés ; on emploie le plus souvent des mono- ou di-acylglycérols et de la lécithine. À ces auxiliaires de fabrication, il faut ajouter selon la législation d'autres additifs comme des antimicrobiens (chlorure de sodium, acide sorbique), des antioxydants, de l'amidon comme indicateur de fraude, des vitamines et colorants liposolubles, des arômes (diacétyle...).

- Les **margarines pour usage domestique** qui doivent être suffisamment fermes à 20 °C, tartinables aisément et avoir des qualités organoleptiques proches de celles du beurre, sont le plus souvent préparées à partir de triacylglycérols riches en acides gras insaturés. La teneur maximale en eau est en France de 16 %. Dans ce cas, elles apportent 740 kcal pour 100 g. On peut distinguer les nombreuses variétés selon la teneur en acides gras polyinsaturés qui leur confère une dureté différente : moins de 10 % (dures), 10 à 20 % (semi-dures), 20 à 30 % (molles), plus de 30 % (extra-molles).
- Les **margarines « diététiques »** encore appelées pâtes à tartiner entrent dans la même catégorie que les « *spreads* » anglo-saxons. Par rapport au beurre, elles présentent les caractéristiques suivantes : elles sont facilement tartinables à la température du réfrigérateur et, à poids égal, apportent moins de calories (380 kcal/100 g). Du point de vue teneur en matières grasses, elles se situent entre un fromage très gras (50 % de matière grasse dans l'extrait sec) et le beurre.

  Ces produits peuvent être fabriqués à partir de matières premières laitières : matière grasse butyrique, caséinates, rétentats de babeurres ou de lactosérum ultrafiltrés. Ils peuvent également contenir des matières grasses végétales : huile de soja, huile de tournesol, huile de colza et autres huiles utilisées en l'état ou hydrogénées, de manière à apporter les acides gras polyinsaturés non présents ou en très faible quantité dans la matière grasse butyrique.

  Il existe différents types de « beurres allégés » et l'apport nutritionnel moyen pour 100 g de produit est de : 7-8 g de protides, 41 g de lipides, 1 g de glucides et 2 000 UI de vitamine A.

  Enfin, sur le plan technologique, il convient de signaler que ces produits contenant 50 % d'eau sont stabilisés grâce à l'emploi d'émulsifiant comme le phosphate disodique, la gélatine...

- Les **margarines pour l'industrie alimentaire** sont, selon l'usage, soit stables à haute température (graisses pour la friture), soit présentant une bonne plasticité dans un large éventail de température (biscuiterie et pâtisserie).

  Ces produits doivent, notamment, ne pas contenir d'acides gras libres et être résistants à l'oxydation.

Au niveau industriel, les graisses émulsifiables ou « *shortenings* » ont connu un gros développement. Ces corps gras qui ne contiennent pas d'eau, se caractérisent avant tout par le rapport triacylglycérols solides/liquides. Ce rapport détermine en effet la consistance et la capacité de rétention d'air lors de la fabrication d'une pâte pâtissière. C'est la rétention d'air et d'eau qui joue un rôle très important lors de la fabrication des gâteaux à pâtes levées ; les émulsifiants permettent également d'accroître cette capacité. Dans le cas de la confection d'une pâte feuilletée, il faut que la graisse se prête au travail du rouleau et pour ce faire la proportion de triacylglycérols solides peut atteindre 30 %.

NB. Les très nombreux travaux étalés sur ces vingt dernières années n'ont pas permis, en dépit de résultats positifs au niveau du laboratoire, de développer une alternative membranaire industrielle aux procédés classiques de la lipotechnie. Toutefois, les tendances lourdes – pas de solvants, le moins possible de déchets, une qualité élevée… – vont dans le sens de la mise en œuvre de technologies douces, respectueuses des qualités natives des huiles.

Chapitre 17

Additifs

17.1 DÉFINITIONS

Le terme « aliment » désigne toute matière qui, par la voie de l'ingestion, sert à l'entretien et au développement de l'organisme. Il s'agit le plus souvent de produits naturels, de composition complexe (chapitre 1).

Selon la directive européenne 89-107 du 21 décembre 1988, « *on entend par additif alimentaire toute substance non consommée comme aliment en soi, habituellement non utilisée comme ingrédient caractéristique dans l'alimentation possédant ou non une valeur nutritive ; son adjonction intentionnelle aux denrées alimentaires est faite dans un but technologique, au stade de leur fabrication, transformation, préparation, traitement, conditionnement, transport ou entreposage ; elle a pour effet de devenir elle-même ou ses dérivés un composant des denrées alimentaires* ».

Leur emploi est limité à la concentration maximale de 1 %, sauf quelques cas particuliers.

L'étude des additifs conduit au besoin de procéder à leur classement. Celui qui prévaut généralement est le regroupement par catégories fonctionnelles. C'est ce type de classification qui a été choisi en France, dans l'Union européenne et au niveau du Codex alimentarius.

La directive communautaire citée ci-dessus établit 24 catégories :

1 – Colorant
2 – Conservateur
3 – Antioxygène
4 – Émulsifiant
5 – Sel de fonte
6 – Épaississant
7 – Gélifiant
8 – Stabilisant
9 – Exhausteur de goût
10 – Acidifiant

11 – Correcteur d'acidité (et de pH)
12 – Antiagglomérant
13 – Amidon modifié
14 – Édulcorant
15 – Poudre à lever
16 – Agent moussant et antimoussant
17 – Agent d'enrobage (et de glisse)
18 – Agent de traitement de la farine
19 – Affermissant
20 – Humectant
21 – Séquestrant
22 – Enzyme
23 – Agent de charge
24 – Gaz propulseur et gaz d'emballage

En ce qui concerne la numérotation, chaque substance sera précédée d'un numéro (E…, la lettre E suivie de 3 ou 4 chiffres).

Enfin, il faut rappeler que le classement et la numérotation des additifs ne préjugent en rien des possibilités d'emploi. Dans l'Union européenne, chaque emploi étant spécifiquement autorisé, il faut se reporter à la réglementation en vigueur ; il s'agit du principe de « liste positive ». En 1979, le Codex alimentarius a adopté la terminologie « auxiliaire technologique » pour les substances n'ayant dans l'aliment qu'un effet passager afin de les différencier des additifs ayant une fonction permanente dans la denrée alimentaire.

La définition des auxiliaires technologiques de l'Union européenne diffère de celle des États-Unis :

« *On entend par auxiliaire technologique, toute substance non consommée comme ingrédient alimentaire en soi, volontairement utilisée dans la transformation des matières premières, des denrées alimentaires ou de leurs ingrédients, pour répondre à un certain objectif technologique pendant le traitement ou la transformation ; pouvant avoir pour résultat la présence non intentionnelle de résidus techniquement inévitables de cette substance ou de ses dérivés dans le produit fini, à condition que ces résidus ne présentent pas de risque sanitaire et n'aient pas d'effets technologiques sur le produit fini.* »

De nombreux additifs ont été étudiés ou cités dans les précédents chapitres. Certains additifs peuvent remplir plusieurs fonctions.

17.2 ADDITIFS TECHNOLOGIQUES

17.2.1 Qualité de conservation

On cherche à maintenir le plus longtemps possible la qualité initiale de la denrée, ou du moins le plus haut degré de qualité. Pour ce faire, il faut évidemment inhiber ou ralentir les divers mécanismes d'altérations qui modifient la qualité dans les trois directions : qualité alimentaire, qualité nutritionnelle et qualité hygiénique.

L'altération biologique est souvent supprimée ou ralentie par un moyen physique : traitement thermique (pasteurisation, stérilisation et appertisation) ou frigorifique, qui ne font pas partie de ce chapitre. Il en va de même pour la réduction de l'activité de l'eau (a_w, chapitre 7) et pour l'emballage sous vide ou sous gaz inerte (en vue d'éviter les oxydations).

Les additifs conservateurs peuvent ainsi être classés :

a) Substances minérales

Le chlorure de sodium est un agent de sapidité, mais c'est aussi le premier conservateur ; il est efficace surtout par son effet dépresseur sur a_w ; mais on ne le considère pas comme un additif (chapitre 13, § 13.7 et 14, § 14.3).

Les nitrates et nitrites sont utilisés en charcuterie et salaisons (chapitre 14, § 14.3).

Les sulfites et SO_2 sont utilisés largement en vinification, soit pour désinfecter le matériel, soit pour contrôler la fermentation. L'anhydride sulfureux à plus de 50 ppm est toxique pour les bactéries alors qu'il influe peu sur les levures. On utilise aussi ces substances pour améliorer la conservation des fruits et de certains légumes ; outre leur action bactéricide, elles ont un effet protecteur contre le brunissement enzymatique. Le SO_2 présent dans les aliments est constitué de SO_2 libre et de SO_2 lié à différents constituants : glucides, acides aminés, acides nucléiques, polyphénols... Or, seul le SO_2 libre possède des propriétés antioxydantes. Pour obtenir le résultat recherché, cela implique que l'on doit utiliser des quantités importantes de cet additif et maîtriser les conditions physico-chimiques (pH, température, concentration en oxygène) qui influent sur l'équilibre entre les formes libres et liées. Les sulfites et le SO_2 provoquant des phénomènes d'intolérance chez certains individus, leur présence dans un produit alimentaire doit être mentionnée si leur concentration est supérieure à 10 mg/kg ou 10 mg/L.

Le gaz carbonique est reconnu comme un inhibiteur de certains micro-organismes ; il inhibe fortement les bactéries aérobies strictes responsables d'altérations, comme les *Pseudomonas* et stimule les bactéries lactiques ; il est actif contre les moisissures mais pas contre les levures. Le froid favorise l'effet de CO_2 par suite d'une meilleure dissolution. D'une manière générale, l'effet biologique du dioxyde de carbone dépend fortement de sa concentration. Les produits animaux réfrigérés (viandes, poissons, œufs, etc.) sont justiciables de ce procédé. Dans d'autres filières comme celles des fruits, le dioxyde de carbone est utilisé pour maîtriser la maturation.

Le peroxyde d'hydrogène, H_2O_2, est actif contre les bactéries anaérobies dépourvues de catalase, mais il ne s'emploie que pour le traitement de surface en conditionnement aseptique.

b) Substances organiques

Les acides carboxyliques linéaires saturés et leurs sels sont assez largement utilisés, à commencer par l'acide acétique (CH_3–COOH) composant du vinaigre ; mais aux doses habituellement faibles d'emploi des additifs, leur effet est modeste. L'acide propionique, homologue supérieur du précédent (CH_3–CH_2–COOH), est particulièrement actif contre les moisissures ; il est employé en panification et il est proposé pour la conservation de produits végétaux (fruits, légumes,...). L'acide formique (H–COOH) est également utilisé comme agent de décontamination de surface pour les viandes. Les monoacylglycérols, notamment la monolaurine (fig. 17.1) s'emploient aussi.

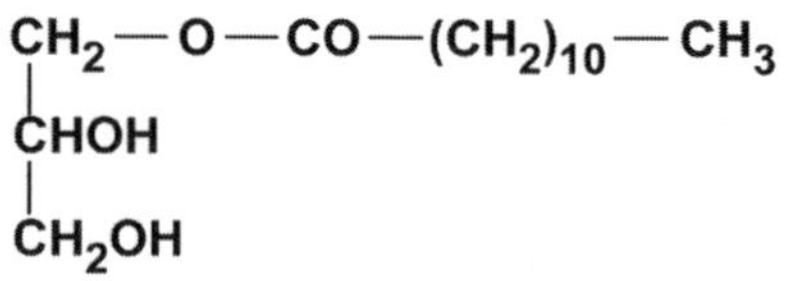

Figure 17.1 Structure de la monolaurine.

L'insaturation des acides carboxyliques accroît leur activité antimicrobienne. L'acide sorbique (CH_3–CH=CH–CH=CH–COOH) est le plus employé ; il inhibe d'abord les moisissures ; l'effet sur les levures et les bactéries est moindre. En revanche, l'inhibition de la croissance de *Clostridium botulinum* est nette. Cet acide est métabolisé chez l'animal.

L'acide benzoïque C_6H_5–COOH et ses dérivés sont actifs sur bactéries et levures, surtout à pH ≤ 4, car c'est la forme non ionisée qui agit. L'acide benzoïque est peu soluble dans l'eau ; alors que les esters méthylique ou propylique de l'acide para-hydroxybenzoïque ont une bonne solubilité ; de plus, ils sont sensibles au pH et peuvent être employés en milieu neutre. On utilise ces substances à faible dose (0,1 %) pour des aliments consommés en petites quantités (œufs de poissons, sodas, etc.).

L'acide lactique (CH_3–CHOH–COOH) produit dans l'aliment-même est une raison de l'effet conservateur de la fermentation lactique : choucroute, produits laitiers (chapitre 13), charcuterie, etc.

L'utilisation des oxydes d'éthylène et de propylène est très limitée : désinfection des graines et des produits peu hydratés qui souffriraient du traitement thermique (fruits secs, épices, cacao, levure sèche, etc.).

Les antioxydants phénoliques (fig. 17.2) suscitent aussi de l'intérêt pour leur efficacité contre les micro-organismes.

Des composés phénoliques dont la structure est apparentée à celle de l'α-tocophérol, se trouvent dans certains végétaux en particulier dans la sauge et le romarin. Des fabricants proposent des condiments à base d'extraits de romarin pour protéger la pigmentation des caroténoïdes, inhiber le brunissement, stabiliser la flaveur. Ces extraits incorporés directement ou pulvérisés en surface à raison de 0,02 % ont montré une activité antioxydante identique ou supérieure à celle du BHA et du BHT.

c) Antibiotiques

Ils sont très efficaces et cependant très peu utilisés dans les industries alimentaires en raison du risque d'effets indésirables chez le consommateur et de la possibilité d'apparition de souches résistantes.

Les dérivés de la tétracycline (chlor- et oxy-) ont servi aux États-Unis pour la prolongation de la conservation des volailles, il y a quelques années. La pimaricine est utilisée pour la protection des croûtes de fromages ou de la surface de produits carnés fumés.

La nisine est utilisée en fromagerie de pâte ferme pour éviter les gonflements butyriques ; elle fait partie des antibiotiques produits par des germes de fermentations alimentaires, qui ne posent pas les problèmes présentés par les antibiotiques médicaux.

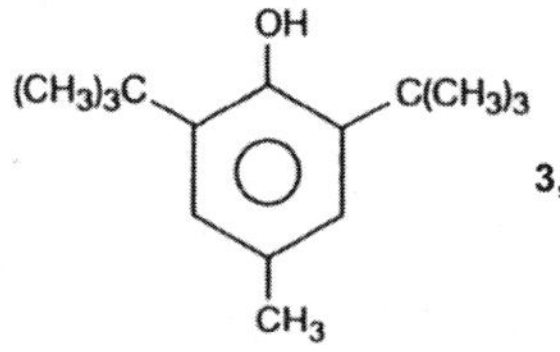

3,5 - ditertiobutyl-4-hydroxytoluène ou BHT

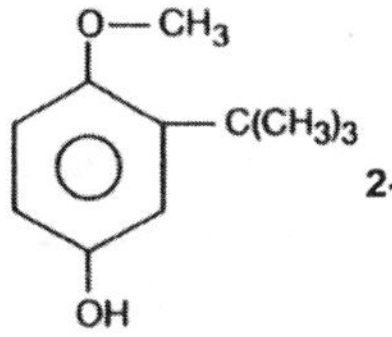

2-tertiobutyl-hydroxyanisole (ou 3-) ou BHA

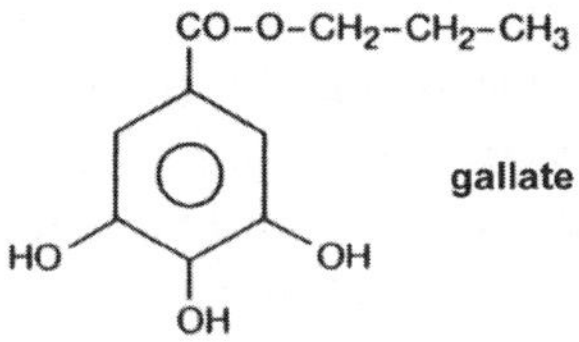

gallate de propyle (ou d'octyle ou de dodécyle)

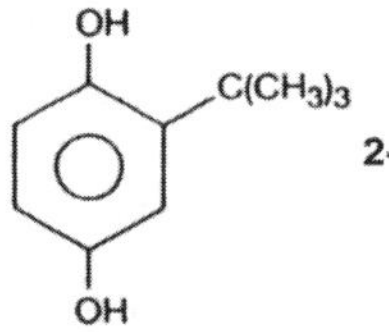

2-tertiobutyle-hydroquinone ou TBHQ

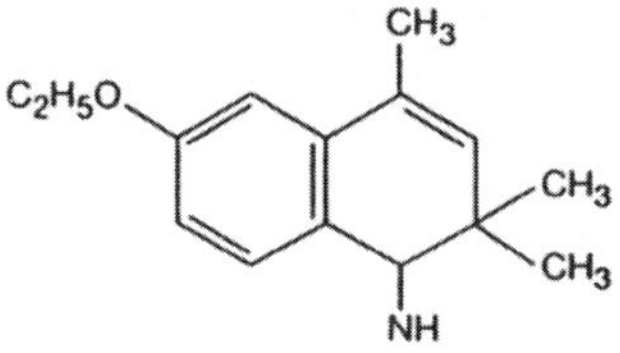

Ethoxyquin (ou Santoquin)

Figure 17.2
Antioxygènes de synthèse.

17.2.2 Effet antioxygène

Seule l'auto-oxydation, qui se produit spontanément dans des conditions modérées, est en cause ; nous l'avons brièvement expliquée au chapitre 4, paragraphe 9.

La prévention comporte deux voies :

- Suppression des facteurs favorables par réduction de :
  - la pression de O_2 ;
  - la température ;
  - la concentration des catalyseurs (métaux, enzymes) ;
  - l'action de la lumière.
- Addition d'un « catalyseur inverse » qui empêche la réaction en chaîne de se propager, c'est-à-dire un antioxygène :
  - produits naturels : tocophérol, acide ascorbique (chapitre 8) ;
  - produits de synthèse : ce sont presque tous des dérivés phénoliques (voir fig. 17.2).

Ces substances sont liposolubles à l'exception de l'acide ascorbique ; le gallate de propyle est également hydrosoluble ; les autres non. Le greffage d'un acide palmitique permet de rendre liposoluble l'acide ascorbique.

Des substances acides sont des « synergiques » ; elles régénèrent l'antioxygène après usage ; tels sont les acides lactique, citrique, tartrique, orthophosphorique et leurs sels ; en outre, elles évitent l'inversion catalytique (accélération de l'auto- oxydation).

Les produits de synthèse ont été beaucoup étudiés sur le plan de la toxicologie chez l'animal. Des résultats variant avec les espèces ont été donnés : effet sur le poumon, le foie, la thyroïde, la coagulation sanguine, action cancérogène. On ne peut les extrapoler à l'Homme, mais on est porté à réduire leur emploi dans l'alimentation humaine.

17.2.3 Disponibilité de l'eau

La stabilité microbiologique des aliments est directement liée à l'activité de l'eau : a_w. Nous l'avons étudiée au chapitre 7 et nous avons donné la relation entre cette valeur et la détérioration des aliments, aussi bien par la voie chimique (oxydation) que par l'activité des bactéries, levures et moisissures.

17.2.4 Rassissement

Nous avons vu au chapitre 3 que le pain rassis (durcit sans sécher) résulte de la rétrogradation de l'amidon, avec passage de l'état amorphe, obtenu pendant la cuisson, à un état de type cristallin. Les agents antirassissants freinent ou arrêtent cette évolution dans le pain et certaines pâtisseries. Quelques exemples ont été donnés au chapitre 10, paragraphe 7.

17.3 ADDITIFS SENSORIELS

17.3.1 Aromatisation

Les arômes ne sont pas considérés comme additifs par la réglementation. C'est une catégorie à part, régie par une directive particulière.

Les arômes réagissent avec des cellules (chimiorécepteurs) réparties dans le site olfactif pour les molécules volatiles (au sommet de la fosse nasale), et le site gustatif pour les molécules dissoutes (sur la muqueuse buccale, dont la langue). Les systèmes de régulation ou systèmes décisionnels se trouvent dans le cerveau. L'arôme joue un rôle capital dans notre relation avec l'aliment, en se rappelant qu'il correspond à un équilibre de substances.

Une substance aromatisante confère en principe un nouvel arôme.

On peut classer les arômes de la manière suivante :

- arômes « sucrés » rassemblant les arômes de fruits et agrumes et des produits divers, dont le miel, la vanille, le café, le caramel, etc. Ce sont les plus répandus ;
- arômes « salés », soit végétaux (bulbes, fruits, épices,...), soit animaux (viandes, poissons, lait,...) ;
- arômes « divers », notamment les alcools, les produits amers...

Tableau 17.1 ÉDULCORANTS DE REMPLACEMENT.

Nom	N° CE	Source	Pouvoir sucrant (*)	Observations (**)
1. Naturel				
1.1. Osidique				
Glycyrrhizine (ammoniaquée)		*Glycyrrhiza glabra* (réglisse)	50	Toxicité à haute dose. Améliorant des bières.
Néohespéridine dihydrocalcone	E 959	*Citrus aurantum* (orange)	1 000	Goût sucré prolongé. Arrière-goûts. DJA : 5 mg/kg/j.
Phyllodulcine		*Hydrangea macrophylla* (hortensia)	400	Après-saveur réglisse Toxicité ?
Stévioside		*Stevia rebaudiana* (stevia)	300	Interdit dans le nombreux pays. Anti-androgène ?
1.2. Protéique				
Miraculine *MM 42 000 Da*		*Synsepalum dulcificum* (fruit miracle)		Glycoprotéine Modifie les goûts acides en goût sucré.
Monelline *MM 11 500 Da*		*Dioscoreophyllum cumminsii* (baie du « hasard heureux »)	2 500	Instable en milieu acide.
Thaumatine I et II *MM 22 000 Da*	E 957	*Thomatococcus daniellii* (fruit miracle – Katamfe)	2 000 - 3 000	Encore appelé Talin. Surtout employé comme exhausteur de goût, peu comme édulcorant.

Tableau 17.1 ÉDULCORANTS DE REMPLACEMENT. *(SUITE)*

Nom	N° CE	Source	Pouvoir sucrant (*)	Observations (**)
2. Synthétiques				
Acésulfame K	E 950	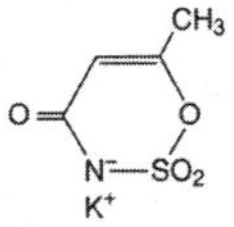	200	DJA : 9 mg/kg/j.
Alitame (L-Asp-D-Ala-amide)		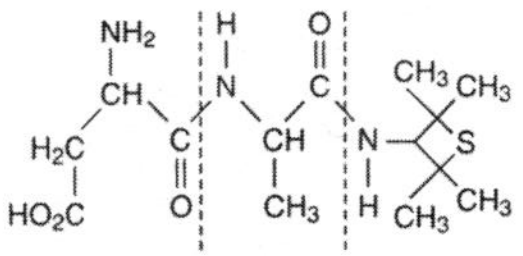	1 500	Plus stable que l'aspartame en milieu acide
Aspartame (L-Asp-L-Phe-méthyl ester)	E 951	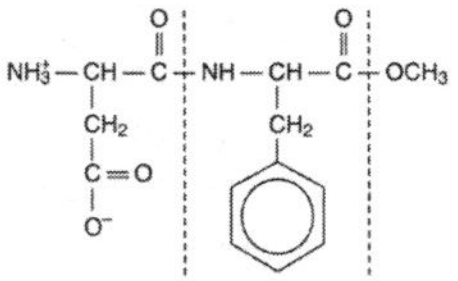	200	DJA : 40 mg/kg/j. Contre-indiqué pour les sujets phényl-cétonuriques.
Cyclamate de sodium	E 952	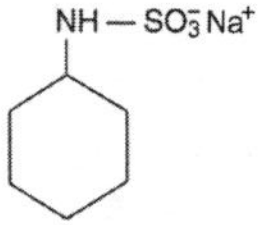	35	DJA : 7 mg/kg/j.
Saccharine (Na)	E 954	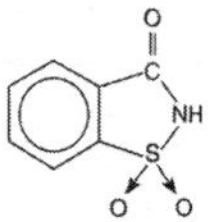	300 - 500	Arrière-goût amer. DJA : 5 mg/kg/j.
Sel d'aspartame/acésulfame	E 962		200	DJA : 15-40 mg/kg/j.
Sucralose	E955	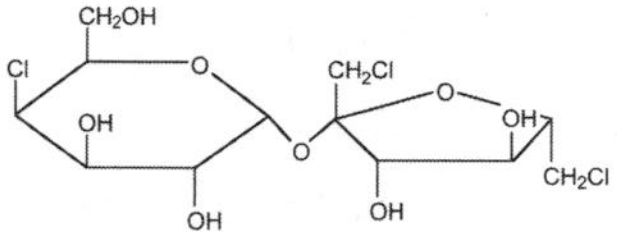	400 - 600	DJA : 15 mg/kg/j.

(*) Pouvoir sucrant du saccharose = 1. (**) DJA : dose journalière admissible exprimée en mg/kg de poids corporel/jour.

Selon leur origine, on distingue :

– les extraits naturels : huiles essentielles et essences déterpenées, oléorésines, jus concentrés,...
– les produits de réaction : traitements thermique, enzymatique ou microbiologique (fermentation) ;
– les produits de synthèse : ils sont extrêmement nombreux (plus de 10 000 molécules) et leur structure est en général simple ; ils sont comparables aux molécules isolées de produits naturels.

Les « exhausteurs de goût », ou agents de flaveur ont déjà été signalés (glutamate, chapitre 14, § 14.6).

NB. Les substances minérales : carbonate de calcium (E 170), dioxyde de titane (E 171), oxydes de fer (E 172) et les métaux : argent (E 174), or (E 175) sont autorisés en *quantum satis.*

À cette liste, il faut ajouter le biphényl-diphényl (E 230) et le pigment rubis (E 180) qui est employé pour certaines croûtes de fromage.

17.3.2 Édulcorants à pouvoir sucrant élevé

Les principaux édulcorants sont rassemblés dans le tableau 17.1 ; ce sont des substances non toxiques aux doses autorisées dans l'Union européenne. Les dérivés sucrés de l'urée ne sont pas mentionnés ; leur toxicité ou leur amertume les disqualifie. Le nombre des édulcorants est devenu élevé (plusieurs centaines) en raison de l'énorme enjeu économique mais seuls huit sont autorisés.

Les édulcorants naturels protéiques ont été récemment étudiés ; cette observation va à l'encontre de l'opinion longtemps admise que seules les petites molécules étaient sucrées. Il faut cependant préciser que le pouvoir sucrant disparaît lors de la dénaturation, surtout en milieu acide.

L'aspartame est l'exemple des effets du hasard (recherches sur la synthèse des hormones) ; à noter que les acides aminés le constituant ne sont pas sucrés et que le dipeptide non méthylé est amer.

Un autre dipeptide semble désormais s'imposer mais n'est pas autorisé : l'alitame. C'est une amide du dipeptide L-aspartyl-D-alanine. Son pouvoir sucrant est environ 2 000 fois celui du saccharose, soit 12 fois celui de l'aspartame. Sa solubilité dans l'eau est excellente et sa stabilité aux températures élevées et aux variations de pH est plus grande que celle de l'aspartame. L'alitame a l'avantage par rapport à ce dernier de ne plus renfermer de phénylalanine ce qui supprime les restrictions d'emploi chez les personnes phénylcétonuriques.

17.3.3 Colorants

Ce sont les additifs les moins indispensables ; on les utilise principalement pour normaliser la couleur d'un aliment ou d'une boisson et, secondairement, pour leur aspect attractif. La liste des colorants est présentée dans le tableau 17.2. Certains colorants sont autorisés dans l'Union européenne avec une DJA non spécifiée en *quantum satis.*

17.3.4 Agents de texture

- **Les agents gélifiants et épaississants** de nature glucidique ont été présentés au chapitre 3, ainsi que les mécanismes mis en jeu au cours de l'organisation du gel. La caséine et la gélatine ont été vues respectivement aux chapitres 13 et 14.
- **Les agents émulsifiants** utilisés en industries alimentaires sont des substances amphiphiles; leur structure comporte à la fois des fonctions hydrophiles et des fonctions hydrophobes (ou lipophiles), ce qui leur permet de stabiliser un système naturellement instable : huile/eau.

  Ces agents sont caractérisés par un nombre placé sur une échelle de 0 à 20. Ce nombre désigné par le sigle HLB (*Hydrophilic Lipophilic Balance*) dépend du rapport entre groupes hydrophiles et groupes hydrophobes. À titres d'exemples, cet indice est égal à 3,8 pour le monostéarate de glycérol et à 14,4 pour le polyoxyéthylène monostéarate de sorbitanne. Schématiquement, si HLB est inférieur à 7, l'agent émulsifiant présente une solubilité préférentielle dans l'huile, supérieur à 12 la solubilité est meilleure dans l'eau.

  - *Monoacylglycérols* : ce sont les plus répandus; on les obtient par transestérification entre un triacylglycérol commun (lard, suif, huiles) et le glycérol vers 200 °C (chapitre 4, § 4.5). Le mélange des acylglycérols obtenus, au moins 60 % de monoesters, peut être purifié par distillation sous vide (200 °C et 10 Pa). Avec les huiles, il est bon de faire l'hydrogénation des doubles liaisons.
  - *Monoacylglycérols estérifiés par un acide organique* : acide lactique, acide citrique, acide acétique, etc. Ils sont plus efficaces que les précédents. Les DATEM, obtenus avec l'acide tartrique diacétylé, sont utilisés en panification.
  - *Sucroesters et sucroglycérides* sont intéressants par leur facile dispersibilité dans l'eau et leur goût faible, mais ils sont moins employés que les précédents. Les sucroesters sont obtenus par estérification directe du saccharose par des esters méthyliques d'acides gras. Les sucroglycérides sont obtenus par transestérification du saccharose et des triacylglycérols en milieu solvant (propylène glycol).
  - *Esters variés d'acides gras*, formés avec une substance contenant un ou des groupes OH, acide lactique dimérisé (stéaryllactylates), sorbose, sorbitanne. Le monostéarate de sorbitanne est un produit dispersible dans l'eau (SPAN-60). Après réaction avec plusieurs molécules d'oxyde d'éthylène, on obtient des dérivés dont la structure générale est représentée figure 17.3 et qui sont solubles dans l'eau.
  - *Phospholipides* : ont été vus au chapitre 4. La lécithine du jaune d'œuf est nettement moins utilisée; on part en général de l'huile de soja qui en contient 2 à 3 %. Les produits commerciaux ne contiennent en général que 50 % de phospholipides; ils peuvent être purifiés. Les utilisations sont très variées : boulangerie, chocolaterie, margarinerie, alimentation animale, etc. La lécighine YN est un produit artificiel non autorisé en France; elle contient des acides phosphatidiques (40 %); elle est plus régulière en composition que les phospholipides naturels.

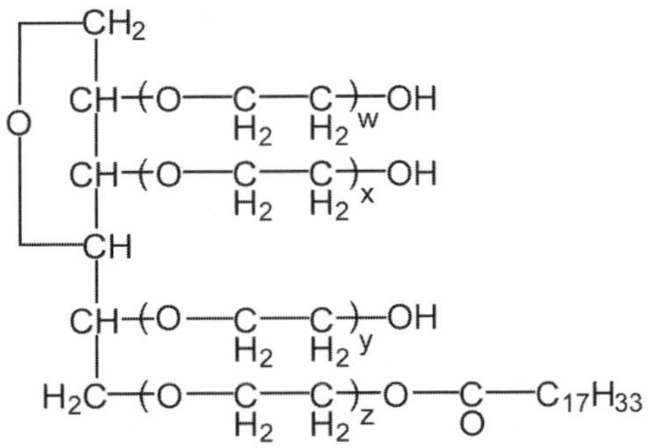

Figure 17.3 Structure du TWEEN-80 (monoléate de sorbitanne polyoxyéthyléné).

- **Les agents antimottants ou antiagglomérants** sont principalement des produits à base de silice : silice hydratée et silico-aluminate de sodium. Leur grande finesse particulaire (10 à 20 nm) leur font jouer le rôle de lubrifiant à sec, par enrobage. Les doses d'emploi vont jusqu'à 2 %.

On utilise aussi dans le sel de table : phosphate tricalcique, carbonate de magnésie, manganitrile de fer. L'hexacyanoferrate de potassium est utilisable à plus faible dose (5 mg/kg).

17.4 ADDITION DE SUBSTANCES À FINALITÉ NUTRITIONNELLE

La directive communautaire 2001/15/CE recense les substances qui peuvent être ajoutées dans un but nutritionnel spécifique aux denrées alimentaires destinées à une alimentation particulière.

Elles ont été étudiées précédemment, car il s'agit de nutriments. On enrichit les aliments principalement en trois types de substances :

- Vitamines C, B_1, B_2, B_3 (PP), B_5, B_6, B_8, B_9, B_{12}, A, D, E, K (voir chapitre 8).
- Minéraux (voir chapitre 6) ; on utilise surtout des métaux, comme Ca, Mg, Fe, Zn, Cu, etc., souvent sous forme de complexes, et quelques métalloïdes, comme le fluor.
- Acides aminés sous forme L (naturelle) ; on ajoute souvent les acides aminés (Lys, Met,...) libres ; l'usage des plastéines commence à se répandre (voir chapitre 5) ; on a proposé également le greffage chimique d'acides aminés indispensables sur une chaîne protéique, par des liaisons isopeptidiques.

Les trois dernières catégories de substances concernent la carnitine et la taurine, les nucléotides, la choline et l'inositol.

À noter au chapitre 13 l'enrichissement de la matière grasse du lait de vache en acide α-linolénique. L'augmentation de la teneur des aliments en fibres a été mentionnée dans le paragraphe 6 du chapitre 3.

Tableau 17.2 COLORANTS D'ORIGINE NATURELLE OU DE FABRICATION SYNTHÉTIQUE AUTORISÉS DANS L'UNION EUROPÉENNE (*).

	Couleur	n° CE
Curcumine	Jaune	E 100
Riboflavine	Jaune	E 101
Tartrazine	Jaune	E 102
Jaune de quinoléine	Jaune	E 104
Jaune orangé S	Orange	E 110
Cochenille, acide carminique, carmins	Rouge	E 120
Azorubine	Rouge	E 122
Ponceau 4R, rouge cochenille A	Rouge	E 124
Rouge allura AC	Rouge	E 129
Bleu patenté V	Bleu	E 131
Indigotine, carmin d'indigo	Bleu	E 132
Bleu brillant FCF	Bleu	E 133
Chlorophylles	Vert	E 140
Vert acide brillant BS	Vert	E 142
Caramels	Brun	E 150
Noir brillant BN, noir PN	Noir	E 151
Charbon végétal	Noir	E 153
Brun HT	Brun-noir	E 155
Caroténoïdes	Divers	E 160
Xanthophylles	Divers	E 161
Rouge de betterave, bétanine	Divers	E 162
Anthocyanes	Divers	E 163

(*) En vue d'harmoniser les législations sur les additifs, les directives communautaires, publiées à partir de 1994, fixent la liste positive des additifs autorisés, leurs conditions d'emploi. Certains colorants peuvent être utilisés en *quantum satis*, pour d'autres, il faut respecter une DJA (dose journalière admissible) et/ou ils ne peuvent être ajoutés qu'à certaines denrées alimentaires (*cf.* Directive 94/36/CE).

NB. Les substances minérales (TiO_2, oxydes de fer, carbonate de calcium) et les métaux (aluminium, argent, or) sont peu utilisés en France. Le pigment rubis (E 180) est employé pour certaines croûtes de fromage.

Bibliographie

BOURGEOIS C., *Les vitamines dans les industries agroalimentaires*. Technique et Documentation, Lavoisier, 2003.

CHEFTEL J.-C., CHEFTEL H., *Introduction à la biochimie et à la technologie des aliments*. Technique et Documentation, Lavoisier, 1992 (2 volumes).

DICKINSON E., *Les colloïdes alimentaires*. Masson, 1996.

GODON B., Protéines végétales. *Technique et Documentation,* 2e édition, Lavoisier, 1996.

GUIGNARD J.-L., *Biochimie végétale*. 2e édition, Dunod, 2000.

GRAILLE J., *Lipides et corps gras alimentaires*. Technique et Documentation, Lavoisier, 2003.

LINDEN G., LORIENT D., *Biochimie agro-industrielle*. Masson, 1994.

LE MESTE M., LORIENT D., SIMATOS D., *L'eau dans les aliments*. Technique et Documentation, Lavoisier, 2002.

MULTON J.-L., *Le sucre, les sucres, les édulcorants et les glucides de charge dans les industries agro-alimentaires*. Technique et Documentation, Lavoisier, 1992.

MULTON J.-L., *Additifs et auxiliaires de fabrication dans les industries agro-alimentaires*. Technique et Documentation, 3e édition, Lavoisier, 2002.

SMITH C.A., WOOD E.J., *Les biomolécules*. Masson, 1996.

THARON J.-L., BOURGEOIS C., *L'œuf et les ovoproduits*. Technique et Documentation, Lavoisier, 1994.

VIERLING E., *Aliments et boissons : technologies et aspects réglementaires*. Doin, 1998.

VIERLING E., *Aliments et boissons : filières et produits*. Doin, 1999.

WEIL J.-H., *Biochimie générale*. 10e édition, Dunod, 2005.

Sites internet

@t home
http://www.ping.be/at_home/biologie.htm

Agence française de sécurité sanitaire des aliments
http://www.afssa.fr

Chemlin
http://www.chemlin.net/chemistry/food_chemistry.htm

Enzyme Database – BRENDA
http://www.brenda-enzymes.info/

Physiologie de la nutrition : sites et documents francophones
http://www.chu-rouen.fr/ssf/phenobioch/physiologiedelanutrition.html

U.S. Food and Drug Administration
http://www.fda.gov

Index

51930 - (I) - (1,5) - OSB 80° - TYP - MLN

Achevé d'imprimer sur les presses de
SNEL Grafics sa
Z.I. des Hauts-Sarts - Zone 3
Rue Fond des Fourches 21 – B-4041 Vottem (Herstal)
Tél +32(0)4 344 65 60 - Fax +32(0)4 286 99 61
Mai 2008 – 44772

Dépôt légal de la 1re édition : juin 2005
Dépôt légal : juin 2008

Imprimé en Belgique